Cooperative Guidance and Control of Multiple Flight Vehicles

多飞行器协同制导与控制

编著 王晓芳 林 海
参编 田 震 柴 劲 刘冬责
尹依伊 郑艺裕 王紫扬
李东旭 贺 敏

北京理工大学出版社
BEIJING INSTITUTE OF TECHNOLOGY PRESS

内容简介

本书主要介绍多飞行器的协同任务规划和航迹规划、编队控制、协同末制导及协同拦截技术，介绍了相关技术的研究背景、问题描述、解决思路及方法和应用场景。主要内容有：异构多无人机的协同任务规划技术、基于分段贝塞尔曲线的多飞行器航迹规划技术、多飞行器动态面和预设性能编队控制技术、多飞行器分布式编队控制技术和防碰撞技术、最优协同制导律、基于弹目距离跟踪的协同制导律、基于模型预测静态规划理论的协同制导律、基于虚拟导引点的协同导引方法、助推滑翔高超声速飞行器三维协同制导律、不同通信方式时的目标－防御弹协同拦截制导律以及目标－多防御弹协同拦截制导律。本书内容丰富、翔实，具有较强的前瞻性和实用性。

本书可供从事多飞行器协同作战技术研究的科研人员参考，也可作为高等院校飞行器设计及相关专业研究生的参考教材。

图书在版编目（CIP）数据

多飞行器协同制导与控制/王晓芳，林海编著．—北京：北京理工大学出版社，2021.1

ISBN 978－7－5682－9212－2

Ⅰ.①多…　Ⅱ.①王…②林…　Ⅲ.①飞行器－制导系统－研究②飞行器－飞行控制系统－研究　Ⅳ.①V47

中国版本图书馆CIP数据核字（2020）第213637号

出　　版／北京理工大学出版社有限责任公司
社　　址／北京市海淀区中关村南大街5号
邮　　编／100081
电　　话／（010）68914775（总编室）
　　　　　（010）82562903（教材售后服务热线）
　　　　　（010）68948351（其他图书服务热线）
网　　址／http：//www.bitpress.com.cn
经　　销／全国各地新华书店
印　　刷／北京地大彩印有限公司
开　　本／710毫米×1000毫米　1/16
印　　张／15.5
字　　数／270千字
版　　次／2021年1月第1版　2021年1月第1次印刷
定　　价／86.00元

责任编辑／曾　仙
文案编辑／曾　仙
责任校对／周瑞红
责任印制／李志强

图书出现印装质量问题，请拨打售后服务热线，本社负责调换

前　言

多飞行器协同作战是指多个飞行器通过发射平台、指挥系统及飞行器间信息的配合和共享，以实现时间、空间和功能的一致或互补，从而形成网络化、智能化和一体化的综合作战体。从单飞行器作战到多飞行器协同作战，是飞行器发展史上一次历史性的跨越和变革，是未来高科技战争的必然趋势。本书介绍的多飞行器协同作战的核心技术——协同制导与控制技术，是在笔者多年从事相关研究的基础上，参考国内外相关优秀文献而完成的。

近年来，笔者及研究团队对多飞行器协同作战的相关技术——协同任务规划技术、协同航迹规划技术、编队控制技术、协同末制导技术及协同作战效能评估技术进行了深入研究，其中对协同制导与控制技术的研究最为深入，成果也最多。因此，笔者将多飞行器的编队控制技术、协同末制导技术进行了梳理和总结，再加上少部分的协同任务规划技术和协同航迹规划技术，形成了本书。希望本书梳理的问题和技术，能为读者进行协同作战领域的相关研究提供参考、拓展读者的思路。

本书共有 15 章，主要介绍 4 部分内容，分别是：多飞行器协同任务规划及航迹规划技术（第 2、3 章）；多飞行器编队控制技术（第 4 ~ 7 章）；多飞行器协同末制导技术（第 8 ~ 12 章）；多飞行器协同拦截技术（第 13 ~ 15 章）。第 1 章为概述，简要介绍本书中技术的背景、发展现状。第 2 章主要介绍具有不同功能的异构飞行器完成具有时序约束的任务时的一种规划方法。第 3 章针对能够同时以指定的角度到达目标的协同航迹规划问题，介绍一种基于贝塞尔曲线的设计方法。第 4、5 章针对采用集中式通信模式时多飞行器的编队形成、保持和变换问题，分别介绍高斯伪谱法与动态面控制理论相结合的编队控制器和预设性能编队控制器，通过不同的方法来实现编队的形成以及在编队过程中的碰撞避免。第 6、7 章针对采用分布式通信模式的多飞行器，介绍基于一致性算法的编队控制方法。其中，第 6 章主要介绍典型的一致性编队控制方法和考虑通信噪声时的方法；第 7 章主要介绍一致性算法与人工势场概念结合形成的能够避免飞行器间碰撞的编队方法。第 8 章主要介绍一种经典的具有攻击时间约束的制导律，虽然此部分非笔者团队的研究成果，但是为了内容的完整性，本章对这种制导律进行介绍；在此制导律的基础上，笔者团队进一步研究，基于预测校正的思路，在第 8 章的后半部分给出一种适用于变速导弹攻击机动目标的协同制导律。第 9 章给出一种能够同时实现多飞行器飞行位置和攻击时间一致的协同末制导律。第 10 章给出基于模型静态预测理论来设计同时具有攻击时间约束和攻击角度约束的协同制导律的方法。第 11 章介绍一种通过巧妙地引入虚拟点，实现对飞行器攻击时间、攻击角度以及末端速度进行同时控制的末制导方法。第 12 章针对速度不可控且变化范围较大的高超再入无动力滑翔飞行器，给出了其实现攻击时间协同的两种末制导律设计方法，并在考虑飞行器过载约束、末速约束的前提下，给出了末制导初始位置域的确定方法。第 13 ~ 15 章针对目标 – 攻击弹 – 防御弹三者组成的系统，研究目标和防御弹协同对攻击弹进行拦截以保护目标的问题。第 13 章介绍目标和防御弹间的信息能够彼此互通、双向传输情况下的协同拦截制导律设计方法；第 14 章介绍目标和防御弹间的信息只能单向传输时的协同拦截制导律设计方法；第 15 章介绍目标发射多个防御弹时，多个防御弹能够同时从不同的角度实现对攻击弹的拦截的方法。

本书针对协同作战集中的几个问题，考虑不同的作战场景（协同攻击、协同拦截）、不同的作战对象（亚声速导弹或无人机、高超声速导弹）以及不同的约束（队形形成精度及时间约束、避免碰撞约束、通信约束、攻击时间约束、攻击角度约束、飞行位置约束、攻击速度约束、信息传输约束、飞行器本身机动性约束等），介绍了多种制导律和控制器设计方法，这些方法中既有经典的设计思路，也有巧妙的概念引入，以及现有理论的创新应用。需要说明的是，本书对有些问题的研究仅给出了相关的基本概念和思路，笔者期望本书能够起到抛砖引玉的作用，在协同制导与控制领域能够涌现更为丰硕的成果。本书可供从事多飞行器协同作战领域相关工作的研究人员和科技工作者参考，也可作为航空宇航学科研究生的参考书。

感谢宇航学院领导和同事对本书的关注和支持。特别感谢研究团队中研究生田震、柴劲、刘冬责、尹依伊、郑艺裕、王紫扬、李东旭和贺敏参与本书的编写，感谢研究生于嵩、张欣参与本书的整理。

由于笔者水平有限，书中难免有不当之处，恳请读者批评指正。

目录

第 1 章

绪　论

随着反导技术的快速发展，各国相继研发了近迫武器系统、“宙斯盾”、末段高空区域防御（Terminal High Altitude Area Defense，THAAD）、C－400等防空反导武器系统，逐步形成了综合一体化的现代防御体系，且目标自身的抗毁伤性能也不断增强。要想攻克“强盾”，就必须“利矛”。此时，单个精确制导飞行器突破防御（简称“突防”）并高效毁伤目标的能力受到极大的挑战，多个飞行器通过信息共享来实现时间、空间和功能上的协同互补，则会大大扩展战场空间，提高对防空反导武器系统的突防概率，增强对高价值目标的打击能力。多飞行器协同作战是打击拥有强大防御火力的高价值目标的最有效手段，是未来体系化、信息化、智能化战争发展的必然趋势。

针对多飞行器协同作战问题，不同的飞行器（如战术导弹、无人机、高超再入无动力滑翔导弹）具有不同的作战任务、应用场景、动力学特点、飞行性能，其涉及的协同作战技术也不完全相同。针对亚声速战术导弹，主要涉及协同航迹规划技术、编队控制技术、协同弹目分配技术和协同末制导技术；针对无人机，除了涉及协同航迹规划技术、编队控制技术、协同目标分配技术外，主要还涉及协同搜索技术、协同感知与探测技术；对于高超再入无动力滑翔导弹，相对于前两种飞行器，其有一个显著特点——速度快、大小不可控且变化范围很大，其主要涉及的协同作战技术有协同任务规划、协同轨迹规划和协同末制导技术。

在战争中，除了多飞行器对目标的协同打击以外，还有目标和防御飞行器对攻击飞行器的协同拦截，此时就涉及目标和防御飞行器的协同拦截制导律问题。

本书将从四个方面来阐述多飞行器的协同作战技术，分别是多飞行器协同任务规划及航迹规划技术、多飞行器编队控制技术、多飞行器协同末制导技术、多飞行器协同拦截技术。

1.1 多飞行器协同任务规划及航迹规划技术

多飞行器协同任务规划是指在满足飞行器性能约束、武器载荷和任务载荷能力的条件下，针对有协同要求的多任务需求，根据战场态势来确定出各飞行器的任务执行序列，实现对武器资源的合理分配，以最大化地发挥飞行器协同作战的整体效能，这是实现飞行器协同飞行的关键技术之一。

针对多飞行器协同任务规划问题，常用的模型有混合整数线性规划模型、多旅行商模型、多车辆路由模型、协同多任务规划模型等。从算法的角度，多飞行器协同任务规划算法分为集中式算法和分布式算法两类。集中式算法以其简单、易行的特点得到了广泛应用，主要包括经典整数规划法、智能优化算法。由于经典整数规划法能穷遍整个解空间而获得问题的最优解，因此其在处理小规模问题时具有优势。但是，随着问题规模的增加，解空间是指数级膨胀，时间耗费呈指数增长，导致遍历整个解空间变得不现实。智能优化算法并不直接追求最优解，其用可接受的计算量和时间来获得较为满意的次优解。智能优化算法在处理大规模复杂问题时具有天然优势，近年来得到了大力发展，出现了基于蚁群算法、遗传算法、粒子群算法等的一系列协同任务规划算法。在对多个飞行器进行协同任务规划时，要考虑各飞行器的性能（侦察、攻击等）、威力（如载弹量）、可用过载等约束，除此之外，要满足一个很关键的约束——时序约束，就需解决在规划过程中的“死锁”问题。

多约束条件下多飞行器协同航迹规划是飞行器协同作战的一个重要方向，

在某些情况下，对于攻击机动能力有限的目标或固定目标，多飞行器协同作战问题可以具体为始末位置已知、满足作战任务需求（攻击时间、攻击角度需求）、战场威胁回避及飞行器自身性能限制等一系列约束的航迹规划问题。

在对单飞行器进行航迹规划时，通常考虑的约束有地形约束、威胁区约束、飞行器自身的动力学约束，在上述多种约束下，寻找一条能够从起点安全到达终点且航迹最短的轨迹。航迹规划常被处理成两类问题：最优控制问题；空间搜索问题。与此对应的规划算法也分为基于控制论的求解算法、基于几何学的搜索算法。通常采用直接法和间接法对航迹规划非线性最优控制问题进行求解，而采用基于几何学的搜索算法对航迹规划空间几何搜索问题进行求解。当对多个飞行器进行协同航迹规划时，除了考虑地形（威胁）约束、自身动力学约束外，还要考虑协同作战要求形成的约束（例如，要求多个飞行器从不同的角度同时到达目标，就需要多个飞行器满足飞行时间一致、攻击角度满足指定攻击角度的约束），同时要考虑飞行器的个数增多带来的约束（如在航迹规划过程中要避免弹间的碰撞）。因此，相对单飞行器的航迹规划问题，多飞行器的协同航迹规划问题具有约束更多且更为复杂的特点。

1.2 多飞行器编队控制技术

多飞行器编队飞行可极大地提升目标搜索、抗电磁干扰及突防能力，是多飞行器协同作战的关键技术。

关于多飞行器的编队控制模式，目前主要有虚拟结构模式、基于行为的模式和“领－从”模式。虚拟结构模式采用一个虚拟刚体来描述期望的编队队形，每个编队成员作为虚拟刚体上相对位置固定的点，当队形移动时，每个成员跟踪相应的固定位置点即可。基于行为的模式首先定义一系列编队行为，这些行为可包括跟踪期望轨迹、防碰撞、避障及编队保持等，然后每个飞行器根据行为选择准则来选定某种行为并执行。在“领－从”模式中，编队中的某一成员作为领导者，负责编队的航迹规划和生成、目标探测等任务，而其余成员作为跟随者跟踪领导者飞行，以实现编队队形的形成、保持和变换。

从飞行器之间通信模式的角度，其可分为集中式、分布式、集散式。当多飞行器采用集中式通信模式时，某个飞行器（通常是领导者飞行器）上存在着集中计算单元，其他飞行器将信息（位置、速度等）传输给集中计算单元，集中计算单元根据一定规则进行处理后，将指令分发给各飞行器，各飞行器按照指令飞行来形成编队并保持。集中式通信模式的优点是信息传输直接、处理效率高、编队形成速度较快；它的缺点是集中计算单元计算负荷较重，而且一旦装有集中计算单元的飞行器被击毁，整个编队的协同作战任务将失败。在分布式通信模式中，不存在集中计算单元，各飞行器只与邻近的飞行器进行通信，当通信拓扑满足一定条件时，飞行器之间通过局部的数据交换就可以达到某些状态量全局的一致。分布式通信模式的优点是比较灵活可靠，其缺点是编队形成速度通常比集中式通信模式慢。集散式则是集中式和分布式的综合。

不同的通信模式和编队控制模式对应不同的编队控制技术。在设计编队控制方法时，不仅要满足队形形成及变换速度、队形稳态精度的要求，还要满足在队形形成与变换过程中避免弹间碰撞的要求，同时要考虑飞行器自身速度特性和可用法向过载的约束。另外，在飞行过程中，弹间的信息传输往往是不理想的，存在着噪声和延迟，此时，如何设计通信拓扑和编队控制方法来保证要求的编队速度和精度是要解决的关键问题。

1.3 多飞行器协同末制导技术

多飞行器协同飞行，当攻击目标时，如果能够从不同的方向同时命中目标，则能够大大提高对目标的攻击性能。要想实现此目的，需有协同末制导律作为技术支撑。

在研究单枚导弹的末制导律时，除了要考虑脱靶量要求，有时还要考虑终端落角（终端时刻的飞行器速度矢量与水平面的夹角）、终端方位角（终端时刻的速度矢量与发射铅垂面的夹角）以及终端攻角（速度轴与弹轴的夹角）等约束。当研究多导弹协同末制导律时，攻击时间约束成为制导律设计时必须考虑的约束，这也是多导弹协同末制导律与单导弹末制导律设计中最显著的区别。另外，在多导弹飞行过程中，如果能够实现同步接近目标（每时每刻各导弹的弹目距离相等），最终同时命中目标，则能够同时出现在雷达的扫描边界，从而增大弹群的突防能力，以及最后的打击能力，这时，协同制导律需满足飞行位置约束、攻击时间约束。进一步，在设计协同末制导律时，还需考虑各导弹的控制量受限、框架角受限等约束问题。

具有攻击时间约束的协同制导律主要分为两类。一类的特点是：事先设定导弹群共同的理想攻击时间，然后每枚导弹分别制导控制，使其飞行时间与设定的时间相等，从而最终达到导弹群攻击时间的协同。导弹采用此种制导律

时，弹间并不需要通信。另一类的特点是：不预先指定导弹群同时到达的时间，而通过导弹在飞行过程中数据的通信来达到协同。针对事先给定共同的理想攻击时间的情况，目前有基于最优控制、滑模控制等现代控制理论的方法、控制视线变化的方法、偏置比例导引法等协同制导方法，这些方法各有特色和侧重点。这类方法有一个共同的问题：如何确定事先指定的理想攻击时间。该时间如果设定得太小，则可能出现有的导弹即使竭尽全力直线飞向目标也无法在指定的时间到达目标的情况；如果设定得太大，就会出现导弹过多绕路从而浪费燃料的情况。因此，采用这类方法时，应该合理设定共同的理想攻击时间。采用第二类方法时，导弹在飞行过程中弹间存在数据通信，导弹群基于信息共享来实现攻击时间的协同。类似于编队飞行时的情况，此时导弹可采用集中式或分布式的通信模式。典型的双层协同制导结构的制导律即采用集中式通信模式的制导律，各导弹将需要协同的量（攻击时间）传给集中协调单元，集中协调单元对各导弹传输的数据经过集中式协调处理后，将得到的协同变量广播至所有导弹。各导弹再采用具有攻击时间约束的本地制导律来实现此协同变量，从而最终达到协同。在集中式通信模式中，除了攻击时间外，还可将弹目距离作为协同变量。分布式协同末制导律则将一致性算法应用于多导弹协同飞行模型中，将各导弹的剩余飞行时间、位置或弹目距离作为协同变量，设定导弹之间存在一定的通信拓扑，通过相邻弹间信息的交互来达到协同变量的一致，从而实现对目标的协同攻击。对于通过信息传输实现协同攻击的多导弹，信息的传输模式、通信拓扑的设定和信息的利用规则是设计协同末制导律的关键问题。

1.4　多飞行器协同拦截技术

21 世纪以来，随着无人战机（Unmanned Combat Air Vehicles，UCAV）性能的大幅度提高和航空电子设备技术的飞速发展，无人战机在空战中的作用越来越重要，逐渐成为夺取制空权的关键。而为了占领战争的优势地位，战争另一方往往发射机动导弹对无人战机进行袭击。无人战机则通常将信号弹、箔条等作为诱饵来诱骗来袭攻击弹，同时采用特定的机动策略进行逃逸。随着来袭攻击弹性能的增强，这种被动防御措施的局限性越来越凸显，无人战机发射防御弹对来袭攻击弹进行主动拦截成为未来空战的必然形式，即未来的空战必然是目标（无人战机）、攻击弹（来袭攻击弹）、防御弹之间激烈、智能的攻防对抗过程。

目标、攻击弹、防御弹构成作战的三方，它们具有不同的任务。目标要尽量避免被攻击弹击中，攻击弹的目的是击中目标，防御弹的目的是拦截攻击弹、保护目标。如果不考虑协同问题，则三方作战可看作两个两方作战的问题，即攻击弹与目标之间的攻防问题和防御弹与攻击弹之间的攻防问题。考虑到保护目标的防御弹的可用过载通常比攻击弹的可用过载要小，其直接对攻击弹进行拦截并不具有优势，拦截成功的概率较低。如果目标在逃避攻击弹袭击的同时能够和防御弹进行协同飞行，即同时作为诱饵来影响攻击弹的轨迹，从而协助防御弹能够以比较平直的弹道拦截攻击弹，则能够大大提高防御弹的拦截成功率和目标的生存概率。如果攻击弹具有强大的威力，那么为了能够成功拦截并摧毁它，则目标可能需发射多枚防御弹进行协同拦截。此时，一方面，涉及防御弹与目标的协同问题；另一方面，涉及多枚防御弹对攻击弹进行协同拦截的问题。

针对目标在躲避攻击弹的同时协助防御弹拦截攻击弹的问题，在考虑攻击弹运动规律、目标和防御弹间信息传输模式及各自过载能力等前提下的目标－防御弹协同拦截制导问题是关键问题。同样，目标发射多枚防御弹对攻击弹进行拦截时，考虑多防御弹与目标的可用过载约束、拦截时间约束、拦截角度约束等多约束前提下的目标－多防御弹协同拦截制导问题也是关键问题。

第 2 章

多飞行器协同任务规划技术

多飞行器协同任务规划在本质上是一个组合优化问题。本章以无人机为研究对象，以多个具有不同功能的无人机对多个目标执行 3 个有明确时序要求的任务（侦察识别、攻击、毁伤评估）为背景，综合考虑异构无人机任务执行能力、任务执行时序和自身运动学等约束，同时考虑各无人机机载弹药毁伤概率因素，建立以任务执行时间和攻击收益为综合性能指标的任务分配优化模型，提出避免产生“死锁”现象的基于多类型基因编码的改进遗传算法（Multi-chromosome Genetic Algorithm，MGA），实现对协同任务规划问题的求解。基于任务分配方案和无人机的最小转弯半径，采用 Dubins 路径协调方法，生成无人机的可飞航迹。

2.1　异构多无人机任务规划建模

2.1.1　任务规划场景描述

设有 N_T 个目标，其价值为 $W_i(i=1,2,\cdots,N_T)$。N_V 架无人机对 N_T 个目标分别进行侦察（Classify，C）、攻击（Attack，A）和评估（Verify，V），需执行的任务总数为 $N_c=3N_T$。本章的任务规划问题实际上就是 N_V 个无人机对 N_T 个目标的任务分配问题。

根据无人机所具有功能的不同，可将无人机分为战斗机（F）、侦察机（S）和轰炸机（B）3 种类型，具体见表 2-1。

表 2-1　无人机类型和对应的任务

类型	功能	任务
战斗机（F）	侦察、攻击、评估	C、A、V
侦察机（S）	侦察、评估	C、V
轰炸机（B）	攻击	A

具有攻击功能的无人机（战斗机、轰炸机）携带着有限的机载弹药，因此只能执行有限次攻击任务。本章采用集合镜像的方式来处理无人机机载弹药资源的约束，并假设每架无人机由于携带弹药火力的不同而对目标的毁伤概率不同。

2.1.2 任务规划约束条件

采用图论描述方法对多无人机协同任务分配问题进行描述，该方法将无人机可能的路径以一个有向图的方式表达出来，有向图的节点和边集为

$$\begin{cases} V_{\mathrm{T}}=\{T_1,T_2,\cdots,T_{N_{\mathrm{T}}}\} \\ V_{\mathrm{U}}=\{U_1,U_2,\cdots,U_{N_{\mathrm{V}}}\} \\ V=V_{\mathrm{T}}\cup V_{\mathrm{U}} \\ E=\{(v_i,v_j)\mid v_i\in V,v_j\in V_{\mathrm{T}}\} \end{cases} \tag{2-1}$$

式中，V_{T}——目标集合；

V_{U}——无人机的起始点集合；

V——有向图的节点集合；

E——有向图的边集，从 V 中的节点指向 V_{T} 中的节点，表示所有可能的路径。

引入决策变量：

$$X_{(v_i,v_j)}^{u,k}=\begin{cases}1, & \text{无人机 } u \text{ 沿着有向边 } (v_i,v_j) \text{ 执行任务 } k \\ 0, & \text{无人机 } u \text{ 不执行对应的任务}\end{cases}$$

其中，$k=1,2,3$，分别对应于 C、A、V。

异构多无人机协同任务分配考虑的约束如下。

（1）任务数量约束：保证目标的所有任务都被执行，可表示为

$$\sum_{i=1}^{N_{\mathrm{VT}}}\sum_{j=1}^{N_{\mathrm{T}}}\sum_{k=1}^{3}X_{(v_i,v_j)}^{u,k}=N_{\mathrm{c}} \tag{2-2}$$

式中，N_{VT}——V 的势，$N_{\mathrm{VT}}=\|V\|=N_{\mathrm{V}}+N_{\mathrm{T}}$；

（2）路径约束：对无人机 $\forall u\in V_{\mathrm{U}}$ 来说，路径 P_{au}是一条可飞的路径，即

$$P_{\mathrm{au}}=\{(v_i,v_j)\mid X_{(v_i,v_j)}^{u,k}=1,\ v_i\in V,\ v_j\in V_{\mathrm{T}},\ k\in\{1,2,3\}\} \tag{2-3}$$

（3）任务时序约束：对目标首先进行侦察，再进行打击，最后进行评估，可表示为

$$t_{\mathrm{C}}^{T_i}\leqslant t_{\mathrm{A}}^{T_i}\leqslant t_{\mathrm{V}}^{T_i},\quad \forall T_i\in \boldsymbol{V}_{\mathrm{T}} \tag{2-4}$$

式中，$t_m^{T_i}(m=\mathrm{C、A、V})$——目标 T_i 被无人机执行相应任务时的时间。

（4）无人机机载弹药约束：设 m_u 为无人机 $u(u\in V_{\mathrm{U}})$ 携带的最大弹药量，无人机攻击的目标数必须小于等于最大弹药数，因此约束可表示为

$$\sum_{i=1}^{N_{\mathrm{VT}}}\sum_{j=1}^{N_{\mathrm{T}}}X_{(v_i,v_j)}^{u,2}\leqslant m_u(\forall u\in V_{\mathrm{U}}) \tag{2-5}$$

（5）航程约束：任意无人机 u 的飞行航程都小于其最大航程 $L_{\max}^u$，表示为

$$\sum_{i=1}^{N_{\mathrm{VT}}}\sum_{j=1}^{N_{\mathrm{T}}}\sum_{k=1}^{3}X_{(v_i,v_j)}^{u,k}t_{(v_i,v_j)}^{u,k}v_u\leqslant L_{\max}^u(\forall u\in \boldsymbol{V}_{\mathrm{U}}) \tag{2-6}$$

式中，$t_{(v_i,v_j)}^{u,k}$——无人机 u 沿着有向边 (v_i,v_j) 执行任务 k 的时间；

v_u——无人机 u 的飞行速度。

2.1.3　任务规划性能指标函数

任务执行时间 J_1 为所有执行任务无人机的最大飞行时间，总体攻击收益 J_2 体现了所有无人机对目标总的毁伤效果。J_1 和 J_2 的定义为

$$\begin{cases} J_1 = \max\left(\sum_{i=1}^{N_{\mathrm{VT}}}\sum_{j=1}^{N_{\mathrm{T}}}\sum_{k=1}^{3} X_{(v_i,v_j)}^{u,k} t_{(v_i,v_j)}^{u,k},\ \forall u \in \boldsymbol{V}_{\mathrm{U}}\right) \\ J_2 = \sum_{u=1}^{N_{\mathrm{V}}}\sum_{i=1}^{N_{\mathrm{VT}}}\sum_{j=1}^{N_{\mathrm{T}}} X_{(v_i,v_j)}^{u,2} P_{uj} W_j \end{cases} \tag{2-7}$$

式中，P_{uj}——无人机 u 对目标 j 的攻击毁伤概率，若每架无人机的火力不同，则对应的 P_{uj} 不同。

本章以任务执行时间 J_1 最小和总体攻击收益 J_2 最大为该组合优化问题的目标函数，因此目标函数可设为

$$\max J = J_2/J_1 \tag{2-8}$$

将表征约束的式（2-2）~式（2-6）和目标函数（式（2-8））综合，即可形成考虑不同无人机弹药火力的异构多无人机协同任务分配组合优化模型。

2.2　基于多类型基因策略的协同任务规划算法

2.2.1　避免“死锁”现象的遗传算法编码

遗传算法编码就是将组合优化问题的解（即染色体）编码成矩阵的形式。每个染色体由 N_c 个基因组成，每个基因为染色体矩阵的一列，表示将针对某个目标的某个任务指派给某架无人机来执行。令 $T_a=1,2,3$ 分别表示 C、A、V 任务，令 $C_a=1,2$ 分别表示侦察识别功能、攻击功能。以 3 个无人机攻击 3 个目标为例，此时，染色体编码如图 2-1 所示。

在图 2-1 中，基因①、②、③分别表示侦察识别基因、攻击基因、毁伤评估基因。基因的第 1~6 行分别表示目标编号、任务编号、无人机编号、无人机能力、目标价值和无人机对目标的攻击毁伤概率。由以上编码方式可知：$k=2$ 时，必有 $C_a=2$；$k=1$ 或 $k=3$ 时，必有 $C_a=1$；只有攻击基因的毁伤概率 P 为非零，其他基因的 P 均为零。

对于某个目标，如果对其执行攻击任务的无人机 j 比对其执行侦察任务的

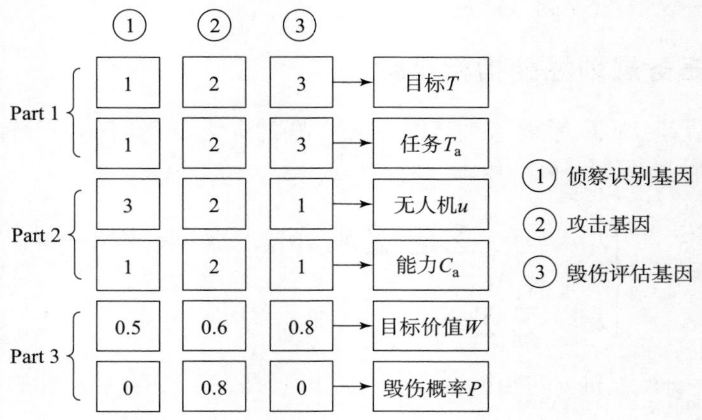

图 2-1　多类型基因染色体编码示意图

无人机 i 先到达目标，则无人机 j 必须等待无人机 i 对目标侦察完之后才能实施攻击。如果一个（或多个）无人机均出现这种现象，就会出现无限等待导致“死锁”的情况。为了避免出现“死锁”，就将任务时序信息引入编码过程。在编码过程中，按照目标序号从小到大、任务执行顺序从前到后的排列规则生成基于目标的染色体（目标基染色体），如图 2-2 所示。图中，第一列的 $u_1^{T_1}$ 表示针对目标 T_1 执行 C 任务的某无人机，第二列 $u_2^{T_1}$ 表示针对目标 T_1 执行 A 任务的某无人机，第三列 $u_2^{T_1}$ 表示针对目标 T_1 执行 V 任务的某无人机，同行其他符号的意义可类推；表中第一列的 W_{T_1} 表示目标 T_1 的威胁度，同行其他符号的意义类似；表中第二列的 $P_{T_1}^{u_2}$ 表示 u_2 对 T_1 的攻击毁伤概率，同行对应于攻击任务的其他符号的意义类似。

T_1	T_1	T_1	T_2	T_2	T_2	…	T_N	T_N	T_N
C	A	V	C	A	V	…	C	A	V
$u_1^{T_1}$	$u_2^{T_1}$	$u_3^{T_1}$	$u_1^{T_2}$	$u_2^{T_2}$	$u_3^{T_2}$	…	$u_1^{T_N}$	$u_2^{T_N}$	$u_3^{T_N}$
1	2	1	1	2	1	…	1	2	1
W_{T_1}	W_{T_1}	W_{T_1}	W_{T_2}	W_{T_2}	W_{T_2}	…	W_{T_N}	W_{T_N}	W_{T_N}
0	$P_{T_1}^{u2}$	0	0	$P_{T_2}^{u2}$	0	…	0	$P_{T_N}^{u2}$	0

图 2-2　目标基染色体编码示例

上述编码可保证无人机在执行任务时总是先执行任务 C，再执行任务 A，最后执行任务 V。由此，编码形成的染色体可以避免“死锁”的情况。

2.2.2　多基因编码改进遗传算法

1. 初始化

多基因编码遗传算法的初始化步骤如下：

第 1 步，对目标基染色体的第 1、2 行进行编码。

第 2 步，针对第 1、2 行设定的目标和任务，从能够执行此任务的无人机集中选择某无人机作为无人机行，完成目标基染色体的第 3、4 行编码。

第 3 步，在第 5、6 行分别填入目标的价值和无人机对目标的攻击毁伤概率，作为价值行和概率行。至此，完成一个完整的目标基染色体的编码。

第 4 步，重复第 1 步 ~ 第 3 步 N_p 次（N_p 为种群规模），便得到了无“死锁”个体的初始种群。

2. 适应度值计算

根据目标基染色体的基因信息，可以得到每架无人机执行任务的信息。按照无人机任务顺序将染色体的基因重新排列，从而组成了无人机基染色体（同一无人机序号的基因信息，按照任务时序顺序排序）。如图 2 - 3 所示，在无人机基染色体中，n_i 为第 i 架无人机的任务数量。以无人机 u_1 为例，第一列中，$T_1^{u_1}$ 表示无人机 u_1 攻击目标 T_1；$T_{\mathrm{a}_1^{u_1}}$ 表示无人机 u_1 针对目标 T_1 的任务类型（C、A、V 中的一种）；$C_{\mathrm{a}_{u_1}}$ 表示无人机 u_1 的能力（1、2、3 中的一种，代表不同的无人机种类）；W_{T_1} 意义同前，表示目标 T_1 的价值；$P_{T_1}^{u_1}$ 表示无人机 u_1 对目标 T_1 执行攻击任务时的攻击概率，当执行其他任务时，此概率为 0。其他列的符号意义可类推。由此可见，前 n_1 列表示了无人机 u_1 的任务执行时序和攻击收益。因此，基于总的无人机基染色体，可计算得到此任务分配方案对应的目标函数值。选取目标函数值作为该个体的适应度值。

$T_1^{u_1}$	…	$T_{n_1}^{u_1}$	$T_1^{u_2}$	…	$T_{n_2}^{u_2}$	…	$T_1^{u_N}$	…	$T_{n_n}^{u_N}$
$T_{\mathrm{a}_1^{u_1}}$	…	$T_{\mathrm{a}_{n_1}^{u_1}}$	$T_{\mathrm{a}_1^{u_2}}$	…	$T_{\mathrm{a}_{n_2}^{u_2}}$	…	$T_{\mathrm{a}_1^{u_N}}$	…	$T_{\mathrm{a}_{n_n}^{u_N}}$
u_1	…	u_1	u_2	…	u_2	…	u_N	…	u_N
$C_{\mathrm{a}_{u_1}}$	…	$C_{\mathrm{a}_{u_1}}$	$C_{\mathrm{a}_{u_2}}$	…	$C_{\mathrm{a}_{u_2}}$	…	$C_{\mathrm{a}_{u_N}}$	…	$C_{\mathrm{a}_{u_N}}$
W_{T_1}	…	$W_{T_{n_1}}$	W_{T_1}	…	$W_{T_{n_2}}$	…	W_{T_1}	…	$W_{T_{n_1}}$
$P_{T_1}^{u_1}$	…	$P_{T_{n_1}}^{u_1}$	$P_{T_1}^{u_2}$	…	$P_{T_{n_2}}^{u_2}$	…	$P_{T_1}^{u_N}$	…	$P_{T_{n_n}}^{u_N}$

图 2 - 3　无人机基染色体编码示例

3. 遗传算子

采用带精英策略的轮盘赌选择算子将本代中适应度值最好的 N_e 个个体直接选择到下一代种群中，不参与交叉和变异操作。

当个体间以交叉概率 P_{cr} 进行交叉时，采用两点交叉算子。在父代个体中随机选择两个交叉点，将交叉点间的基因段（称为交叉段）交换即生成子代个体，交叉过程如图 2－4 所示。

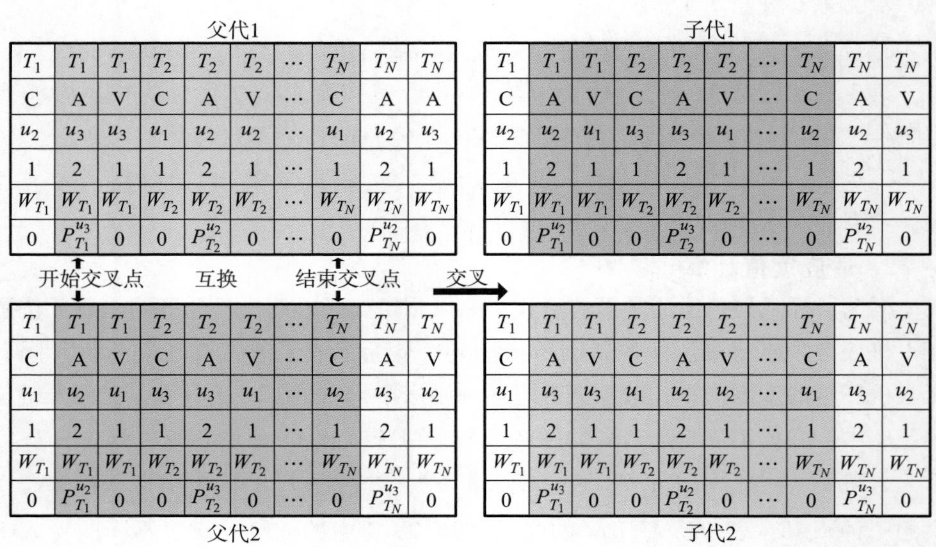

图 2－4　交叉过程示例

当对个体以变异概率 P_{mu} 进行变异操作时，随机选取一个变异点，在满足任务和能力约束的条件下使该点无人机序号和攻击概率变异，如图 2－5 所示。

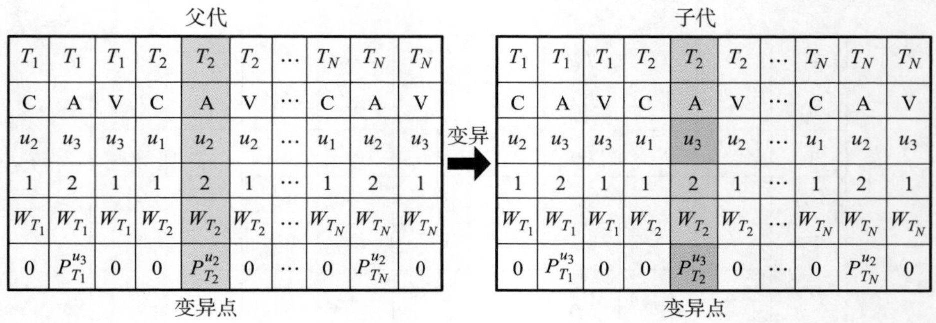

图 2－5　变异过程示例

2.2.3　基于 MGA 的任务规划方法流程

当采用 MGA 求解协同任务规划问题时，首先，设置算法相关参数，根据多基因编码方法对染色体进行编码；其次，根据一定规则生成设定种群规模数量的目标基染色体，创建初始种群（$k=1$）；再次，将目标基染色体转化为无人机基染色体，计算种群个体的目标函数值和适应度值；接着，利用特定选择、交叉和变异等遗传算子来生成下一代种群；进化过程如此重复，直到达到终止条件，即迭代次数 k 达到最大迭代次数 N_k；最后，输出种群最佳个体。多基因编码遗传算法流程如图 2－6 所示。

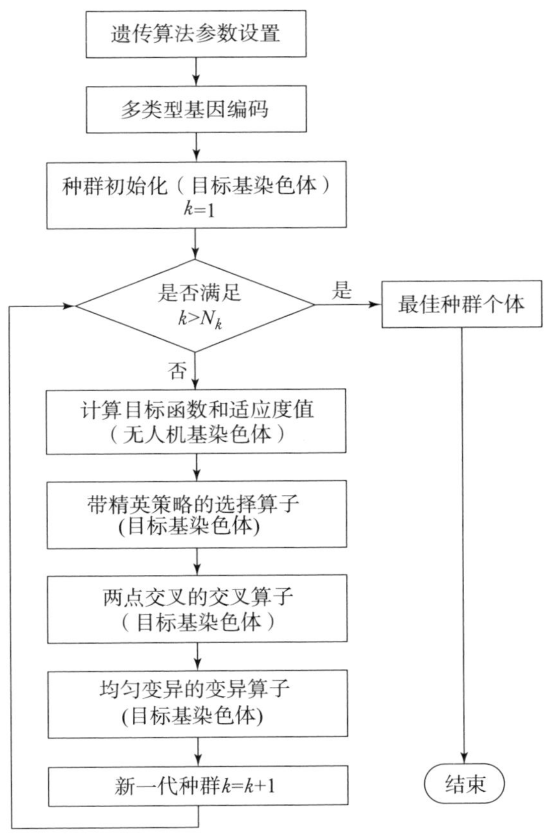

图 2－6　多基因编码遗传算法流程

2.3 基于 Dubins 路径协调的可飞航迹

通过前述算法，可得到各无人机需完成的任务及时序。但是，由于无人机速度不同，故就有可能出现某速度较快的无人机到达某个目标后必须等待另一无人机完成任务后它才能开展任务的情况；另外，无人机的飞行需要满足其可用过载的约束。因此，本节在前述任务分配方案的基础上为每架无人机规划和协调一条满足任务时序约束和动力学约束的可飞航迹。

以无人机从目标 T_1 至目标 T_2 为例，中间的路程采用 Dubins 曲线，其中的圆弧段满足无人机最小转弯半径约束。在某些情况下，无人机在从目标 T_1 至目标 T_2 的过程中，需要等候一定的时间 Δt，此段时间的轨迹采用两种方案——圆轨迹或侧向附加路径轨迹。如果等候时间 $\Delta t \geqslant t^*$（t^* 为无人机按最小转弯半径圆周飞行的时间），则无人机按照一个或多个适当半径 R（R 大于等于最小转弯半径 $R_{\min}$）的圆周做圆周运动；如果延迟时间 $\Delta t < t^*$，则基本飞行路径将添加适当的侧向附加路径，如图 2－7 所示。

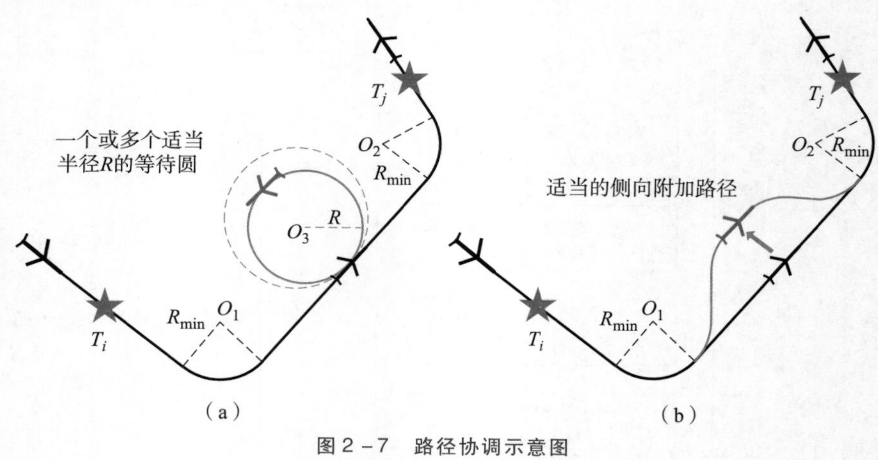

图 2－7 路径协调示意图

(a) $\Delta t \geqslant t^*$；(b) $\Delta t < t^*$

图中，O_1、O_2 和 O_3 为圆弧段航迹的圆心。基于任务分配方案，结合上述 Dubins 路径协调方法，可得到完整的无人机可飞航迹。

例 2－1 假设有 7 架无人机对 5 个目标完成侦察识别、攻击和毁伤评估任务，且无人机执行一个任务所需的时间为 5 s。无人机和目标的具体信息见表 2－2 和表 2－3。表中，x_0、y_0 表示无人机的初始位置坐标，V、$R_{\min}$、$L_{\max}$ 分别为无人机的速度、最小转弯半径和最大航程。

表 2-2　无人机信息

UAV 编号	x_0/km	y_0/km	类型	V/(m·s^{-1})	m_u	P	R_{min}/m	L_{max}/km
u_1	0	0	F	80	2	0.80	250	20
u_2	0	0	F	80	2	0.92	250	20
u_3	0	0	F	80	2	0.86	250	20
u_4	2.5	5	B	70	3	0.65	220	26
u_5	2.5	5	B	70	3	0.76	220	26
u_6	5	0	S	90	0	0	300	25
u_7	5	0	S	90	0	0	300	25

表 2-3　目标信息

目标编号	x_t/m	y_t/m	目标价值 W
T_1	1 100	2 100	0.88
T_2	2 800	1 200	0.95
T_3	4 100	3 400	0.74
T_4	2 600	2 800	0.68
T_5	5 000	5 000	0.55

采用基于 MGA 的任务分配算法，得到的仿真结果如图 2-8 ~ 图 2-10 所示。

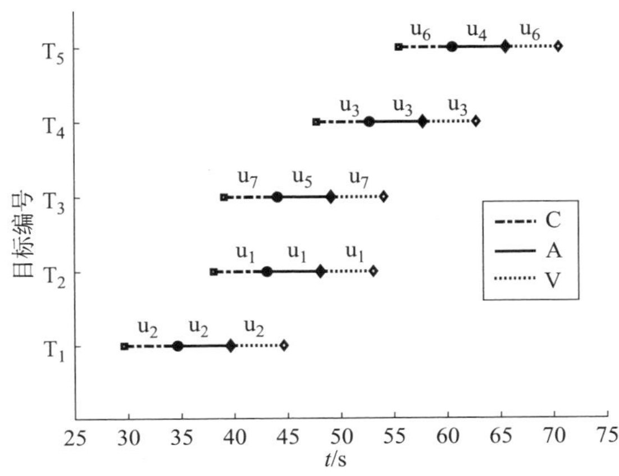

图 2-8　各目标被侦察识别、攻击和毁伤评估的情况

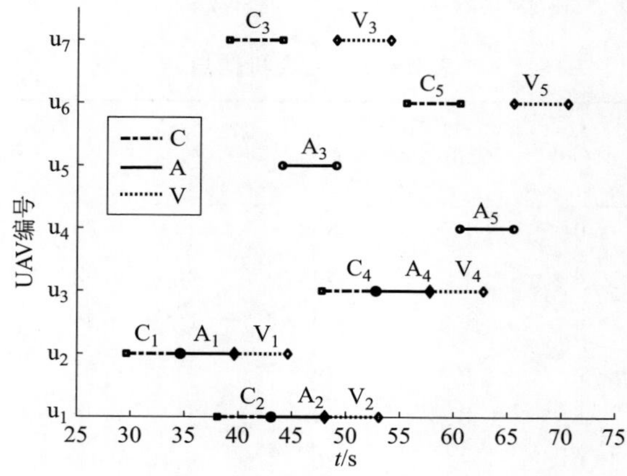

图 2-9　各无人机的任务分配方案

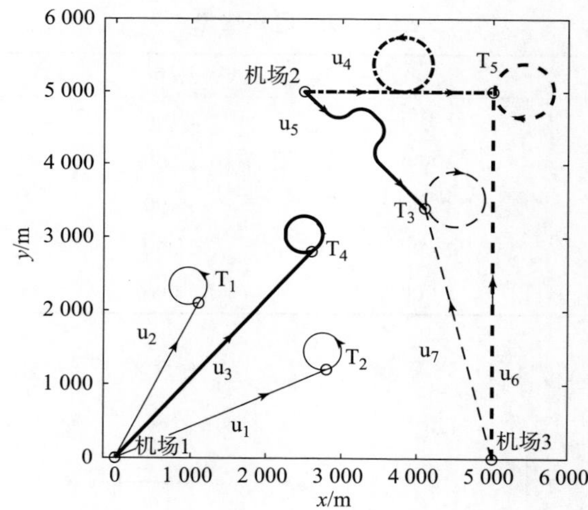

图 2-10　基于 Dubins 路径协调的无人机航迹

由图可知，3 种类型的 7 架无人机从 3 个机场出发，按照时序约束完成了对 5 个目标的协同侦察识别、攻击和毁伤评估任务，并在最短时间内获得了最大收益，且不存在“死锁”现象。由优化结果数据可知，异构多无人机群的最长飞行时间为 71 s，最大攻击收益为 3.1，最大性能指标函数为 0.043。图 2-10 显示了通过 Dubins 路径协调得到的符合任务时序和最小转弯半径约束的 7 架无人机的可飞航迹。

接下来，以针对 T_3 的侦察识别、攻击和毁伤评估为例来说明任务分配和路径协调情况。根据任务分配结果，u_7 和 u_5 协同对 T_3 进行侦察识别、攻击和毁伤评估。u_5 必须在 u_7 对 T_3 实施完侦察识别后，才能对其进行攻击。但是 u_5 和 u_7 同时起飞后，若其均直线飞至 T_3，则 u_5 会先到达。因此，如图 2－10 所示，u_5 采用 Dubins 曲线进行路径协调，中间绕路等待 u_7 对 T_3 实施完侦察识别后，其正好飞至 T_3，对 T_3 实施攻击。而在 u_5 对 T_3 实施攻击的过程中，u_7 在 T_3 附近做圆周运动，等待 u_5 完成攻击后对 T_3 进行毁伤评估。多无人机对其他目标的任务执行情况可类似分析。

第 3 章

基于分段贝塞尔曲线的多飞行器协同航迹规划技术

多飞行器的协同航迹规划问题，就是要为每个飞行器规划一条从起始点到目标点，在飞行过程中能够避免障碍/威胁区，最终能够同时到达且使得某个性能指标（通常是航迹长度）最优的航迹。针对协同航迹规划问题，目前有基于粒子群算法、蚁群算法以及 Tau 理论等仿生算法的规划方法。本章同时考虑各飞行器的攻击时间和攻击方向，采用分段贝塞尔曲线模拟导弹的航迹，利用贝塞尔曲线的特点来设计满足多种约束的航迹，得到一套适用于多战术导弹或无人机协同飞行的航迹规划方法。

3.1　分段贝塞尔曲线航迹规划相关基础理论

3.1.1　分段贝塞尔曲线

贝塞尔曲线是计算机绘图以及计算机辅助设计中常用的曲线数学模型，最早起源于20世纪五六十年代法国的汽车工业界，由雷诺公司的Pierre Bezier和雪铁龙公司的Paul de Casteljau发明并推广。贝塞尔曲线是一类有特定数学形式的多项式曲线，因其具有一些便于操作和分析的数学性质而被广泛使用。N阶贝塞尔曲线由$N+1$个控制点确定，由这些控制点连接而成的多边形称为控制多边形，控制多边形反映了贝塞尔曲线的基本形状。

贝塞尔曲线的一般形式为

$$B(\tau) = \sum_{i=0}^{n} \boldsymbol{b}_i B_{i,n}(\tau) \tag{3-1}$$

式中，$B_{i,n}(\tau)$——伯恩斯坦多项式，其表达式为

$$B_{i,n}(\tau) = \frac{n!}{i!\,(n-i)!}(1-\tau)^{n-i}\tau^i,\ i=0,1,\cdots,n \tag{3-2}$$

式中，τ——贝塞尔曲线方程参数，$\tau \in [0,1]$；

$\boldsymbol{b}_i$——第i个控制点的坐标；

n——曲线次数。

贝塞尔曲线具有以下一些性质：

（1）端点插值性质：$B(0)=\boldsymbol{b}_0$，$B(1)=\boldsymbol{b}_n$。

（2）端点切线性质：$B'(0)=n(\boldsymbol{b}_1-\boldsymbol{b}_0)$，$B'(1)=n(\boldsymbol{b}_n-\boldsymbol{b}_{n-1})$。

（3）凸壳性质（CHP）：贝塞尔曲线上每个点都在该贝塞尔曲线控制点构成的凸壳里。

（4）仿射变换不变性：对贝塞尔曲线进行旋转、平移或放缩等变换相当于对贝塞尔曲线的控制点进行相应的变换后构成的贝塞尔曲线。

3.1.2 德洛奈三角划分法

为在多障碍环境下确定导弹飞行的待选航迹节点，在此引入德洛奈三角划分法来确定导弹可能要飞经的边，以便为进一步设计搜索算法奠定基础。接下来，介绍相关引理。

【引理 3.1】令 P 表示平面上一系列点构成的点集 $\{p_1,p_2,\cdots,p_n\}$，则 P 的三角划分定义为以 P 中各点为顶点的最大平面划分，该划分的特点为 P 中每两条边都互不相交。

【引理 3.2】令 J 是点集 P 的一个三角划分，假设其含有 m 个三角形，将这 m 个三角形所包含的 $3m$ 个角（$\alpha_1,\alpha_2,\cdots,\alpha_{3m}$）升序排列并构成角度向量 $\boldsymbol{A}(J):=(\alpha_1,\alpha_2,\cdots,\alpha_{3m})$。令 J' 表示点集 P 的另一个三角划分，其角度向量为 $\boldsymbol{A}(J'):=(\alpha_1',\alpha_2',\cdots,\alpha_{3m}')$（$\alpha_1',\alpha_2',\cdots,\alpha_{3m}'$ 为此时 m 个三角形的 $3m$ 个角）。如果 $\boldsymbol{A}(J)$ 以字典式排序法大于 $\boldsymbol{A}(J')$，则有 $\boldsymbol{A}(J)>\boldsymbol{A}(J')$。如果点集 P 中的一个三角划分 J 对于其他三角划分 J' 都满足上式，则称该三角划分 J 是角度最优的。

【引理 3.3】假设 P 是平面上的一个点集合，那么 P 的角度最优三角划分就是 P 的德洛奈三角划分。通常情况下，P 中点集的德洛奈三角划分有且只有一种方式。

为计算给定点集的角度最优三角划分，可以通过对不合法边进行翻转来将所有边都合法化，进而得到角度最优的三角划分。有关德洛奈三角划分的具体实现过程可参考文献［41］，这里不再详述。

3.2 导弹贝塞尔曲线航迹模型

假设导弹在二维平面的航迹为贝塞尔曲线，为了能够构造满足给定起点、终点以及攻击方向约束的航迹，本章采用三次贝塞尔曲线，即 $n=3$。此时，

式（3－1）变为

$$\boldsymbol{X} = \sum_{i=0}^{3} \boldsymbol{b}_i B_{i,n}(\tau) \tag{3-3}$$

式中，$\boldsymbol{X}$——导弹质心坐标，$\boldsymbol{X} = [x_\tau, y_\tau]^{\mathrm{T}}$。

曲线的第一个控制点 b_0 与导弹的起点重合，最后一个控制点 b_3 与导弹的终点重合。贝塞尔曲线航迹在起点与终点处的切线方向分别与向量$\overrightarrow{b_0 b_1}$、$\overrightarrow{b_2 b_3}$一致，因此，可通过设置控制点 b_2 来控制导弹攻击目标的方向。三次贝塞尔曲线如图 3－1 所示。

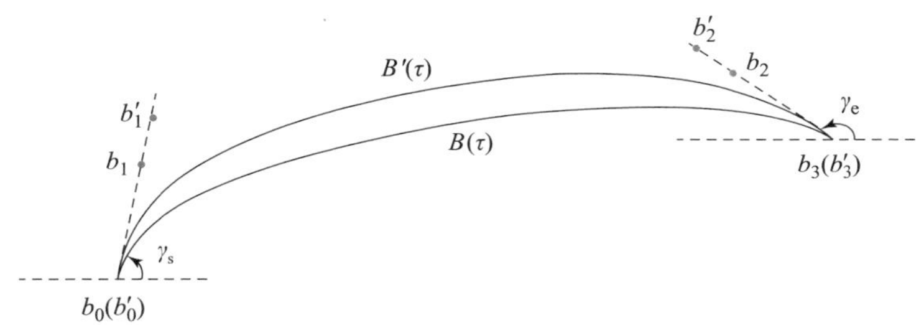

图 3－1　三次贝塞尔曲线控制点与曲线关系示意图

图中，$B(\tau)$ 为基于某 4 个控制点 b_0、b_1、b_2 及 b_3 的三次贝塞尔曲线航迹。假设导弹的起点发射角为 γ_s、末端攻击角为 γ_e，其与$\overrightarrow{b_0 b_1}$、$\overrightarrow{b_2 b_3}$的斜率 k_s、k_e 有如下关系：

$$\begin{cases} \tan\gamma_s = k_s \\ \tan\gamma_e = k_e \end{cases} \tag{3-4}$$

在$\overrightarrow{b_0 b_1}$延长线上选取新的控制点 b'_1，同理，在$\overrightarrow{b_3 b_2}$延长线上选取新的控制点 b'_2，将控制点 b_1、b_2 调整为 b'_1、b'_2，则新的控制点集对应着新的航迹曲线 $B'(\tau)$。对比调整前后的航迹可见，调整后的航迹变弯曲，长度增长。但由于调整后的$\overrightarrow{b'_0 b'_1}$、$\overrightarrow{b'_2 b'_3}$的斜率不变，故导弹按调整后的航迹飞行时其攻击角度不变，这也为在满足攻击角度约束的前提下通过调整航迹长度来满足攻击时间的约束奠定了基础。

式（3－3）为表征导弹贝塞尔曲线航迹的参数方程，据其可计算得到导弹航迹长度为

$$l = \int_0^1 \sqrt{(x'_\tau)^2 + (y'_\tau)^2}\, \mathrm{d}\tau \tag{3-5}$$

式中，l——航迹长度；

x'_τ, y'_τ——导弹的坐标 x_τ、y_τ 对参数 τ 的一阶导数。

假设导弹的速度为常值 V，则导弹航迹上每一点的需用法向过载 n_R 为

$$n_{\mathrm{R}}=\frac{V^2(x'_\tau y''_\tau-x''_\tau y'_\tau)}{g((x'_\tau)^2+(y'_\tau)^2)^{3/2}} \tag{3-6}$$

式中，g——重力加速度；

x''_τ, y''_τ——导弹的坐标（x_τ, y_τ）对参数 τ 的二阶导数。

本章中，导弹的航迹由几段贝塞尔曲线连接而成，攻击角度约束的满足是通过对导弹最后一段贝塞尔曲线的控制点 b_2 的设置来实现的。

3.3 基于贝塞尔航迹的协同航迹规划方法

假设导弹的航迹由多段贝塞尔曲线构成，首先针对单枚导弹来设计满足攻击角度约束的航迹，然后在此基础上设计、调整算法，使得各导弹的航迹长度满足要求，从而满足攻击时间约束。

在设计单枚导弹的航迹时，要考虑威胁区回避、分段贝塞尔曲线长度较短且尽量平滑连接的问题，因此涉及环境中威胁区位置确定、各段贝塞尔曲线首末端点确定以及在端点确定的前提下航迹优化等具体问题。本书中分段贝塞尔曲线首末端点的确定和航迹的优化是结合进行的，接下来分析在首末端点已确定前提下的贝塞尔曲线优化问题。

3.3.1 分段贝塞尔航迹优化

对于每一段三次贝塞尔曲线航迹，由于起点 S 与终点 E 分别与第一个控制点 b_0 和第四个控制点 b_3 重合，因此只要确定剩余两个控制点 b_1、b_2 就可确定此段航迹。在导弹分段起点速度方向和分段终点速度方向确定的前提下，由式（3-4）即可确定 $\overrightarrow{b_0b_1}$、$\overrightarrow{b_2b_3}$ 的方向，进一步只要确定其长度 $|\overrightarrow{b_0b_1}|$、$|\overrightarrow{b_2b_3}|$，就可确定两个控制点的位置，因此，将 $|\overrightarrow{b_0b_1}|$、$|\overrightarrow{b_2b_3}|$ 设为优化问题的设计变量。

为了使每段航迹尽量短，性能指标函数设为

$$\min f=l_{B_i(\tau)} \tag{3-7}$$

式中，$l_{B_i(\tau)}$——第 i 段航迹的长度，可由式（3-5）计算得到。

导弹在飞行过程中，其法向过载不能超过可用法向过载 n_{P}，另外，导弹航迹上的每一点与威胁区的距离必须大于最小安全半径 $r_{\mathrm{d}j}$，因此有约束

$$|n_i(\tau)|_{\max}\leqslant n_{\mathrm{P}} \tag{3-8}$$

$$d(\tau)_{i,j}\geqslant r_{\mathrm{d}j} \tag{3-9}$$

式中，$|n_i(\tau)|_{\max}$——第 i 段曲线上的最大需用过载；

$d(\tau)_{i,j}$——第 i 段曲线上每个点与第 j 个威胁中心的距离。

为使分段航迹尽量能够平直连接，对分段航迹端点处的法向过载加以约束，有

$$|n_i(0)|\leqslant n'_{\mathrm{P}},\quad |n_i(1)|\leqslant n'_{\mathrm{P}} \tag{3-10}$$

式中，n'_{P}——航迹端点处允许的最大过载，若为零则表示连接点过载为零，即航迹连接段为直线。

至此，得到了第 i 段贝塞尔曲线航迹的优化模型，为

$$\begin{cases}\min f(|\overrightarrow{b_0b_1}|,|\overrightarrow{b_2b_3}|)=l_{B_i(\tau)}\\ \text{s. t. } b_0=S,\ \ b_3=E\\ \tan\gamma_{\mathrm{s}}=k_{\mathrm{s}},\ \ \tan\gamma_{\mathrm{e}}=k_{\mathrm{e}}\\ |n_i(\tau)|_{\max}\leqslant n_{\mathrm{P}},\ \ d(\tau)_{i,j}\geqslant r_{\mathrm{d}j}\\ |n_i(0)|\leqslant n'_{\mathrm{P}},\ \ |n_i(1)|\leqslant n'_{\mathrm{P}}\end{cases} \tag{3-11}$$

求解上述优化问题，即可得长度最短、满足可用过载约束、可避免威胁且可对航迹连接点过载进行控制的第 i 段贝塞尔曲线航迹。

3.3.2 单枚导弹具有攻击角度约束的航迹规划

将环境中的威胁区、禁飞区等不规则外形区域等效为一个半径为 r_{o} 的圆区域，考虑安全余量 $r_{\mathrm{s}}>0$，每个威胁区的最小安全半径可定义为

$$r_{\mathrm{d}}=r_{\mathrm{o}}+r_{\mathrm{s}} \tag{3-12}$$

假设导弹飞行的环境中有 m 个威胁区，其等效圆的圆心为 $O_j(j=1,2,\cdots,m)$、最小安全半径为 $r_{\mathrm{d}j}(j=1,2,\cdots,m)$。应用 3.1.2 节的德洛奈三角划分法连接威胁区等效圆的圆心，之后进行有效边的判定：如果两个圆心的连线不经过某个威胁区，则这条边为“有效边”，否则为“无效边”。将无效边从德洛奈三角划分法所构造的三角连接图中去除，并定义有效边在威胁区圆外部分的中点为导弹可经过的航迹点，由此得到除了起始点和目标点外导弹的其他航迹节点集合为 $W=\{O_{w,j_1j_2}\,|\,j_1,j_2\in\{1,2,\cdots,m\},j_1\neq j_2\}$。

定义导弹经过此点的飞行方向单位矢量 $\boldsymbol{\alpha}$ 满足

$$\begin{cases}\boldsymbol{\alpha}\cdot\overrightarrow{O_{w,j_1j_2}e}>0\\ \boldsymbol{\alpha}\cdot\overrightarrow{O_{j_1}O_{j_2}}=0\end{cases} \tag{3-13}$$

式中，$\overrightarrow{O_{w,j_1j_2}e}$——当前航迹节点指向目标 e 的向量；

$\overrightarrow{O_{j_1}O_{j_2}}$——由距离目标较远的威胁区圆心指向距离目标较近的威胁区圆心的向量，即满足$|O_{j_1}e|>|O_{j_2}e|$。

这样定义的飞行方向可使导弹垂直于障碍中心连线朝向目标飞行。

当飞行环境中存在多个障碍时，上述航迹节点集 W 包含较多元素。在为某枚导弹进行航迹规划时，不必对集合中所有航迹节点（特别是那些明显使导弹绕远的航迹节点）进行考察。因此，本章提出导弹相关航迹节点集的概念。

导弹相关航迹节点集：假设有 N 枚导弹，其起点分别为 $s_k(k=1,2,\cdots,N)$。对于第 k 枚导弹，相关航迹节点集 W_k 的定义为：连接起点 s_k 与目标 e 的线段与障碍分布德洛奈三角连接图所有相交边上的航迹节点构成的集合。

为降低航迹复杂性、提高规划速度，原则上，航迹所经过的节点数目越少越好。最好的情况为仅由一段从起点到达目标的贝塞尔曲线。因此，在设计航迹节点选取算法时，每次迭代均优先以目标为分段终点。若以目标为分段终点无满足约束条件的航迹，则应在导弹相关航迹节点集中选择距离目标较近的航迹节点为分段终点。以上述选点原则，设计第 k 枚导弹的航迹节点选取算法如下。

（1）将目标点加入导弹相关航迹节点集 W_k，然后按照航迹节点距离目标距离 $|O_{w,j_1j_2}e|$ 从小到大排列，目标点的 $|ee|=0$，因此在序列中目标点是第一个点。假设排好后的航迹节点序列为 $W_k'=\{P_0,P_1,P_2,\cdots,P_u,\cdots,P_M\}$，其中 P_u 表示按序排好后的第 u 个 O_{w,j_1j_2}、M 为 O_{w,j_1j_2} 的总个数，且 $P_0=e$。

（2）定义分段航迹的起点为 S、终点为 E，寻找可行点集 Pick 及不可行点集 Ban。初始时，有 $S=s_k$、$E=e$、$\text{Pick}=\{s_k\}$、$\text{Ban}=\varnothing$。考虑一般情况，针对起点为 S、终点为 $E=P_u$ 的一段航迹，采用式（3-11）中的模型对航迹进行优化，如果能够得到同时满足威胁区、过载、攻击角度等约束的优化解，则将 P_u 放入可行点集 Pick。接下来，以 P_u 为分段起点，以 $P_0=e$ 为分段终点，再进行优化；如果不能够得到优化解，则取 $E=P_{u+1}$，如果 P_{u+1} 出现以下任一情况，则舍弃 P_{u+1}，继续取下一个值 P_{u+2} 进行判断，直至取到满足要求的点。

①出现在可行点集 Pick 中（意味着导弹已经经过该点）。

②出现在不可行点集 Ban 中（说明该点没有通往任何下一个点的可行航迹）。

③P_{u+1} 的$|O_{w,j_1j_2}e|$值大于 S 的$|O_{w,j_1j_2}e|$值（说明 P_{u+1} 点与目标的距离大于分段起点与目标的距离，导弹将往回飞）。

以新取的点为终点 E，再进行优化，综合以上考虑优化得到满足要求的航迹点。若直到 W'_k 的最后一个点也不满足要求，则说明以 S 为起点没有可行的路径，因此，将其从 Pick 中删除，加入 Ban。令新的起点 S 为此时可行点集 Pick 中的最后一个点，新的终点 E 指向 W'_k 中的第一个点（即目标点），重新进行优化取点。

由初始化可知，第一步是以导弹的起点 s_k 作为分段起点、目标点 e 作为分段终点，如果优化得到最优解，则说明导弹的航迹用一条贝塞尔曲线即可表征。否则，判断 P_1 是否满足情况①、②、③，若不满足，就将 P_1 作为分段终点进行优化，如果可得到优化问题的解，则 $\overrightarrow{s_kP_1}$ 为得到的一段贝塞尔曲线航迹，接下来以 P_1 为起点、目标点 e 为终点再进行优化，得到第二段贝塞尔曲线。如果将 P_1 作为分段终点进行优化得不到解，则继续判断是否可将 P_2 作为分段终点，照此类推。在优化过程中，如果出现前段有解而后段无解的情况（如 s_k 至 P_2 可得到优化解而 P_2 至 W'_k 中所有满足条件的点均无优化解），则将 P_2 加入 Ban，返回以 s_k 为起点的过程，选择 P_3 作为分段终点进行优化，如此往复。

（3）上述优化过程的终止条件：

①$\text{Ban}=\{P_1,P_2,\cdots,P_M\}$，说明该任务无解；

②Pick 中出现终点 e，说明已经找到从导弹起点到终点的航迹，集合 Pick 就是得到的航迹节点集。此时，导弹 k 得到了一条能够避免威胁区并以指定攻击角度攻击目标的航迹。

3.3.3　多枚导弹协同航迹规划方法

3.3.2 节中得到的每枚导弹的航迹总长度是不同的，因此在导弹飞行速度相同的前提下，导弹到达目标的时间不同，不能满足攻击时间一致的约束。假设第 k 枚导弹的航迹长度为 $l_k(k=1,2,\cdots,N)$，其中最大值为 $l_{\max}=\max\{l_1,l_2,\cdots,l_k,\cdots,l_N\}$。若将其他导弹的航迹长度扩展为 $l_{\max}$，则可保证多导弹同时命中目标，满足攻击时间约束。接下来，以导弹 1 为例来进行说明。假设导弹 1 的航迹由 3 段组成，即 $l_1=l_{s1}+l_{12}+l_{2e}$，导弹 1 的航迹长度与最长航迹之间的差为 $\Delta l_1=l_{\max}-l_1$，则可按照 l_1 的 3 段航迹分别占总航迹的比例来分配 Δl_1，有

$$\begin{cases}l'_{s1}=l_{s1}+\dfrac{l_{s1}}{l_1}\Delta l_1\\[2ex] l'_{12}=l_{12}+\dfrac{l_{12}}{l_1}\Delta l_1\\[2ex] l'_{2e}=l_{2e}+\dfrac{l_{2e}}{l_1}\Delta l_1\end{cases}\tag{3-14}$$

式中，$l'_{s1}, l'_{12}, l'_{2e}$——扩展后的导弹 1 的 3 段航迹。

为了得到给定长度的贝塞尔曲线航迹，参考式（3－11）所示的优化问题，加入关于轨迹长度的约束，即

$$l_{B_i}(\tau) = l_{B_i^*}(\tau) \tag{3-15}$$

式中，$l_{B_i^*}(\tau)$——给定的航迹长度 l'_{s1}、l'_{12}、l'_{2e}。

则构建新的优化问题为

$$\begin{cases} \min f(|\overrightarrow{b_0 b_1}|, |\overrightarrow{b_2 b_3}|) = |n_i(0)| + |n_i(1)| \\ \text{s. t. } b_0 = S, \ \ b_3 = E \\ \tan\gamma_s = k_s, \ \ \tan\gamma_e = k_e \\ |n_i(\tau)|_{\max} \leqslant n_{\mathrm{P}}, \ \ d(\tau)_{i,j} \geqslant r_{\mathrm{dj}} \\ |n_i(0)| \leqslant n'_{\mathrm{P}}, \ \ |n_i(1)| \leqslant n'_{\mathrm{P}} \\ l_{B_i}(\tau) = l_{B_i^*}(\tau) \end{cases} \tag{3-16}$$

求解式（3－16）所示的优化问题，就得到能够避免威胁区、满足过载约束、航迹长度约束和航迹连接点处过载约束的航迹。将多段扩展后的航迹相连，最终构成同时满足攻击角度和攻击时间约束的协同航迹。

3.3.4 协同航迹时空安全性判断与重生成

在 3.3.3 节中得到协同航迹后，还要对航迹间的时空安全进行判断，即保证沿协同航迹飞行的几枚导弹的最小间距不小于最小安全间距。

假设待检测的两条分段贝塞尔曲线航迹分别为 $B_1(\tau_1)$、$B_2(\tau_2)$，根据 de Casteljau 算法，可快速确定参数 τ_1、τ_2 对应的两点的坐标（x_{τ_1}, y_{τ_1}）、（x_{τ_2}, y_{τ_2}），由此可计算出两点之间的距离。针对 $\tau_1 \in [0,1]$、$\tau_2 \in [0,1]$，可求得贝塞尔曲线上两点之间的最短距离 $d_{\min}$，如果 $d_{\min} \geqslant d_{\mathrm{s}}$（$d_{\mathrm{s}}$ 为最小安全间距），则说明两条航迹安全；如果 $d_{\min} < d_{\mathrm{s}}$，则说明两条航迹之间存在小于最小安全间距的点。

接下来，利用式（3－5）计算两枚导弹从出发到不安全航迹点的飞行路程。在两枚导弹速度一致的前提下，若飞行路程不相等，则说明两枚导弹不会同时到达航迹间距最小点，无碰撞危险；若飞行路程相等则有碰撞危险，就要对其中一枚导弹的期望分段航迹长度进行调整。具体调整方法：假设原期望总长度 l^* 由 l_1^*、l_2^*…若干期望分段长度组成，即 $l^* = l_1^* + l_2^* + \cdots$，若第一分段出现航迹碰撞危险点，则将原第一分段期望长度调整为 $l_1^* + d_{\mathrm{s}}$，将第二段分段期望长度相应调整为 $l_2^* - d_{\mathrm{s}}$，并利用式（3－16）中的优化模型得到新的航迹。继续对新航迹进行检测并重复上述步骤，直到满足安全防碰撞要求。

例 3－1　假设 4 枚导弹（#1、#2、#3 和#4）协同飞行攻击同一个目标。目标位置为（60 km, 50 km），4 枚导弹的速度均为 300 m/s，其初始点 s、初始速度方向 γ_s 和要求的末端攻击方向 γ_e、可用法向过载 n_p 等参数见表 3－1。

表 3－1　导弹的初始参数、可用过载及指定的攻击角度

导弹编号	$s(x,y)/(\text{km},\text{km})$	$\gamma_s/(°)$	$\gamma_e/(°)$	n_p	n'_p
#1	(－5,－5)	35	0	5	0.5
#2	(10,－20)	50	90	5	0.5
#3	(40,－30)	60	110	5	0.5
#4	(70,－28)	32	140	5	0.5

假设导弹飞行的环境中有 7 个威胁区，其具体信息见表 3－2。

表 3－2　威胁区中心位置及安全半径

编号 O_j	x_{Oj}/km	y_{Oj}/km	安全半径 r_{dj}/km
O_1	12	25	4
O_2	30	40	6
O_3	50	40	3
O_4	40	25	6
O_5	65	30	4
O_6	52	20	3
O_7	70	15	4

威胁区分布如图 3－2 所示。图中，按照德洛奈三角法连接威胁区的中心并绘出航迹节点（红色圆点）。

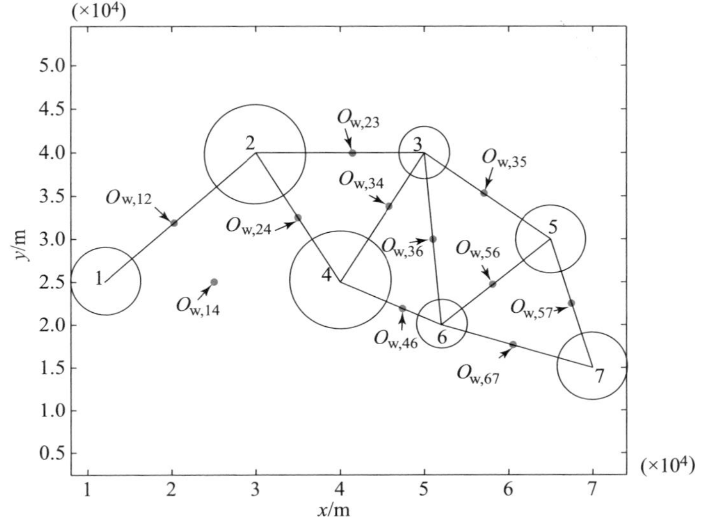

图 3－2　战场威胁区及航迹节点

由图 3－2 可得，总的航迹节点集为

$$W=\{O_{w,12},O_{w,14},O_{w,23},O_{w,24},O_{w,34},O_{w,35},O_{w,36},O_{w,46},O_{w,67},O_{w,56},O_{w,57}\}$$

对于导弹 #1，按照导弹相关航迹节点集定义，并根据各航迹节点与目标的距离按升序排列后得到含有目标的集合 W_1' 为

$$W_1'=\{e,O_{w,23},O_{w,24},O_{w,14}\}$$

同理，得到含有目标点的导弹 #2、#3 和#4 的相关航迹节点集合分别为

$$W_2'=\{e,O_{w,35},O_{w,36},O_{w,46}\}$$

$$W_3'=\{e,O_{w,35},O_{w,56},O_{w,67}\}$$

$$W_4'=\{e,O_{w,35},O_{w,56},O_{w,67}\}$$

采用 MATLAB 非线性约束优化函数 fmincon 对航迹进行优化，最大迭代次数为 100；取优化变量 $|b_0b_1|$、$|b_2b_3|$ 的初值均为分段航迹起点与分段航迹终点间的距离 $|SE|$；设导弹间的安全距离 $d_s=50$ m。规划出的四枚导弹的航迹如图 3－3 所示。

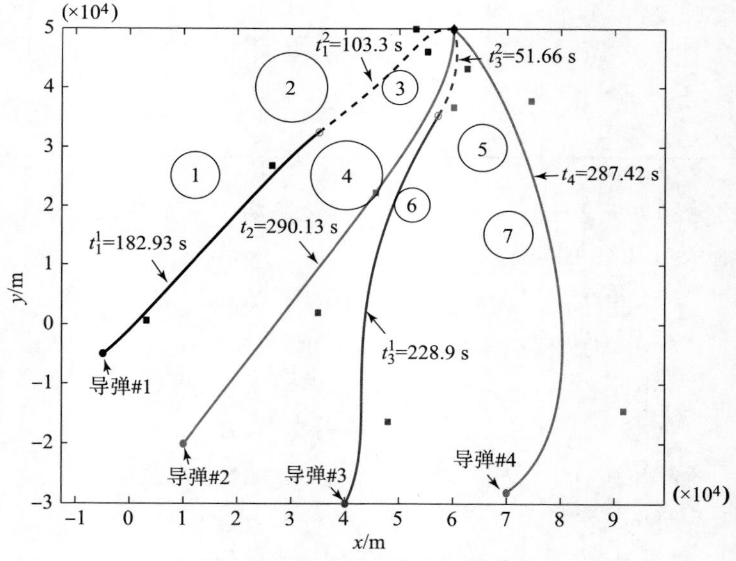

图 3－3　导弹#1～#4 的可行航迹

接下来，以导弹 #1 为例来说明具有攻击角度约束的航迹规划过程。根据 2.2 节中的算法，首先选取目标 e 作为分段终点，未得到满足约束的优化解，按照算法在集合 W_1' 中向后选取 $O_{w,23}$ 并判断其不满足情况①、②、③，故将其作为分段终点进行优化，但仍然未得到满足约束的优化解。因此，向后选取 $O_{w,24}$ 且判断其不满足情况①、②、③，故将 $O_{w,24}$ 作为分段终点进行优化，并得到了满足各约束条件的优化解。以 $O_{w,24}$ 为分段起点，以目标为分段终点继续进

行优化，得到优化解，最终得到的导弹#1 的可行点集为 $\text{Pick}_1 = \{s_1, O_{w,24}, e\}$。

对应的导弹 #1 的两段分段航迹如图 3－3 中黑色实线与黑色虚线所示，图中方形点表示各段贝塞尔曲线的控制点。导弹 #1 各段航迹对应的时间分别为 $t_1^1 = 182.93\ \text{s}$，$t_1^2 = 103.3\ \text{s}$（上标表示航迹段号、下标表示导弹编号，下同），总飞行时长为 $t_1 = 286.23\ \text{s}$。根据优化结果可知，第一段航迹的第二控制点位置为（3.12 km，0.68 km），第二段航迹的第三控制点位置为（52.97 km，50 km），由此可计算导弹的发射角度与攻击角度分别为

$$\begin{cases} \arctan \dfrac{0.68 - (-5)}{3.12 - (-5)} \approx 35^\circ = \gamma_{s1} \\ \arctan \dfrac{50 - 50}{52.97 - 60} = 0^\circ = \gamma_{e1} \end{cases} \tag{3-17}$$

由此可见，规划好的贝塞尔曲线航迹满足以指定发射角发射导弹和以指定角度攻击目标的要求。

与此类似，对于导弹 #2，其可行航迹点集为 $\text{Pick}_2 = \{s_2, e\}$。因此，在图 3－3 中，导弹 #2 的航迹是一条连接起始点和终点的航迹，中间未经过其他航迹点。导弹 #2 的飞行时间为 $t_2 = 290.13\ \text{s}$，航迹第三个控制点的位置为（60 km，36.71 km），满足攻击角度为 90°的要求。导弹#3、#4 的可行航迹节点集分别为 $\text{Pick}_3 = \{s_3, O_{w,35}, e\}$，$\text{Pick}_4 = \{s_4, e\}$，导弹总飞行时间分别为 $t_3 = 280.56\ \text{s}$、$t_4 = 287.42\ \text{s}$，导弹#3 第二分段航迹以及导弹 #4 航迹的第三个控制点位置分别为（60.05 km，49.87 km）、（74.42 km，37.89 km），同样满足攻击角度 110°和 140°的要求。

导弹 #1 ~ #4 的过载随参数 τ 的变化曲线如图 3－4 所示。

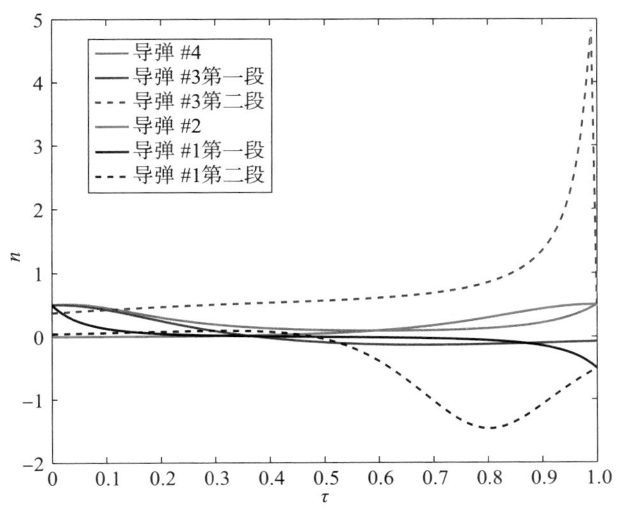

图 3－4　导弹#1 ~ #4 的过载随参数 τ 的变化曲线

由图 3－4 可见，四枚导弹的最大需用过载均≤5，未超过可用过载且在航迹端点（即 $\tau=0$ 与 $\tau=1$）处的过载均≤0.5，满足要求。

由前述可知，四枚导弹的飞行航迹长度不相等，不能够实现时间协同。其中，导弹#2 的航迹最长，因此导弹#2 的航迹不作调整。由于各导弹速度均为 300 m/s，故可将式（3－14）中航迹长度 l 替换为时间，其余各导弹的各段航迹飞行时间分别调整为

$$\begin{cases} t_1^{1\prime}=t_1^1+\dfrac{t_1^1}{t_1}(t_c-t_1)=185.42\ \mathrm{s} \\ t_1^{2\prime}=t_1^2+\dfrac{t_1^2}{t_1}(t_c-t_1)=104.71\ \mathrm{s} \\ t_3^{1\prime}=t_3^1+\dfrac{t_3^1}{t_3}(t_c-t_3)=236.71\ \mathrm{s} \\ t_3^{2\prime}=t_3^2+\dfrac{t_3^2}{t_3}(t_c-t_3)=53.42\ \mathrm{s} \\ t_4'=290.13\ \mathrm{s} \end{cases} \tag{3-18}$$

上述调整后的时间乘以速度得到的航迹长度即导弹#1、#3 和#4 各段航迹的期望长度 $l_{B^*(\tau)}$。采用式（3－16）中的优化模型进行优化，得到如图 3－5 所示的调整后的航迹。

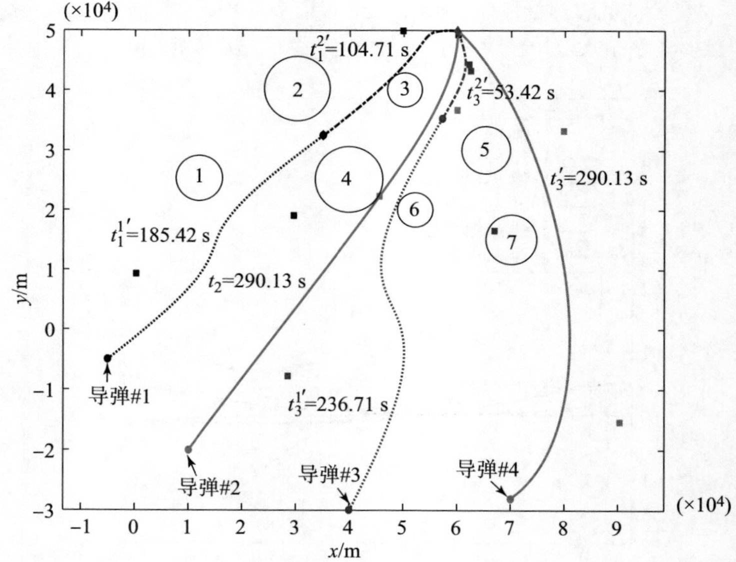

图 3－5　导弹#2 的原航迹与导弹#1、#3 和#4 调整后的航迹

由仿真结果可知，调整后的导弹 #1、#3、#4 的航迹依然满足发射角度与攻击角度的约束。但由于控制点位置的改变，新的航迹曲率和长度均有变化，因此在满足攻击角度约束的基础上进一步满足了攻击时间的约束。调整后，各导弹飞行航迹等长，飞行时间均为 290. 13 s。由于导弹 #1、#3 和#4 要通过绕路来增大其航迹长度，因此调整后的 3 枚导弹的最大需用过载稍微增大，但仍小于可用过载，满足过载约束。如图 3－5 所示，四枚导弹除了在终点处相交，在其他航迹位置均不相交，且导弹 #2、#3 航迹中段的最小距离约为 1. 8 km，远大于最小安全距离 50 m。因此，这 4 条协同航迹是满足时空安全性要求的。

假设导弹 #1、#4 的理想攻击角度分别为 90°和 30°，为了说明问题的简洁性，只为导弹 #1、#4 规划协同航迹，得到的航迹如图 3－6 所示。

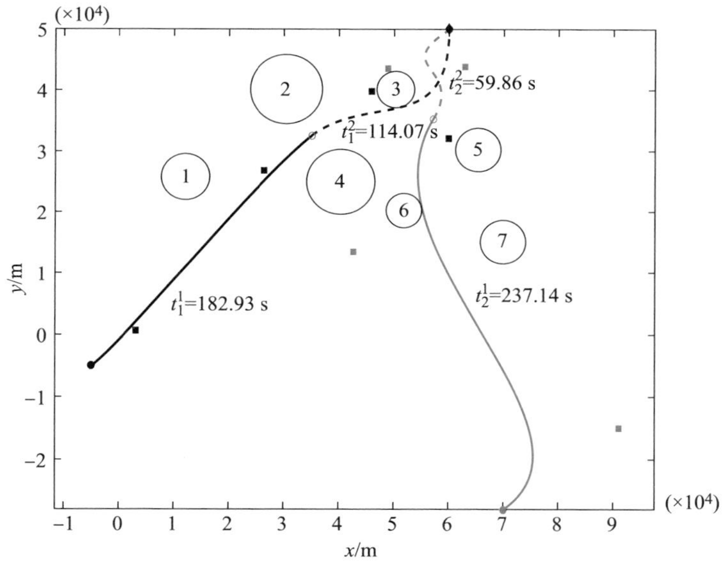

图 3－6　导弹#1、#4 的协同航迹

由图3－6 可见，两枚导弹的第二段航迹存在交叉，交叉处 $\tau_1=0.773$，$\tau_2=0.319$，则根据式（3－5）可算得从起点至交叉点的路程，进而算得两枚导弹在交叉处的飞行时间分别为 266. 9 s 和 258. 64 s，可见两枚导弹并非同时到达航迹交叉处，导弹 #4 到达交叉处 8. 26 s 后导弹 #1 才到达，因此所规划的航迹也是安全的。

需要说明的是，考虑到多导弹之间避免碰撞的问题，导弹发射位置应尽量选择散开的位置，对各导弹指定的理想攻击角度要和导弹的发射位置相对应（尽量避免图3－6 所示的情况）。这种情况下，不安全航迹发生的可能性比较低。如果出现不安全航迹的情况，则可按照 3. 3. 4 节的方法对航迹进行重新规划。

第 4 章

多飞行器动态面编队控制技术

本章以多战术导弹编队飞行为背景，假设多导弹采用“领－从”模式飞行。首先，以领弹的弹道坐标系作为参考坐标系，建立表征领弹和从弹相对运动关系的数学模型；接着，对数学模型加以变换，得到具有严格级联形式的编队控制模型；然后，考虑导弹控制量的有限性，基于动态面控制理论（Dynamic Surface Control，DSC）设计编队控制器。进一步考虑队形形成过程中的时间最短、控制能量较少和避免碰撞问题，采用高斯伪谱法对编队形成轨迹进行优化设计，最后形成一种基于高斯伪谱法与动态面控制理论的复合编队控制方法。本部分内容不仅适用于战术导弹，还适用于无人机的编队控制。

4.1　领弹 - 从弹相对运动模型

4.1.1　坐标系定义及转换

不失一般性，选取一枚领弹和一枚从弹进行模型的推导，领弹与从弹的相对运动关系如图 4 - 1 所示。图中，坐标系 $Axyz$、$O_1x_1y_1z_1$、$O_fx_fy_fz_f$ 分别为惯性坐标系、领弹弹道坐标系、从弹弹道坐标系；$\boldsymbol{r}_1$、$\boldsymbol{r}_f$、$\boldsymbol{r}$ 分别代表领弹的绝对位置矢量、从弹的绝对位置矢量、从弹相对领弹的位置矢量。

$Axyz$、$O_1x_1y_1z_1$、$O_fx_fy_fz_f$ 三个坐标系的定义如下：

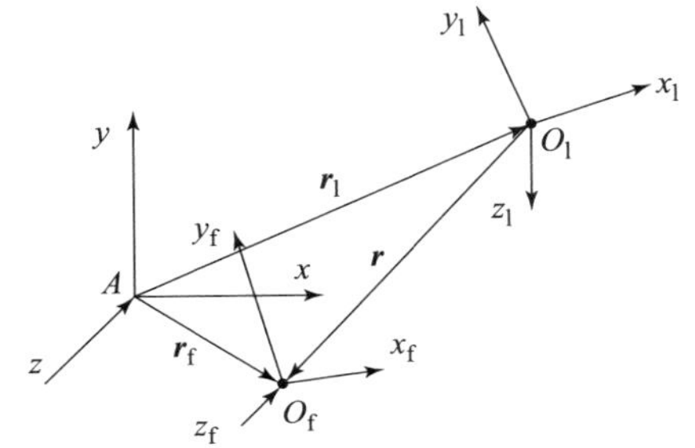

图 4 - 1　领弹与从弹的相对运动关系

惯性坐标系 $Axyz$：这里的惯性坐标系选为地面坐标系，原点 A 选为导弹发射点，Ax 轴为弹道面与水平面的交线，指向目标为正，Ay 轴沿垂线向上，Az 轴与另两轴垂直并构成右手坐标系。

领弹弹道坐标系 $O_1x_1y_1z_1$：原点 O_1 位于领弹的瞬时质心，O_1x_1 轴与领弹的速度矢量 $\boldsymbol{V}_1$ 重合，O_1y_1 位于包含 $\boldsymbol{V}_1$ 的铅垂面内且与 O_1x_1 轴垂直，O_1z_1 轴与另两轴垂直并构成右手坐标系。

从弹弹道坐标系 $O_f x_f y_f z_f$：原点 O_f 位于领弹的瞬时质心，$O_f x_f$ 轴与从弹的速度矢量 $\boldsymbol{V}_f$ 重合，$O_f y_f$ 位于包含 $\boldsymbol{V}_f$ 的铅垂面内且与 $O_f x_f$ 轴垂直，$O_f z_f$ 轴与另两轴垂直并构成右手坐标系。

惯性坐标系 $Axyz$ 与领弹弹道坐标系 $O_1 x_1 y_1 z_1$ 间的转换关系为

$$\begin{bmatrix} x_1 \\ y_1 \\ z_1 \end{bmatrix} = \boldsymbol{\Phi}_1 \begin{bmatrix} x_I \\ y_I \\ z_I \end{bmatrix} \tag{4-1}$$

式中，$[x_I \quad y_I \quad z_I]^T$，$[x_1 \quad y_1 \quad z_1]^T$——导弹质心在惯性坐标系和领弹弹道坐标系的投影；

$\boldsymbol{\Phi}_1$——转换矩阵，

$$\boldsymbol{\Phi}_1 = \begin{bmatrix} \cos\theta_1 \cos\psi_{V1} & \sin\theta_1 & -\cos\theta_1 \sin\psi_{V1} \\ -\sin\theta_1 \cos\psi_{V1} & \cos\theta_1 & \sin\theta_1 \sin\psi_{V1} \\ \sin\psi_{V1} & 0 & \cos\psi_{V1} \end{bmatrix} \tag{4-2}$$

式中，θ_1，ψ_{V1}——领弹的弹道倾角、弹道偏角。

惯性坐标系 $Axyz$ 与从弹弹道坐标系 $O_f x_f y_f z_f$ 间的转换关系为

$$\begin{bmatrix} x_f \\ y_f \\ z_f \end{bmatrix} = \boldsymbol{\Phi}_f \begin{bmatrix} x_I \\ y_I \\ z_I \end{bmatrix} \tag{4-3}$$

式中，$[x_f \quad y_f \quad z_f]^T$——导弹质心在从弹弹道坐标系的投影；

$\boldsymbol{\Phi}_f$——转换矩阵，

$$\boldsymbol{\Phi}_f = \begin{bmatrix} \cos\theta_f \cos\psi_{Vf} & \sin\theta_f & -\cos\theta_f \sin\psi_{Vf} \\ -\sin\theta_f \cos\psi_{Vf} & \cos\theta_f & \sin\theta_f \sin\psi_{Vf} \\ \sin\psi_{Vf} & 0 & \cos\psi_{Vf} \end{bmatrix} \tag{4-4}$$

式中，θ_f，ψ_{Vf}——从弹的弹道倾角、弹道偏角。

由式（4-1）与式（4-3）可得领弹弹道坐标系与从弹弹道坐标系间的转换关系为

$$\begin{bmatrix} x_1 \\ y_1 \\ z_1 \end{bmatrix} = \boldsymbol{\Phi}_1 \boldsymbol{\Phi}_f^T \begin{bmatrix} x_f \\ y_f \\ z_f \end{bmatrix} \tag{4-5}$$

4.1.2 相对运动模型

由图4-1可知，在惯性坐标系下有

$$\boldsymbol{r}=\boldsymbol{r}_{\mathrm{f}}-\boldsymbol{r}_{1} \tag{4-6}$$

式（4-6）两端对时间求导，可得

$$\frac{\mathrm{d}\boldsymbol{r}}{\mathrm{d}t}=\frac{\mathrm{d}\boldsymbol{r}_{\mathrm{f}}}{\mathrm{d}t}-\frac{\mathrm{d}\boldsymbol{r}_{1}}{\mathrm{d}t}=\boldsymbol{V}_{\mathrm{f}}-\boldsymbol{V}_{1} \tag{4-7}$$

式中，$\boldsymbol{V}_1$——领弹的速度矢量，$\boldsymbol{V}_1=\dot{\boldsymbol{r}}_1$；

$\boldsymbol{V}_{\mathrm{f}}$——从弹的速度矢量，$\boldsymbol{V}_{\mathrm{f}}=\dot{\boldsymbol{r}}_{\mathrm{f}}$。

以惯性坐标系为定坐标系、领弹弹道坐标系为动坐标系，由绝对导数与相对导数的关系可得

$$\frac{\mathrm{d}\boldsymbol{r}}{\mathrm{d}t}=\frac{\partial\boldsymbol{r}}{\partial t}+\boldsymbol{\omega}\times\boldsymbol{r} \tag{4-8}$$

式中，$\mathrm{d}\boldsymbol{r}/\mathrm{d}t$——矢量 $\boldsymbol{r}$ 在惯性坐标系下的绝对导数；

$\partial\boldsymbol{r}/\partial t$——矢量 $\boldsymbol{r}$ 在领弹弹道坐标系下的相对导数；

$\boldsymbol{\omega}$——领弹弹道坐标系相对惯性坐标系的旋转角速度。

联立式（4-7）与式（4-8），可得

$$\boldsymbol{V}_{\mathrm{f}}-\boldsymbol{V}_{1}=\frac{\partial\boldsymbol{r}}{\partial t}+\boldsymbol{\omega}\times\boldsymbol{r} \tag{4-9}$$

接下来，将式（4-9）两端分别投影到领弹弹道坐标系下。从弹速度矢量 $\boldsymbol{V}_{\mathrm{f}}$ 在领弹弹道坐标系的投影为

$$\begin{aligned}\boldsymbol{V}_{\mathrm{f}}\big|_{O_1x_1y_1z_1}&=\boldsymbol{\Phi}_1\boldsymbol{\Phi}_{\mathrm{f}}^{\mathrm{T}}\begin{bmatrix}V_{\mathrm{f}}\\0\\0\end{bmatrix}\\&=\begin{bmatrix}\cos\theta_1\cos\theta_{\mathrm{f}}\cos(\psi_{V1}-\psi_{V\mathrm{f}})V_{\mathrm{f}}+\sin\theta_1\sin\theta_{\mathrm{f}}V_{\mathrm{f}}\\-\sin\theta_1\cos\theta_{\mathrm{f}}\cos(\psi_{V1}-\psi_{V\mathrm{f}})V_{\mathrm{f}}+\cos\theta_1\sin\theta_{\mathrm{f}}V_{\mathrm{f}}\\\cos\theta_{\mathrm{f}}\sin(\psi_{V1}-\psi_{V\mathrm{f}})V_{\mathrm{f}}\end{bmatrix}\end{aligned} \tag{4-10}$$

领弹速度矢量 $\boldsymbol{V}_1$ 在领弹弹道坐标系的投影为

$$\boldsymbol{V}_1\big|_{O_1x_1y_1z_1}=\begin{bmatrix}V_1\\0\\0\end{bmatrix} \tag{4-11}$$

根据惯性坐标系与领弹弹道坐标系间的转换关系，可得

$$\boldsymbol{\omega}=\dot{\theta}_1+\dot{\psi}_{V1} \tag{4-12}$$

将式（4-12）投影到领弹弹道坐标系，有

$$\boldsymbol{\omega}\big|_{O_1x_1y_1z_1}=\boldsymbol{\Phi}_1\begin{bmatrix}0\\\dot{\psi}_{V1}\\0\end{bmatrix}+\begin{bmatrix}0\\0\\\dot{\theta}_1\end{bmatrix}=\begin{bmatrix}\sin\theta_1\dot{\psi}_{V1}\\\cos\theta_1\dot{\psi}_{V1}\\\dot{\theta}_1\end{bmatrix} \tag{4-13}$$

设从弹在领弹弹道坐标系三轴的投影为 x、y 和 z，则有

$$\boldsymbol{r}\big|_{O_1x_1y_1z_1} = [x \quad y \quad z]^{\mathrm{T}} \tag{4-14}$$

$$\left.\frac{\partial \boldsymbol{r}}{\partial t}\right|_{O_1x_1y_1z_1} = [\dot{x} \quad \dot{y} \quad \dot{z}]^{\mathrm{T}} \tag{4-15}$$

将式（4-10）~式（4-15）代入式（4-9），并将从弹在三个方向的加速度 a_x、a_y 及 a_z 作为控制变量，可得领弹与从弹间的相对运动方程组为

$$\begin{cases} \dot{x} = \cos\theta_1\cos\theta_f\cos(\psi_{V1}-\psi_{Vf})V_f + \sin\theta_1\sin\theta_f V_f - V_1 + \dot{\theta}_1 y - \cos\theta_1\dot{\psi}_{V1}z \\ \dot{y} = -\sin\theta_1\cos\theta_f\cos(\psi_{V1}-\psi_{Vf})V_f + \cos\theta_1\sin\theta_f V_f - \dot{\theta}_1 x + \sin\theta_1\dot{\psi}_{V1}z \\ \dot{z} = \cos\theta_f\sin(\psi_{V1}-\psi_{Vf})V_f + \cos\theta_1\dot{\psi}_{V1}x - \sin\theta_1\dot{\psi}_{V1}y \\ \dot{V}_f = a_x \\ \dot{\theta}_f = \dfrac{a_y}{V_f} \\ \dot{\psi}_{Vf} = -\dfrac{a_z}{V_f\cos\theta_f} \end{cases} \tag{4-16}$$

4.2 多导弹编队控制模型

如果定义

$$\begin{cases} w_1 = V_f\cos\theta_f\cos\psi_{Vf} \\ w_2 = V_f\sin\theta_f \\ w_3 = -V_f\cos\theta_f\sin\psi_{Vf} \end{cases} \tag{4-17}$$

则式（4-16）可改写为

$$\begin{cases} \dot{x} = w_1\cos\theta_1\cos\psi_{V1} + w_2\sin\theta_1 - w_3\cos\theta_1\sin\psi_{V1} + y\dot{\theta}_1 - z\dot{\psi}_{V1}\cos\theta_1 - V_1 \\ \dot{y} = -w_1\sin\theta_1\cos\psi_{V1} + w_2\cos\theta_1 + w_3\sin\theta_1\sin\psi_{V1} - x\dot{\theta}_1 + z\dot{\psi}_{V1}\sin\theta_1 \\ \dot{z} = w_1\sin\psi_{V1} + w_3\cos\psi_{V1} + x\dot{\psi}_{V1}\cos\theta_1 - y\dot{\psi}_{V1}\sin\theta_1 \end{cases} \tag{4-18}$$

将式（4-17）对时间求导，可得

$$\begin{cases} \dot{w}_1 = \dot{V}_f\cos\theta_f\cos\psi_{Vf} - V_f\dot{\theta}_f\sin\theta_f\cos\psi_{Vf} - V_f\dot{\psi}_{Vf}\cos\theta_f\sin\psi_{Vf} \\ \dot{w}_2 = \dot{V}_f\sin\theta_f + V_f\dot{\theta}_f\cos\theta_f \\ \dot{w}_3 = -\dot{V}_f\cos\theta_f\sin\psi_{Vf} + V_f\dot{\theta}_f\sin\theta_f\sin\psi_{Vf} - V_f\dot{\psi}_{Vf}\cos\theta_f\cos\psi_{Vf} \end{cases} \tag{4-19}$$

将式（4-16）中的后 3 个方程代入式（4-19），可得

$$\begin{cases}\dot{w}_1=\cos\theta_f\cos\psi_{Vf}a_x-\sin\theta_f\cos\psi_{Vf}a_y+\sin\psi_{Vf}a_z\\ \dot{w}_2=a_x\sin\theta_f+\cos\theta_f a_y\\ \dot{w}_3=-a_x\cos\theta_f\sin\psi_{Vf}+\sin\theta_f\sin\psi_{Vf}a_y+\cos\psi_{Vf}a_z\end{cases}\tag{4-20}$$

定义状态变量 $\boldsymbol{X}_1=[x\quad y\quad z]^{\mathrm{T}}$、$\boldsymbol{X}_2=[w_1\quad w_2\quad w_3]^{\mathrm{T}}$、控制量 $\boldsymbol{U}=[a_x\quad a_y\quad a_z]^{\mathrm{T}}$，进一步考虑干扰及测量误差，则领弹和从弹的相对运动模型可写为

$$\begin{cases}\dot{\boldsymbol{X}}_1=\boldsymbol{A}\boldsymbol{X}_1+\boldsymbol{B}\boldsymbol{X}_2+\boldsymbol{F}+\boldsymbol{D}\\ \dot{\boldsymbol{X}}_2=\boldsymbol{G}\boldsymbol{U}\end{cases}\tag{4-21}$$

式中，$\boldsymbol{D}$——干扰或对领弹信息的测量误差，且 $\|\boldsymbol{D}\|\leqslant\delta$（$\delta>0$ 为误差的上限值）;

矩阵 $\boldsymbol{A}$、$\boldsymbol{B}$、$\boldsymbol{G}$、$\boldsymbol{F}$ 的表达式为

$$\boldsymbol{A}=\begin{bmatrix}0 & \dot{\theta}_1 & -\dot{\psi}_{V1}\cos\theta_1\\ -\dot{\theta}_1 & 0 & \dot{\psi}_{V1}\sin\theta_1\\ \dot{\psi}_{V1}\cos\theta_1 & -\dot{\psi}_{V1}\sin\theta_1 & 0\end{bmatrix}$$

$$\boldsymbol{B}=\begin{bmatrix}\cos\theta_1\cos\psi_{V1} & \sin\theta_1 & -\cos\theta_1\sin\psi_{V1}\\ -\sin\theta_1\cos\psi_{V1} & \cos\theta_1 & \sin\theta_1\sin\psi_{V1}\\ \sin\psi_{V1} & 0 & \cos\psi_{V1}\end{bmatrix}$$

$$\boldsymbol{G}=\begin{bmatrix}\cos\theta_f\cos\psi_{Vf} & -\sin\theta_f\cos\psi_{Vf} & \sin\psi_{Vf}\\ \sin\theta_f & \cos\theta_f & 0\\ -\cos\theta_f\sin\psi_{Vf} & \sin\theta_f\sin\psi_{Vf} & \cos\psi_{Vf}\end{bmatrix}$$

$$\boldsymbol{F}=[-V_1\quad 0\quad 0]^{\mathrm{T}}$$

考虑到系统的控制量 $\boldsymbol{U}$ 受限，以 a_x 为例，定义输入饱和函数为

$$\mathrm{sat}_x(a_x)=\begin{cases}a_x, & |a_x|\leqslant a_{x\max}\\ \mathrm{sign}(a_x)a_{x\max}, & |a_x|>a_{x\max}\end{cases}\tag{4-22}$$

式中，$a_{x\max}$——切向加速度幅值，$a_{x\max}>0$;

a_y, a_z——饱和函数，定义与 a_x 相同。

将输入饱和函数 $\mathrm{sat}(\boldsymbol{U})=[\mathrm{sat}_x(a_x)\quad\mathrm{sat}_y(a_y)\quad\mathrm{sat}_z(a_z)]^{\mathrm{T}}$ 代替式（4-21）中的控制量 $\boldsymbol{U}$，得到输入限幅后的模型为

$$\begin{cases}\dot{\boldsymbol{X}}_1=\boldsymbol{A}\boldsymbol{X}_1+\boldsymbol{B}\boldsymbol{X}_2+\boldsymbol{F}+\boldsymbol{D}\\ \dot{\boldsymbol{X}}_2=\boldsymbol{G}\mathrm{sat}(\boldsymbol{U})\end{cases}\tag{4-23}$$

式（4-23）即以状态空间形式表示的编队控制模型。针对某设定的理想队形 $\bar{\boldsymbol{X}}_1$，需要设计控制器，使从弹相对于领弹的位置 $\boldsymbol{X}_1$ 趋向并保持为 $\bar{\boldsymbol{X}}_1$。由式（4-23）可知，其具有严格级联的特点，因此可采用动态面控制理论、反步法等设计控制器，下一节将介绍采用动态面控制理论设计控制器的方法。

4.3 动态面编队控制器设计

4.3.1 考虑控制量饱和的控制器设计

考虑系统的控制量饱和，构建与式（4-23）具有相同阶次的辅助系统有

$$\begin{cases}\dot{\boldsymbol{\zeta}}_1 = -h_1\boldsymbol{\zeta}_1 + \boldsymbol{\zeta}_2,\ \boldsymbol{\zeta}_1(0) = [0 \quad 0 \quad 0]^{\mathrm{T}} \\ \dot{\boldsymbol{\zeta}}_2 = -h_2\boldsymbol{\zeta}_2 + \boldsymbol{G}\Delta\boldsymbol{U},\ \boldsymbol{\zeta}_2(0) = [0 \quad 0 \quad 0]^{\mathrm{T}}\end{cases} \tag{4-24}$$

式中，$\boldsymbol{\zeta}_1,\boldsymbol{\zeta}_2 \in \mathbf{R}^3$；$h_i > 0\,(i=1,2)$；$\Delta\boldsymbol{U} = \mathrm{sat}(\boldsymbol{U}) - \boldsymbol{U}$。

（1）定义动态面 $\boldsymbol{s}_1$：

$$\boldsymbol{s}_1 = \boldsymbol{X}_1 - \bar{\boldsymbol{X}}_1 - \boldsymbol{\zeta}_1 \tag{4-25}$$

将式（4-25）的两端对时间求导，并将式（4-23）的第一个方程与式（4-24）的第一个方程代入，得到

$$\dot{\boldsymbol{s}}_1 = \boldsymbol{A}\boldsymbol{X}_1 + \boldsymbol{B}\boldsymbol{X}_2 + \boldsymbol{F} + \boldsymbol{D} - \dot{\bar{\boldsymbol{X}}}_1 + h_1\boldsymbol{\zeta}_1 - \boldsymbol{\zeta}_2 \tag{4-26}$$

以 $\boldsymbol{X}_2$ 为虚拟控制量，设计 $\boldsymbol{X}_2$ 的变化规律为

$$\boldsymbol{X}_{2c} = \boldsymbol{B}^{-1}(-\boldsymbol{A}\boldsymbol{X}_1 - \boldsymbol{F} + \dot{\bar{\boldsymbol{X}}}_1 - h_1\boldsymbol{\zeta}_1 + \boldsymbol{\zeta}_2 - k_1\boldsymbol{s}_1) \tag{4-27}$$

式中，k_1——动态面增益，$k_1 > 0$。

由于 $|\boldsymbol{B}| = 1 \neq 0$，因此 $\boldsymbol{X}_{2c}$ 非奇异。

为得到 $\boldsymbol{X}_{2c}$ 的导数，采用低通滤波器对其进行滤波，即

$$\begin{cases}\tau_2\dot{\boldsymbol{X}}_{2d} + \boldsymbol{X}_{2d} = \boldsymbol{X}_{2c} \\ \boldsymbol{X}_{2d}(0) = \boldsymbol{X}_2(0)\end{cases} \tag{4-28}$$

式中，τ_2——滤波器的时间常数，$\tau_2 > 0$。

（2）定义动态面 $\boldsymbol{s}_2$：

$$\boldsymbol{s}_2 = \boldsymbol{X}_2 - \boldsymbol{X}_{2d} - \boldsymbol{\zeta}_2 \tag{4-29}$$

将式（4-29）的两端对时间求导，并将式（4-23）的第二个方程与式（4-24）的第二个方程代入，得到

$$\begin{aligned}\dot{\boldsymbol{s}}_2 &= \boldsymbol{G}\mathrm{sat}(\boldsymbol{U}) - \dot{\boldsymbol{X}}_{2d} + h_2\boldsymbol{\zeta}_2 - \boldsymbol{G}\Delta\boldsymbol{U} \\ &= \boldsymbol{G}(\mathrm{sat}(\boldsymbol{U}) - \Delta\boldsymbol{U}) - \dot{\boldsymbol{X}}_{2d} + h_2\boldsymbol{\zeta}_2 \\ &= \boldsymbol{G}\boldsymbol{U} - \dot{\boldsymbol{X}}_{2d} + h_2\boldsymbol{\zeta}_2\end{aligned} \tag{4-30}$$

（3）设计控制律：

$$\boldsymbol{U} = \boldsymbol{G}^{-1}(\dot{\boldsymbol{X}}_{2d} - h_2\boldsymbol{\zeta}_2 - k_2\boldsymbol{s}_2) \tag{4-31}$$

式中，k_2——动态面增益，$k_2>0$。

由于$|\boldsymbol{G}|=1\neq0$，因此$\boldsymbol{U}$非奇异。

4.3.2　控制器的稳定性证明

（1）定义边界层误差：

$$\boldsymbol{Y}=\boldsymbol{X}_{2\mathrm{d}}-\boldsymbol{X}_{2\mathrm{c}} \tag{4-32}$$

将式（4-32）的两端对时间求导，并将式（4-28）中的第一式代入，得到

$$\dot{\boldsymbol{Y}}=-\boldsymbol{Y}/\tau_2+\boldsymbol{\eta} \tag{4-33}$$

式中，$\boldsymbol{\eta}=-\dot{\boldsymbol{X}}_{2\mathrm{c}}$，考虑到控制算法中的各参数均有界且连续，因此$\dot{\boldsymbol{X}}_{2\mathrm{c}}$有界且连续，即$\|\boldsymbol{\eta}\|\leqslant\rho$，$\rho$为正常数。

联立式（4-27）、式（4-29）与式（4-32），可得

$$\begin{aligned}\boldsymbol{X}_2&=\boldsymbol{s}_2+\boldsymbol{X}_{2\mathrm{d}}+\boldsymbol{\zeta}_2\\&=\boldsymbol{s}_2+\boldsymbol{X}_{2\mathrm{c}}+\boldsymbol{Y}+\boldsymbol{\zeta}_2\\&=\boldsymbol{s}_2+\boldsymbol{B}^{-1}(-\boldsymbol{A}\boldsymbol{X}_1-\boldsymbol{F}-h_1\boldsymbol{\zeta}_1+\boldsymbol{\zeta}_2-k_1\boldsymbol{s}_1)+\boldsymbol{Y}+\boldsymbol{\zeta}_2\end{aligned} \tag{4-34}$$

将式（4-34）代入式（4-26），得到

$$\dot{\boldsymbol{s}}_1=-k_1\boldsymbol{s}_1+\boldsymbol{B}\boldsymbol{s}_2+\boldsymbol{B}\boldsymbol{Y}+\boldsymbol{B}\boldsymbol{\zeta}_2+\boldsymbol{D} \tag{4-35}$$

将式（4-31）代入式（4-30），得到

$$\dot{\boldsymbol{s}}_2=-k_2\boldsymbol{s}_2 \tag{4-36}$$

（2）定义李雅普诺夫函数：

$$L=\frac{1}{2}(\boldsymbol{s}_1^{\mathrm{T}}\boldsymbol{s}_1+\boldsymbol{s}_2^{\mathrm{T}}\boldsymbol{s}_2+\boldsymbol{Y}^{\mathrm{T}}\boldsymbol{Y}+\boldsymbol{\zeta}_1^2+\boldsymbol{\zeta}_2^2) \tag{4-37}$$

将式（4-37）对时间求导，并代入式（4-24）、式（4-33）、式（4-35）与式（4-36），得到

$$\begin{aligned}\dot{L}&=\boldsymbol{s}_1^{\mathrm{T}}\dot{\boldsymbol{s}}_1+\boldsymbol{s}_2^{\mathrm{T}}\dot{\boldsymbol{s}}_2+\boldsymbol{Y}^{\mathrm{T}}\dot{\boldsymbol{Y}}+\boldsymbol{\zeta}_1^{\mathrm{T}}\dot{\boldsymbol{\zeta}}_1+\boldsymbol{\zeta}_2^{\mathrm{T}}\dot{\boldsymbol{\zeta}}_2\\&=\boldsymbol{s}_1^{\mathrm{T}}(-k_1\boldsymbol{s}_1+\boldsymbol{B}\boldsymbol{s}_2+\boldsymbol{B}\boldsymbol{Y}+\boldsymbol{B}\boldsymbol{\zeta}_2+\boldsymbol{D})+\boldsymbol{s}_2^{\mathrm{T}}(-k_2\boldsymbol{s}_2)+\boldsymbol{Y}^{\mathrm{T}}(-\boldsymbol{Y}/\tau_2+\boldsymbol{\eta})+\\&\quad\boldsymbol{\zeta}_1^{\mathrm{T}}(-h_1\boldsymbol{\zeta}_1+\boldsymbol{\zeta}_2)+\boldsymbol{\zeta}_2^{\mathrm{T}}(-\boldsymbol{h}_2\boldsymbol{\zeta}_2+\boldsymbol{G}\Delta\boldsymbol{U})\\&=-k_1\boldsymbol{s}_1^{\mathrm{T}}\boldsymbol{s}_1-k_2\boldsymbol{s}_2^{\mathrm{T}}\boldsymbol{s}_2-\boldsymbol{Y}^{\mathrm{T}}\boldsymbol{Y}/\tau_2-h_1\boldsymbol{\zeta}_1^{\mathrm{T}}\boldsymbol{\zeta}_1-h_2\boldsymbol{\zeta}_2^{\mathrm{T}}\boldsymbol{\zeta}_2+\boldsymbol{s}_1^{\mathrm{T}}\boldsymbol{B}\boldsymbol{s}_2+\boldsymbol{s}_1^{\mathrm{T}}\boldsymbol{B}\boldsymbol{Y}+\\&\quad\boldsymbol{s}_1^{\mathrm{T}}\boldsymbol{B}\boldsymbol{\zeta}_2+\boldsymbol{s}_1^{\mathrm{T}}\boldsymbol{D}+\boldsymbol{Y}^{\mathrm{T}}\boldsymbol{\eta}+\boldsymbol{\zeta}_1^{\mathrm{T}}\boldsymbol{\zeta}_2+\boldsymbol{\zeta}_2^{\mathrm{T}}\boldsymbol{G}\Delta\boldsymbol{U}\end{aligned} \tag{4-38}$$

考虑到$\|\boldsymbol{\eta}\|\leqslant\rho$，$\|\boldsymbol{D}\|\leqslant\delta$，$\|\boldsymbol{B}\|^2=1$，$\|\boldsymbol{G}\|^2=1$，由杨氏不等式原理可得

$$\begin{aligned}\dot{L}\leqslant&-k_1\|\boldsymbol{s}_1\|^2-k_2\|\boldsymbol{s}_2\|^2-\|\boldsymbol{Y}\|^2/\tau_2-h_1\|\boldsymbol{\zeta}_1\|^2-h_2\|\boldsymbol{\zeta}_2\|^2+\|\boldsymbol{s}_2\|^2/2+\\&\|\boldsymbol{B}\|^2\|\boldsymbol{s}_1\|^2/2+\|\boldsymbol{Y}\|^2/2+\|\boldsymbol{B}\|^2\|\boldsymbol{s}_1\|^2/2+\|\boldsymbol{\zeta}_2\|^2/2+\\&\|\boldsymbol{B}\|^2\|\boldsymbol{s}_1\|^2/2+\|\boldsymbol{s}_1\|^2/2+\|\boldsymbol{D}\|^2/2+\|\boldsymbol{Y}\|^2/2+\|\boldsymbol{\eta}\|^2/2+\\&\|\boldsymbol{\zeta}_1\|^2/2+\|\boldsymbol{\zeta}_2\|^2/2+\|\boldsymbol{\zeta}_2\|^2/2+(\|\boldsymbol{G}\|^2+\|\Delta\boldsymbol{U}\|^2)/2\end{aligned}$$

$$\begin{aligned}&\leqslant -(k_1-2)\|\boldsymbol{s}_1\|^2-(k_2-0.5)\|\boldsymbol{s}_2\|^2-(1/\tau_2-1)\|\boldsymbol{Y}\|^2-\\&\quad(h_1-0.5)\|\boldsymbol{\zeta}_1\|^2-(h_2-1.5)\|\boldsymbol{\zeta}_2\|^2+(1+\|\Delta\boldsymbol{U}\|^2+\rho^2+\delta^2)/2\end{aligned} \tag{4-39}$$

令

$$\begin{cases}k_1-2\geqslant\nu/2,\ k_2-0.5\geqslant\nu/2\\h_1-0.5\geqslant\nu/2,\ h_2-1.5\geqslant\nu/2\\1/\tau_2-1\geqslant\nu/2\end{cases} \tag{4-40}$$

式中，ν——正常数。

定义 $\varepsilon=(1+\|\Delta\boldsymbol{U}\|^2+\rho^2+\delta^2)/2$，则有

$$\dot{L}\leqslant-\nu L+\varepsilon \tag{4-41}$$

根据比较原理，可知

$$\lim_{t\to\infty}L\leqslant\frac{\varepsilon}{\nu} \tag{4-42}$$

如果在从弹整个飞行过程中，控制量始终处于饱和状态，则从弹无法形成并保持编队，故可假设在 $t\to\infty$ 时，$\|\Delta\boldsymbol{U}\|^2=0$，此时 ε 是一个常值。由式（4-42）可知，$\boldsymbol{s}_1$、$\boldsymbol{s}_2$ 与 $\boldsymbol{Y}$ 最终一致有界，式（4-23）的状态变量 $\boldsymbol{X}_1$、$\boldsymbol{X}_2$ 也最终一致有界，即多导弹能够以一定的精度形成编队。

4.4 基于高斯伪谱法的快速编队理想轨迹生成

采用如式（4-31）所示的编队控制器，可使从弹能够相对领弹形成指定的队形，并保持队形飞行。但是由稳定性证明过程可知，动态面控制器虽然能保证编队飞行的稳态精度，但是不能对编队在到达稳态之前的过程进行主动控制，也就是说，在形成编队的过程中，可能发生从弹与领弹相对距离过近从而产生巨大碰撞风险的情况。另外，如果初始时从弹相对于领弹的状态与理想队形差别很大，那么直接将理想队形指令加入编队控制器，就可能出现从弹需用过载很大甚至长时间超过可用过载的情况。尽管前述控制器在设计过程中考虑了控制量饱和的情况，但还是希望从编队指令的角度能够缓解控制量饱和的问题。队形形成时间是飞行器编队过程中需考虑的另一个重要因素，如果队形能够快速形成，将大大提高飞行器编队作战的灵活性和效能。

本节将基于高斯伪谱法来设计队形形成段的轨迹，并考虑从弹与领弹碰撞避免、队形形成时间尽量短、从弹付出的控制能量尽量少等因素；然后，将高

斯伪谱法与动态面控制器相结合，形成一种复合编队策略。

4.4.1　编队约束条件

1. 终端约束

令 t_0、t_f 分别为编队形成段的初始时刻与末端时刻，为保证从弹在 t_f 时刻到达指定编队位置，需对从弹在 t_f 时刻的相对位置 x、y、z 进行约束：

$$x(t_f) = x^* \tag{4-43}$$

$$y(t_f) = y^* \tag{4-44}$$

$$z(t_f) = z^* \tag{4-45}$$

式中，x^*, y^*, z^*——从弹在领弹弹道坐标系下的期望编队位置。

同时，为保证编队形成段与编队保持段的光滑过渡，需要对从弹在编队形成段末端时刻的状态进行约束：

$$V_f(t_f) = V^* \tag{4-46}$$

$$\theta_f(t_f) = \theta^* \tag{4-47}$$

$$\psi_{Vf}(t_f) = \psi_{Vf}^* \tag{4-48}$$

式中，$V^*, \theta^*, \psi_{Vf}^*$——从弹在编队形成段末端时刻的期望速度、期望弹道倾角、期望弹道偏角。

2. 控制约束

考虑到弹体结构、推力、气动力等方面的限制，需要对导弹的控制能力进行约束：

$$|a_x| \leqslant a_{x\max} \tag{4-49}$$

$$|a_y| \leqslant a_{y\max} \tag{4-50}$$

$$|a_z| \leqslant a_{z\max} \tag{4-51}$$

式中，$a_{x\max}, a_{y\max}, a_{z\max}$——切向加速度、法向加速度垂直分量、法向加速度水平分量的幅值，下标“max”表示此为最大值（下同）。

3. 状态约束

为保证飞行过程中导弹的速度矢量在合理范围内变化，需要对导弹的运动状态进行约束：

$$V_{f\min} \leqslant V_f \leqslant V_{f\max} \tag{4-52}$$

$$\theta_{f\min} \leqslant \theta_f \leqslant \theta_{f\max} \tag{4-53}$$

$$\psi_{Vf\min} \leqslant \psi_{Vf} \leqslant \psi_{Vf\max} \tag{4-54}$$

式中，下标“min”表示此为最小值（下同）。

领弹与从弹间的相对距离如果太小就可能引起领弹与从弹的碰撞，如果太大则可能造成从弹无法获得领弹的运动信息，因此需要对领弹与从弹间的相对位置进行约束：

$$x_{\min} \leqslant x \leqslant x_{\max} \tag{4-55}$$

$$y_{\min} \leqslant y \leqslant y_{\max} \tag{4-56}$$

$$z_{\min} \leqslant z \leqslant z_{\max} \tag{4-57}$$

4. 路径约束

在形成编队的过程中，从弹之间有发生碰撞的危险，因此需要对从弹之间的相对距离进行约束：

$$\sqrt{\Delta x^2 + \Delta y^2 + \Delta z^2} \leqslant r_a \tag{4-58}$$

式中，$\Delta x, \Delta y, \Delta z$——两枚从弹在领弹弹道坐标系下三个方向的相对位置差；

r_a——两枚从弹之间的最小允许距离。

4.4.2 编队性能指标函数

为保证编队尽快形成，同时避免控制量过大，设计性能指标函数为

$$J = \frac{1}{2}\int_{t_0}^{t_f} \boldsymbol{U}^{\mathrm{T}}\boldsymbol{Q}\boldsymbol{U}\mathrm{d}t + Rt_f \tag{4-59}$$

式中，$\boldsymbol{Q}$——控制加权矩阵，$\boldsymbol{Q} \in \mathbf{R}^{3\times 3}$；

R——终端加权系数。

综合式（4－31）、式（4－43）～式（4－59），可得到编队形成段理想轨迹生成的最优控制问题。可采用 GPOPS 工具生成基于高斯伪谱法的理想轨迹。将此理想轨迹作为动态面控制器的待跟踪量（即利用动态面控制器实现对队形形成理想轨迹的跟踪），然后进行队形保持，形成一种复合的编队策略，使得多飞行器能够以尽量短的时间、较少的控制能量形成编队并保持队形飞行，而且能避免队形形成过程中弹间的碰撞。

例 4－1 本实例中，首先给出复合编队策略时的结果，再对单独的动态面编队控制器和复合编队策略控制两种情况进行对比。导弹采用单独的动态面控制器时，令理想轨迹 $\boldsymbol{X}^*$ 在整个编队过程中始终保持为从弹的期望编队位置（x^*, y^*, z^*），然后采用 DSC 控制器对 $\boldsymbol{X}^*$ 进行跟踪，实现编队的形成与保持；当采用复合编队策略时，将基于高斯伪谱法生成的编队形成轨迹作为理想轨迹，利用动态面控制器对此理想轨迹进行跟踪，随后进行编队保持。

假设两枚从弹跟随一枚领弹编队飞行。领弹在惯性坐标系下的初始位置为（0，1 000 m，0），速度、弹道倾角和弹道偏角分别为 $V_1 = 200$ m/s，$\theta_1 = 0°$和

$\psi_{V1}=15°$。两枚从弹的相关参数见表 4－1，表中的初始相对位置和期望编队位置都是在领弹弹道坐标系中的位置，下标“0”表示初始时刻。

表 4－1　两枚从弹的相关参数

从弹编号	$(x_0,y_0,z_0)/(\mathrm{m},\mathrm{m},\mathrm{m})$	$(x^*,y^*,z^*)/(\mathrm{m},\mathrm{m},\mathrm{m})$	$V_0/(\mathrm{m}\cdot\mathrm{s}^{-1})$	$\theta_0/(°)$	$\psi_{V0}/(°)$
A	(－800,150,0)	(－500,300,300)	200	0	0
B	(－800,200,100)	(－500,300,－300)	200	0	0

从弹的状态变量与控制变量约束见表 4－2。

表 4－2　从弹的状态变量与控制变量约束

变量	变化范围	变量	变化范围
$a_x/(\mathrm{m}\cdot\mathrm{s}^{-2})$	[－15,15]	$\psi_{Vf}/(°)$	(－180,180]
$a_y/(\mathrm{m}\cdot\mathrm{s}^{-2})$	[－60,60]	x/m	[－2 000,－200]
$a_z/(\mathrm{m}\cdot\mathrm{s}^{-2})$	[－60,60]	y/m	[－1 000,1 000]
$V_f/(\mathrm{m}\cdot\mathrm{s}^{-1})$	[100,250]	z/m	[－1 000,1 000]
$\theta_f/(°)$	[－90,90]		

动态面参数 $k_1=k_2=5$，辅助系统参数 $h_1=h_2=2$，滤波器时间常数 $\tau=0.1$ s。在高斯伪谱法中，性能指标权重 $\boldsymbol{Q}=\mathrm{diag}(1,1,1)$，$R=100$，两枚从弹之间的最小允许距离 $r_a=100$ m。

导弹采用复合编队策略时的仿真结果如图 4－2 ~ 图 4－10 所示。

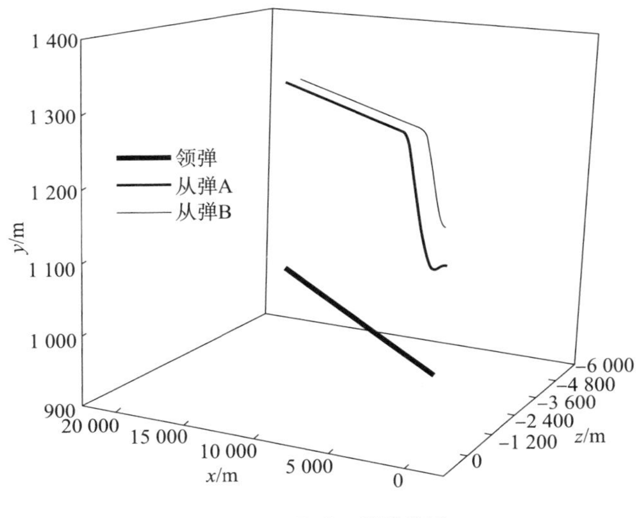

图 4－2　导弹三维弹道图

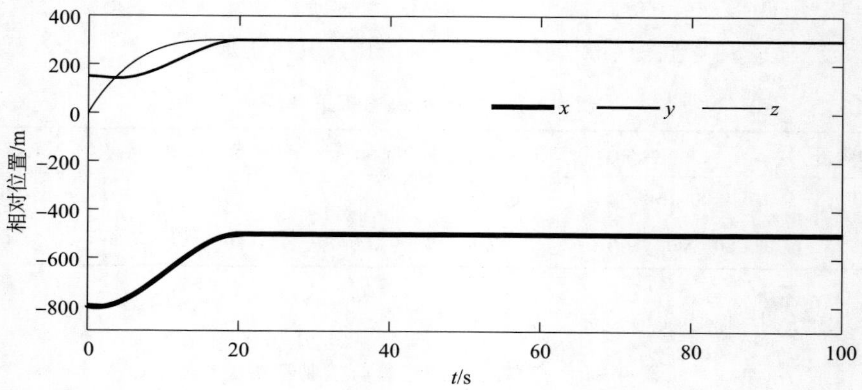

图 4-3　从弹 A 的相对位置变化曲线

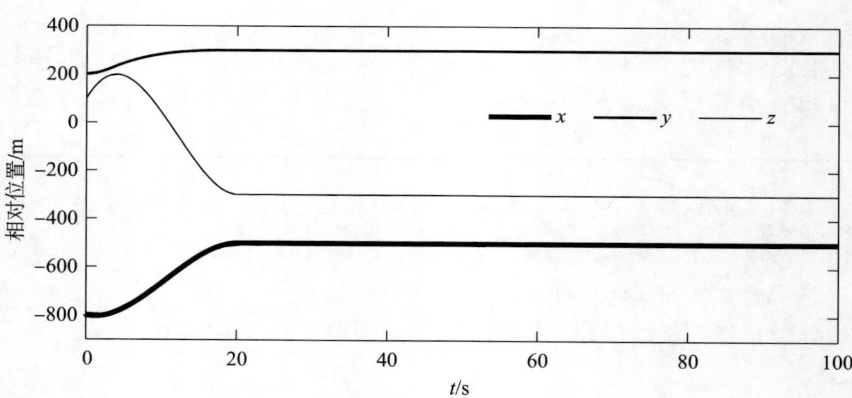

图 4-4　从弹 B 的相对位置变化曲线

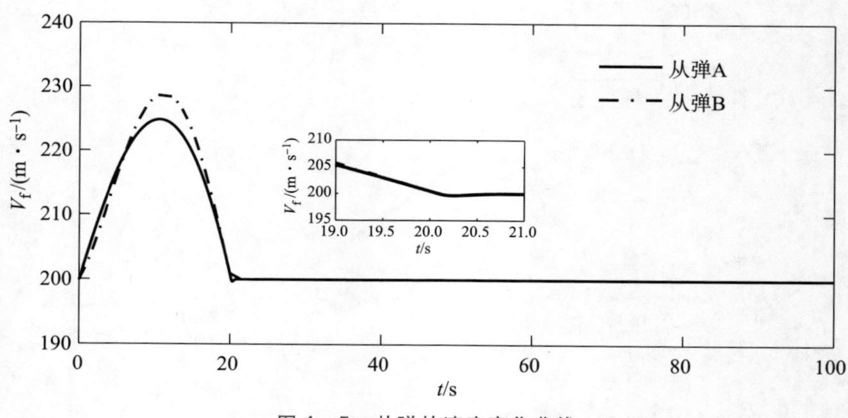

图 4-5　从弹的速度变化曲线

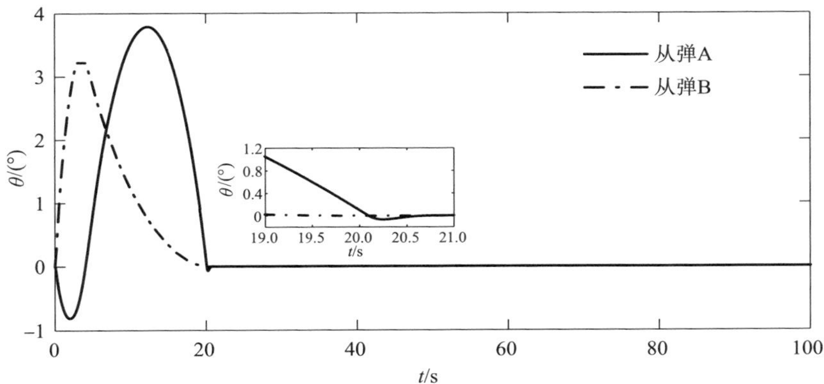

图 4－6　从弹的弹道倾角变化曲线

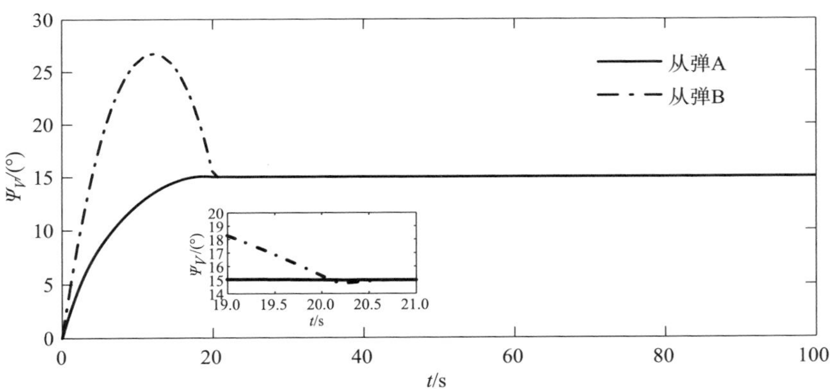

图 4－7　从弹的弹道偏角变化曲线

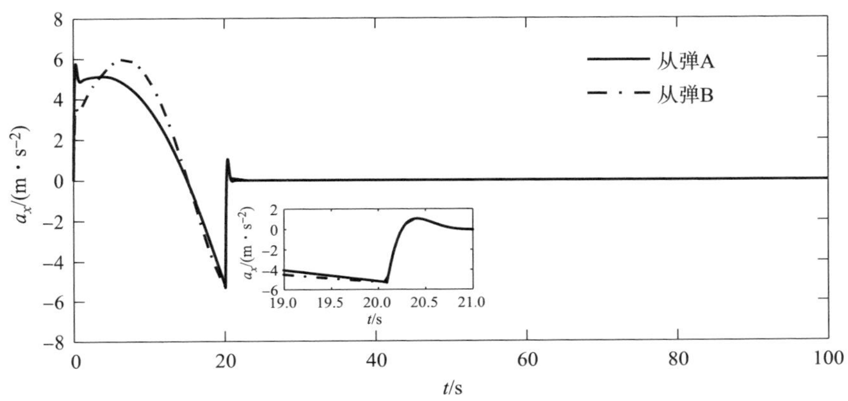

图 4－8　从弹的切向加速度 a_x 变化曲线

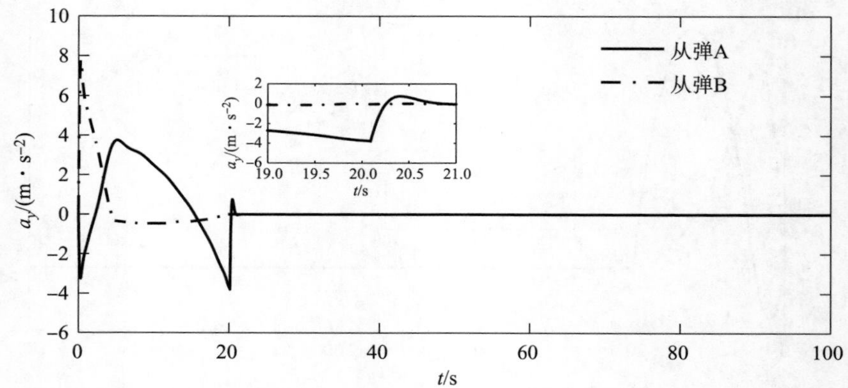

图 4-9 从弹的法向加速度 a_y 变化曲线

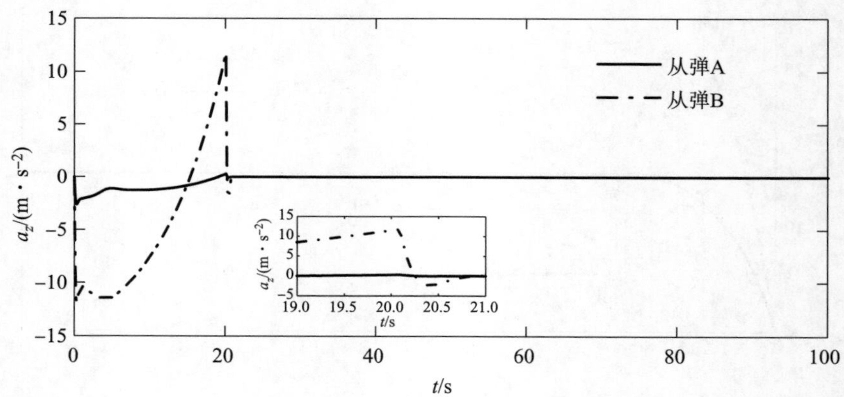

图 4-10 从弹的法向加速度 a_z 变化曲线

复合编队策略下的编队轨迹如图 4-2 所示，由图 4-3、图 4-4 可见，在 DSC 控制器的作用下，两枚从弹的实际运动轨迹实现了对 GPM 理想轨迹的准确跟踪，而后很好地保持了编队队形，证明了 DSC 控制器良好的控制精度。编队形成段末端对从弹运动状态的约束，使得在编队形成段与编队保持段衔接处，从弹的运动状态实现光滑过渡，如图 4-5 ~ 图 4-7 所示。由于编队形成段从弹实际轨迹可对理想轨迹进行精确跟踪，因此编队形成过程中所需的控制量较小，且从弹运动状态的光滑过渡使得编队形成段向编队保持段过渡过程中所需的控制量较小，随后编队保持过程中的控制量基本为零，如图 4-8 ~ 图 4-10 所示。

以从弹 A 为例，复合编队策略与单独 DSC 编队策略的仿真结果对比如图 4-11 ~ 图 4-14 所示。

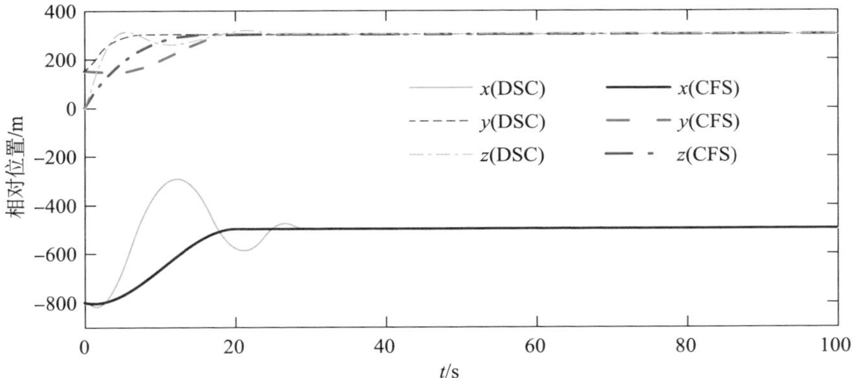

图 4－11　两种编队策略时从弹 A 的相对位置变化曲线

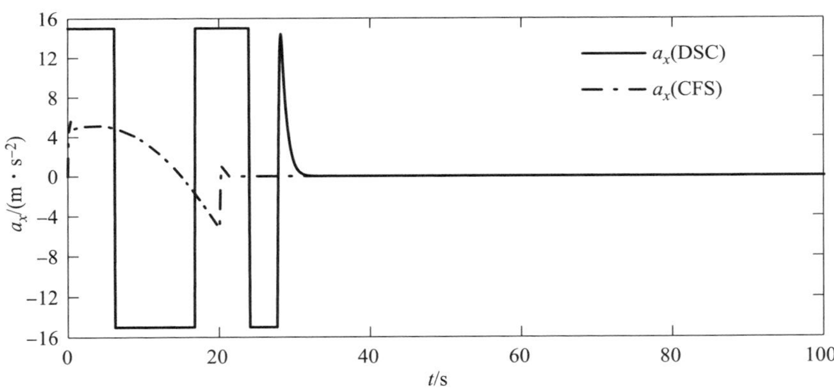

图 4－12　两种编队策略时从弹 A 的切向加速度 a_x 变化曲线

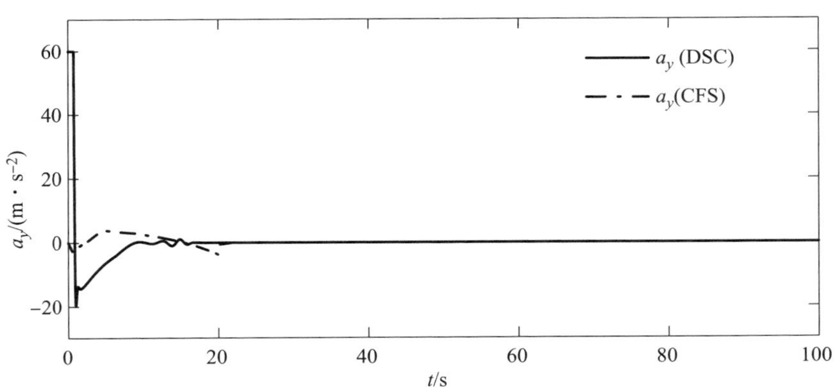

图 4－13　两种编队策略时从弹 A 的法向加速度 a_y 变化曲线

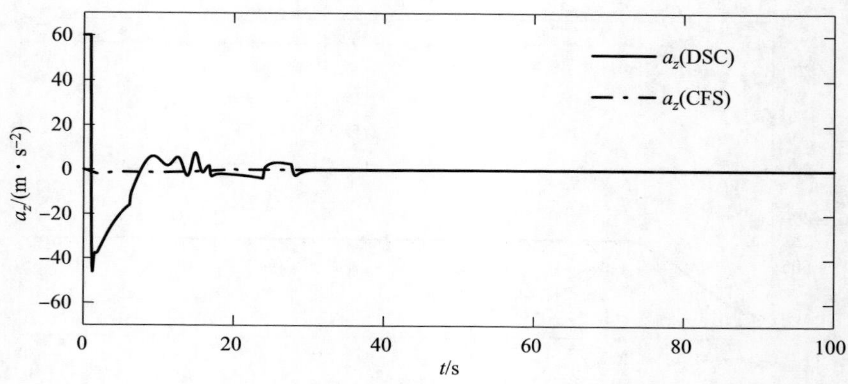

图 4－14　两种编队策略时从弹 A 的法向加速度 a_z 变化曲线

由仿真数据可知，复合编队策略下由开始编队到编队队形良好保持共耗时 20.4 s，而单独 DSC 编队策略则需耗时 31.2 s，复合编队策略节省了 1/3 的编队时间，图 4－11 很好地体现了这一点，这也证明了本章提出的复合编队策略快速形成编队的优点，而节省的编队时间将有利于提高多导弹的协同搜索、协同突防等能力。对于单独 DSC 编队策略，因从弹的初始相对位置与期望编队位置间存在较大差值，故编队过程需要较大的控制量来实现从弹实际轨迹对理想轨迹的跟踪，如图 4－12 ~ 图 4－14 所示；相比之下，复合控制策略所需的控制量则小得多，这将很大程度减少能量的消耗。此外，由于初始编队阶段较大的位置误差及较大的控制量作用，因此在单独 DSC 编队策略下，从弹的实际相对位置会发生大范围波动（图 4－11），这将有可能引起从弹之间发生碰撞；而在复合编队策略下，从弹实际轨迹在精确跟踪理想轨迹后，可有效避免碰撞问题。

第5章

多飞行器预设性能编队控制技术

第4章中采用动态面控制理论设计了多导弹的编队控制器，但动态面控制理论无法对系统的瞬态性能进行主动控制，即对编队形成过程中各从弹相对于领弹的距离变化无法主动控制。因此，为了避免队形形成过程中从弹与领弹、从弹与从弹之间发生碰撞，在队形形成段先采用高斯伪谱法来产生理想的队形形成轨迹，之后采用动态面控制器对此轨迹进行跟踪。预设性能控制理论不仅能够对系统的稳态性能进行控制，还能对系统的瞬态响应进行控制，因此可用于多导弹的编队控制中，使得多导弹既能形成编队，又能在队形形成过程中避免碰撞。本章基于预设性能控制理论，设计“领－从”模式下的多导弹编队控制器，并给出在队形形成或变换过程中避免弹间碰撞的策略设计方法。

5.1 编队控制模型及预设性能编队控制器

5.1.1 编队控制模型

本节的编队控制模型类似第4章的编队控制模型，为

$$\begin{cases} \dot{\boldsymbol{X}}_1 = \boldsymbol{A}\boldsymbol{X}_1 + \boldsymbol{B}\boldsymbol{X}_2 + \boldsymbol{F} \\ \dot{\boldsymbol{X}}_2 = \boldsymbol{G}\boldsymbol{U} \end{cases} \tag{5-1}$$

式中，

$$\boldsymbol{X}_1 = [x \quad y \quad z]^{\mathrm{T}},\ \boldsymbol{X}_2 = [w_1 \quad w_2 \quad w_3]^{\mathrm{T}},\ \boldsymbol{U} = [a_x \quad a_y \quad a_z]^{\mathrm{T}}$$

$$\boldsymbol{A} = \begin{bmatrix} 0 & \dot{\theta}_1 & -\dot{\psi}_{V1}\cos\theta_1 \\ -\dot{\theta}_1 & 0 & \dot{\psi}_{V1}\sin\theta_1 \\ \dot{\psi}_{V1}\cos\theta_1 & -\dot{\psi}_{V1}\sin\theta_1 & 0 \end{bmatrix}$$

$$\boldsymbol{B} = \begin{bmatrix} \cos\theta_1\cos\psi_{V1} & \sin\theta_1 & -\cos\theta_1\sin\psi_{V1} \\ -\sin\theta_1\cos\psi_{V1} & \cos\theta_1 & \sin\theta_1\sin\psi_{V1} \\ \sin\psi_{V1} & 0 & \cos\psi_{V1} \end{bmatrix}$$

$$\boldsymbol{G} = \begin{bmatrix} \cos\theta_{\mathrm{f}}\cos\psi_{V\mathrm{f}} & -\sin\theta_{\mathrm{f}}\cos\psi_{V\mathrm{f}} & \sin\psi_{V\mathrm{f}} \\ \sin\theta_{\mathrm{f}} & \cos\theta_{\mathrm{f}} & 0 \\ -\cos\theta_{\mathrm{f}}\sin\psi_{V\mathrm{f}} & \sin\theta_{\mathrm{f}}\sin\psi_{V\mathrm{f}} & \cos\psi_{V\mathrm{f}} \end{bmatrix}$$

$$\boldsymbol{F}=\begin{bmatrix}-V_1\\0\\0\end{bmatrix}$$

式（5-1）为一个具有严格级联形式的模型，相对于第4章中的模型，此处没有考虑扰动和控制量受限的问题。这是因为，本章主要着眼于利用预设性能控制理论的特点来设计能够主动避免碰撞的编队控制器。理论上，只要稍加扩展，就可以把这两个因素考虑进来。

5.1.2 预设性能编队控制器

在预设性能控制理论中，通过合理设置性能函数$\varpi(t)$，控制器可保证稳态时跟踪误差$e(t)$收敛到一个预先设定的区域，且其瞬态性能（误差大小及收敛速度、超调量）同样满足预设的与性能函数相关的条件。在预设性能控制器的作用下，跟踪误差与性能函数的关系曲线如图5-1所示。

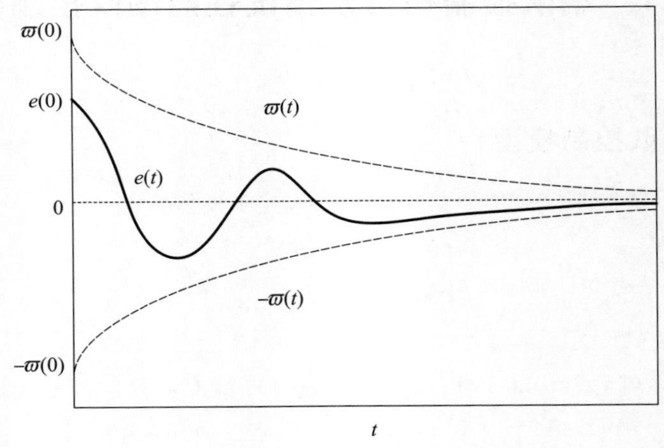

图5-1 跟踪误差与性能函数的关系曲线

为了能够控制各飞行器在x、y、z三个方向的相对位置，将第一个子系统采用预设性能控制策略来进行设计。

针对多弹编队飞行问题，假设理想的队形为$\boldsymbol{X}_1^*=[hx_i \quad hy_i \quad hz_i]^{\mathrm{T}}$，则系统跟踪误差为$\boldsymbol{e}_1=[e_x \quad e_y \quad e_z]^{\mathrm{T}}=\boldsymbol{X}_1-\boldsymbol{X}_1^*$，通过设计合理的性能函数，可对相对位置误差$\boldsymbol{e}_1$的性能进行预设，从而实现在编队的同时能满足在队形形成过程中避免碰撞。可定义在三个方向上大于0且严格递减的性能函数分别为

$$\begin{cases}\omega_x(t)=(\varpi_{x0}-\varpi_{x\infty})\mathrm{e}^{-p_x t}+\varpi_{x\infty}\\ \omega_y(t)=(\varpi_{y0}-\varpi_{y\infty})\mathrm{e}^{-p_y t}+\varpi_{y\infty}\\ \omega_z(t)=(\varpi_{z0}-\varpi_{z\infty})\mathrm{e}^{-p_z t}+\varpi_{z\infty}\end{cases}\tag{5-2}$$

式中，$\varpi_{x0}=k|e_x(0)|$，$\varpi_{y0}=k|e_y(0)|$，$\varpi_{z0}=k|e_z(0)|$，$k>1$，为边界误差放大倍数；$\varpi_{x\infty}$、$\varpi_{y\infty}$、$\varpi_{z\infty}$为大于 0 的常数，决定误差收敛的精度。

设$\boldsymbol{\varpi}_1(t)=[\varpi_x(t)\quad \varpi_y(t)\quad \varpi_z(t)]^{\mathrm{T}}$，在已知初始位置误差 $e_1(0)$ 且 $\varpi_{x\infty}$、$\varpi_{y\infty}$、$\varpi_{z\infty}$较小的前提下，给定如下不等式约束：

$$-\boldsymbol{\varpi}_1(t)<e_1(t)<\boldsymbol{\varpi}_1(t)\tag{5-3}$$

当不等式成立时，误差 $e_1(t)$ 将在函数$\boldsymbol{\varpi}_1(t)$ 和 $-\boldsymbol{\varpi}_1(t)$ 的夹逼作用下收敛到一个 0 的小邻域内。

为了降低处理不等式的难度，在系统设计中，通过引入误差变换函数 $f_{\mathrm{tran}}(\cdot)$ 来将不等式约束转为等式约束再进行处理，定义

$$e(t)=\varpi(t)f_{\mathrm{tran}}(\varepsilon)\tag{5-4}$$

式中，ε——转换误差。

$f_{\mathrm{tran}}(\varepsilon)$ 满足性质：

①光滑且单调递增。

② $-1<f_{\mathrm{tran}}(\varepsilon)<1$。

③ $\lim\limits_{\varepsilon\to-\infty}f_{\mathrm{tran}}(\varepsilon)=-1$，$\lim\limits_{\varepsilon\to+\infty}f_{\mathrm{tran}}(\varepsilon)=1$。

针对本问题，选取误差变换函数为

$$f_{\mathrm{tran}}(\varepsilon)=\frac{\mathrm{e}^{\varepsilon}-\mathrm{e}^{-\varepsilon}}{\mathrm{e}^{\varepsilon}+\mathrm{e}^{-\varepsilon}}\tag{5-5}$$

根据$f_{\mathrm{tran}}(\varepsilon)$ 的性质可知，$f_{\mathrm{tran}}(\varepsilon)$ 可逆，则编队跟踪转换误差为

$$\begin{cases}\varepsilon_x=f_{\mathrm{tran}}^{-1}(e/\varpi_x(t))=\dfrac{1}{2}\ln\dfrac{1+e_x/\varpi_x(t)}{1-e_x/\varpi_x(t)}\\ \varepsilon_y=f_{\mathrm{tran}}^{-1}(e/\varpi_y(t))=\dfrac{1}{2}\ln\dfrac{1+e_y/\varpi_y(t)}{1-e_y/\varpi_y(t)}\\ \varepsilon_z=f_{\mathrm{tran}}^{-1}(e/\varpi_z(t))=\dfrac{1}{2}\ln\dfrac{1+e_z/\varpi_z(t)}{1-e_z/\varpi_z(t)}\end{cases}\tag{5-6}$$

令 $\boldsymbol{\varepsilon}_1=[\varepsilon_x\quad\varepsilon_y\quad\varepsilon_z]^{\mathrm{T}}$ 为转换误差，对 $\boldsymbol{\varepsilon}_1$ 进行求导，可得

$$\dot{\boldsymbol{\varepsilon}}_1=\frac{\partial f_{\mathrm{tran}}^{-1}(\boldsymbol{e}_1/\boldsymbol{\varpi}_1)}{\partial(\boldsymbol{e}_1/\boldsymbol{\varpi}_1)}\frac{1}{\boldsymbol{\varpi}_1}\left(\dot{\boldsymbol{e}}_1-\frac{\dot{\boldsymbol{\varpi}}_1}{\boldsymbol{\varpi}_1}\boldsymbol{e}_1\right)\tag{5-7}$$

针对本编队问题，考虑$f_{\mathrm{tran}}^{-1}(\boldsymbol{e}_1/\boldsymbol{\varpi}_1)$、$\dot{\boldsymbol{e}}_1=\dot{\boldsymbol{X}}_1-\dot{\boldsymbol{X}}_1^*$ 及$\dot{\boldsymbol{X}}_1=\boldsymbol{A}\boldsymbol{X}_1+\boldsymbol{B}\boldsymbol{X}_2+\boldsymbol{F}$，则式（5-7）变为

$$\dot{\boldsymbol{\varepsilon}}_1=\frac{1}{2}\left(\frac{1}{\boldsymbol{\varpi}_1+\boldsymbol{e}_1}+\frac{1}{\boldsymbol{\varpi}_1-\boldsymbol{e}_1}\right)\left(\boldsymbol{A}\boldsymbol{X}_1+\boldsymbol{B}\boldsymbol{X}_2+\boldsymbol{F}-\dot{\boldsymbol{X}}_1^*-\frac{\dot{\boldsymbol{\varpi}}_1}{\boldsymbol{\varpi}_1}\boldsymbol{e}_1\right)\tag{5-8}$$

设计虚拟控制量 $\boldsymbol{X}_{2c}$ 为

$$\boldsymbol{X}_{2c}=\boldsymbol{B}^{-1}\left[\frac{-k_1\boldsymbol{\varepsilon}_1-k_2\int_0^t\boldsymbol{\varepsilon}_1(t)\,\mathrm{d}t}{1\Big/\left(\frac{1}{\boldsymbol{\varpi}_1+\boldsymbol{e}_1}+\frac{1}{\boldsymbol{\varpi}_1-\boldsymbol{e}_1}\right)}-\boldsymbol{A}\boldsymbol{X}_1-\boldsymbol{F}+\dot{\boldsymbol{X}}_1^*+\frac{\dot{\boldsymbol{\varpi}}_1}{\boldsymbol{\varpi}_1}\boldsymbol{e}_1\right]\tag{5-9}$$

式中，k_1,k_2——设计参数。当取 $k_1>0$，$k_2>0$ 时，将 $\boldsymbol{X}_{2c}$ 代入式（5－8），即令式（5－8）中的 $\boldsymbol{X}_2=\boldsymbol{X}_{2c}$，可知 $\boldsymbol{\varepsilon}_1$ 满足闭环动力学方程 $\ddot{\boldsymbol{\varepsilon}}_1+k_1\dot{\boldsymbol{\varepsilon}}_1+k_2\boldsymbol{\varepsilon}_1=0$，因此 $\boldsymbol{\varepsilon}_1$ 有界，不等式约束成立，进而跟踪信号满足预设性能要求。

考虑到微分膨胀问题，采用低通滤波器进行滤波，有

$$\begin{cases}\tau\dot{\boldsymbol{X}}_{2d}+\boldsymbol{X}_{2d}=\boldsymbol{X}_{2c}\\ \boldsymbol{X}_{2d}(0)=\boldsymbol{X}_2(0)\end{cases}\tag{5-10}$$

式中，τ——时间常数；

$\boldsymbol{X}_{2d}$——式（5－1）中第二式中 $\boldsymbol{X}_2$ 需跟踪的量。

设 $\boldsymbol{e}_2=\boldsymbol{X}_2-\boldsymbol{X}_{2d}$，对其求导，可得

$$\dot{\boldsymbol{e}}_2=\dot{\boldsymbol{X}}_2-\dot{\boldsymbol{X}}_{2d}\tag{5-11}$$

将式（5－1）中的第二式代入式（5－11），采用反演法设计控制器，得到控制量 $\boldsymbol{U}$ 为

$$\boldsymbol{U}=\boldsymbol{G}^{-1}(-k_3\boldsymbol{e}_2+\dot{\boldsymbol{X}}_{2d})\tag{5-12}$$

5.2 基于预设性能控制理论的多飞行器避碰策略

在多枚导弹形成队形和变换队形的过程中，可能存在弹道交叉的情况，即导弹之间存在发生碰撞的可能。针对此问题，根据预设性能控制器可将系统误差控制在满足性能函数上下边界范围内的特点，可通过合理地设置性能指标函数来实现弹间的避碰。基于性能函数，可实时计算从弹在领弹弹道坐标系 x、y、z 三个方向的位置波动范围，如图 5－2 所示。

图 5－2（b）所示为 x、y、z 三个方向的性能函数曲线，当 $t=0$ 时，性能函数的初值 $\boldsymbol{\varpi}(0)=[\varpi_{x0}\quad \varpi_{y0}\quad \varpi_{z0}]^{\mathrm{T}}=ke(0)$，其中，误差 $e(0)$ 为初始位置到期望位置的距离，即 $e(0)=[x(0)-hx\quad y(0)-hy\quad z(0)-hz]^{\mathrm{T}}$。图中，性能函数单调递减，因此从弹位于一个随时间缩小的长方体中。如图 5－2（a）

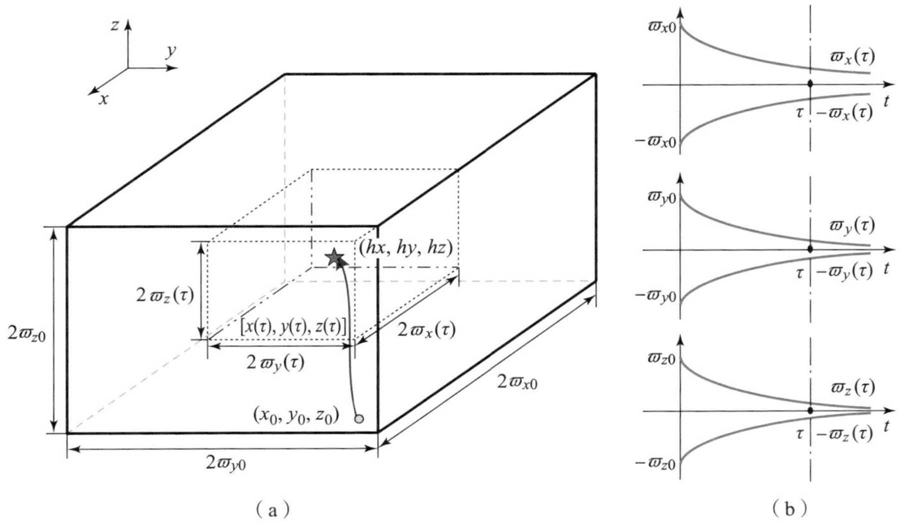

图 5－2　预设性能控制下位置误差范围变化趋势

（a）位置误差长方体；（b）性能函数曲线

所示，圆圈为从弹的初始位置，五角星为从弹的理想编队位置。当 $t=0$ 时，从弹位于边长为（$2\boldsymbol{\varpi}_{x0}, 2\boldsymbol{\varpi}_{y0}, 2\boldsymbol{\varpi}_{z0}$）的初始位置误差长方体中（图中的实线部分）；当 $t=\tau$ 时，从弹位于边长为（$2\boldsymbol{\varpi}_x(\tau), 2\boldsymbol{\varpi}_y(\tau), 2\boldsymbol{\varpi}_z(\tau)$）的位置误差长方体中（图中的橙色虚线部分）。在图 5－2（a）中，蓝色曲线为从弹在控制器作用下的运动轨迹，随着时间推移，从弹在 x、y、z 三个方向上的位置收敛到各期望位置的小邻域内。

接下来，将上述性质应用于多弹编队成员间避碰策略的设计中。为了不失一般性，仍然以两枚从弹为例进行分析。在领弹弹道坐标系下，领弹位于固定点（0,0,0），领弹和从弹之间的关系可分为以下几种情况来进行研究。

1. 两枚从弹的初始位置误差长方体不相交，且领弹位于两个长方体之外

在理想队形已经给定、各导弹的初始位置已经确定且边界系数 k 已设定的情况下，当满足以下三种情况之一时，

$$|hx_i - hx_j| \geqslant \boldsymbol{\varpi}_{xi}(0) + \boldsymbol{\varpi}_{xj}(0) \tag{5-13}$$

$$|hy_i - hy_j| \geqslant \boldsymbol{\varpi}_{yi}(0) + \boldsymbol{\varpi}_{yj}(0) \tag{5-14}$$

$$|hz_i - hz_j| \geqslant \boldsymbol{\varpi}_{zi}(0) + \boldsymbol{\varpi}_{zj}(0) \tag{5-15}$$

两枚从弹的初始位置误差长方体不相交。同时，假设领弹不在这两个长方体内，如图 5－3 所示。

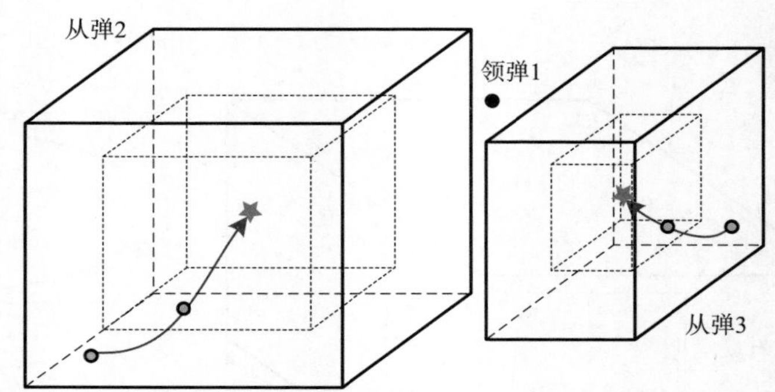

图5－3　从弹初始位置误差长方体不相交且领弹位于位置误差长方体外示意

●—从弹起始位置；●—从弹过渡位置；★—从弹理想位置

随着时间的推移，两个位置误差长方体逐渐缩小，因此在预设性能控制器的控制下，各从弹向期望位置飞行，而且其飞行轨迹位于各初始位置误差长方体内，飞行轨迹无交叉，又由于领弹位于两个从弹初始位置长方体之外，因此，在整个过程中，从弹间且从弹与领弹不会发生碰撞。

2. 两枚从弹的初始位置误差长方体不相交，但领弹位于某长方体内

假设领弹位于从弹 i 的位置误差长方体内（与位于从弹 j 的位置误差长方体内的情况类似），由于领弹在领弹弹道坐标系中位于原点（0,0,0），因此可将其视为静止点，通过实时改变从弹 i 的编队临时期望位置来使静止目标点领弹位于长方体边界上，从而达到避碰的目的。以 x 方向为例，当 $x_i \neq 0$ 时，从弹 i 的 x 方向为可调整方向，设计调整策略如下。

（1）若满足 $x_i(0)>0$、$hx_i<x_i(0)$（图5－4（a）），或满足 $x_i(0)<0$、$hx_i>x_i(0)$（图5－4（c）），则临时期望位置调整为

$$hx_{a_i}(t)=x_i(t)-x_i(t)/(k+1) \tag{5-16}$$

（2）若满足 $x_i(0)>0$、$hx_i>x_i(0)$（图5－4（b）），或满足 $x_i(0)<0$、$hx_i<x_i(0)$（图5－4（d）），则临时期望位置调整为

$$hx_{a_i}(t)=x_i(t)+x_i(t)/(k-1) \tag{5-17}$$

根据式（5－16）、式（5－17）调整后，有 $|hx_{a_i}|=\omega_{xi}(t)$，即领弹位于从弹 i 的位置误差矩形边界上，如图5－5所示。

通过实时调整从弹 i 的 x 方向编队临时期望位置，使领弹位于位置误差长方体边界上，从弹 i 在位置误差长方体内飞行，不会与领弹发生碰撞。在调整过程中，实时检测领弹和从弹与原编队期望位置构成的误差长方体的相对位置，若领弹位于此误差长方体之外，则无须再调整临时期望位置。若从弹 i 的

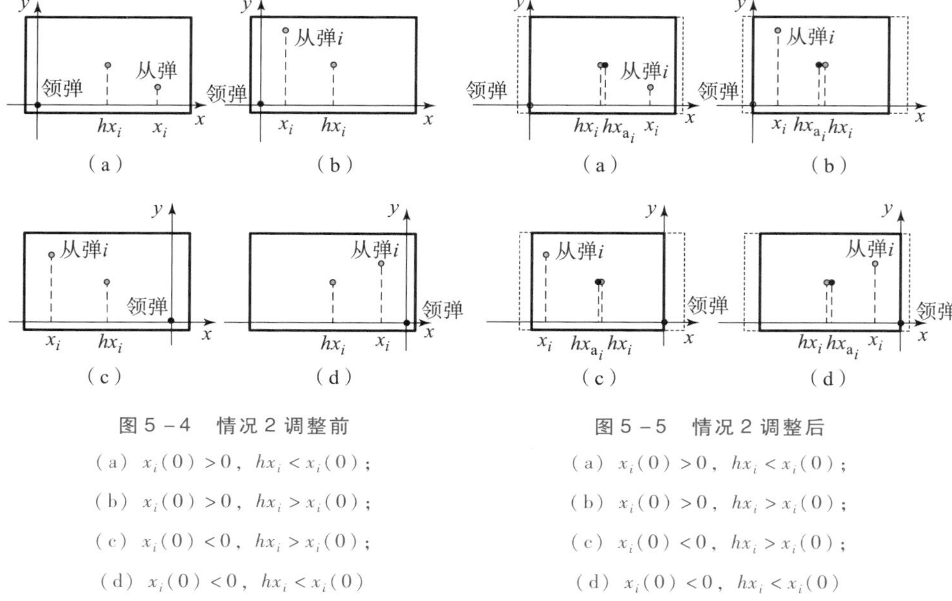

图 5－4　情况 2 调整前

(a) $x_i(0)>0$，$hx_i<x_i(0)$；

(b) $x_i(0)>0$，$hx_i>x_i(0)$；

(c) $x_i(0)<0$，$hx_i>x_i(0)$；

(d) $x_i(0)<0$，$hx_i<x_i(0)$

图 5－5　情况 2 调整后

(a) $x_i(0)>0$，$hx_i<x_i(0)$；

(b) $x_i(0)>0$，$hx_i>x_i(0)$；

(c) $x_i(0)<0$，$hx_i>x_i(0)$；

(d) $x_i(0)<0$，$hx_i<x_i(0)$

期望位置为原期望位置，则此时领弹与从弹的关系与情况 1 相同，从弹在位置误差长方体内飞行，达到期望的编队位置。

根据领弹及位置误差长方体的关系可知，当存在一个可调整方向时，通过调整即可满足避碰需求。因此，在选择可调整方向时，只需选择一个方向作为调整方向，其余方向期望位置保持原期望位置即可，本书按照 z、y、x 的顺序依次判断其能否作为可调整方向。

3. 两枚从弹的初始位置误差长方体相交，领弹位于这两个长方体之外

若当两枚从弹的初始位置误差长方体相交，则需要针对这两枚从弹在不同的初始位置与期望位置的情况下分别设计避碰策略。

在从弹 i 和从弹 j 的初始位置误差长方体相交的情况下，如从弹 i 的初始 $x_i(0)$ 满足 $x_i(0)<hx_j-\varpi_{xj}(0)$ 或 $x_i(0)>hx_j+\varpi_{xj}(0)$，则称从弹 i 在 x 方向可进行调整；在 y、z 方向可同理判断。图 5－6 显示了此时两枚从弹及初始位置误差长方体在 Oxy 平面的投影，由图可见，当从弹 i 在 x 方向可调整时，其在从弹 j 的投影矩形外。

将存在可调整方向的从弹作为绕行者，通过实时改变绕行者在可调整方向的临时编队期望位置，可使两枚从弹的位置误差长方体实时不相交，即能实现避碰目标。针对图 5－6 所示的情况，从弹 i 的 x 方向为可调整方向，设计调整策略如下。

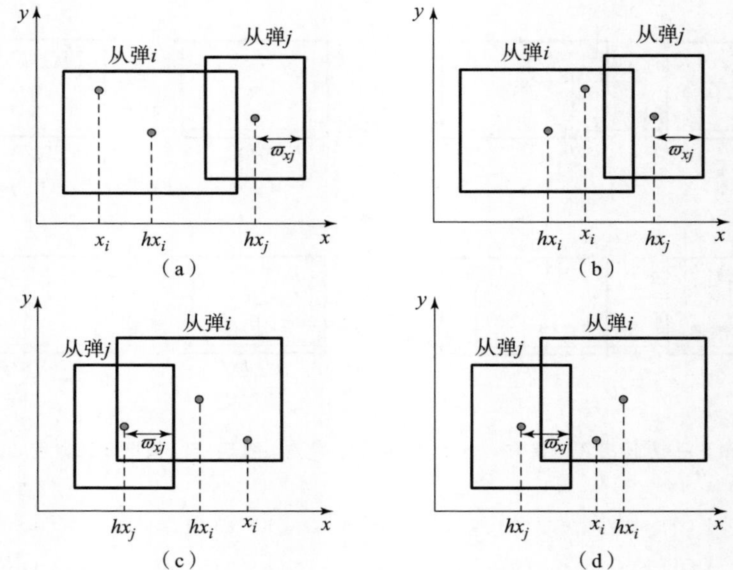

图 5-6　x方向可调整示意

(a) $x_i(0) < hx_j - \varpi_{xj}(0)$, $hx_i > x_i(0)$; (b) $x_i(0) < hx_j - \varpi_{xj}(0)$, $hx_i < x_i(0)$; (c) $x_i(0) > hx_j + \varpi_{xj}(0)$, $hx_i < x_i(0)$; (d) $x_i(0) > hx_j + \varpi_{xj}(0)$, $hx_i > x_i(0)$

（1）当 $x_i(0) < hx_j - \varpi_{xj}(0)$ 时，若 $hx_i > x_i(0)$（图 5-6（a）），则编队临时期望位置调整为

$$hx_{a_i}(t) = x_i(t) + (hx_j - \varpi_{xj}(t) - x_i(t))/(k+1) \tag{5-18}$$

若 $hx_i < x_i(0)$（图 5-6（b）），则编队临时期望位置调整为

$$hx_{a_i}(t) = x_i(t) - (hx_j - \varpi_{xj}(t) - x_i(t))/(k-1) \tag{5-19}$$

（2）当 $x_i(0) > hx_j + \omega_{xj}(0)$ 时，若 $hx_i < x_i(0)$（图 5-6（c）），则编队临时期望位置调整为

$$hx_{a_i}(t) = x_i(t) - (x_i(t) - hx_j - \varpi_{xj}(t))/(k+1) \tag{5-20}$$

若 $hx_i > x_i(0)$（图 5-6（d）），则编队临时期望位置调整为

$$hx_{a_i}(t) = x_i(t) + (x_i(t) - hx_j - \varpi_{xj}(t))/(k-1) \tag{5-21}$$

定义此时从弹 i 的误差边界为 $\varpi_{xi}(t) = k\,|hx_{a_i}(t) - x_i(t)|$。当临时期望位置调整为上述情况后，有 $|hx_{a_i}(t) - hx_j| = \varpi_{xi}(t) + \varpi_{xj}(t)$。如图 5-7 所示，经过调整后，绕行者从弹 i 的位置误差矩形（图中的蓝色部分）与从弹 j 的边界矩形有一边重合。

由图 5-7 可见，调整后，位置误差矩形存在一条边（平行于 y 轴）重合，由于未调整时两个位置误差长方体为相交状态，因此调整后这两个长方体存在一

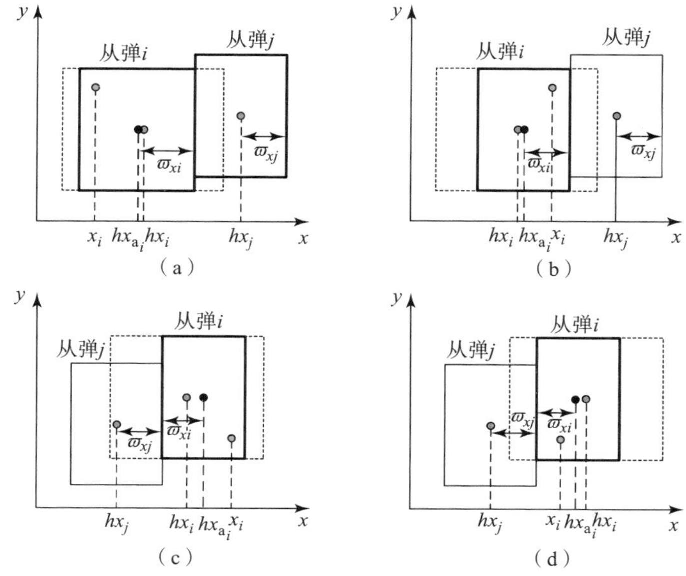

图 5－7　情况 3 存在可调整方向时调整策略示意图

（a）$x_i(0) < hx_j - \varpi_{xj}(0)$，$hx_i > x_i(0)$ 调整后；

（b）$x_i(0) < hx_j - \varpi_{xj}(0)$，$hx_i < x_i(0)$ 调整后；

（c）$x_i(0) > hx_j + \varpi_{xj}(0)$，$hx_i < x_i(0)$ 调整后；

（d）$x_i(0) > hx_j + \varpi_{xj}(0)$，$hx_i > x_i(0)$ 调整后

个面（平行于 Oyz 平面）重合。令从弹 i 到原期望位置的误差边界为 $k|x_i(t) - hx_i|$，由于从弹 i 在 y、z 方向、从弹 j 在三个方向均未调整临时期望位置，因此其到原期望位置的实时位置误差边界分别为 $\boldsymbol{\varpi}_{yi}(t)$、$\boldsymbol{\varpi}_{zi}(t)$、$\boldsymbol{\varpi}_{xj}(t)$、$\boldsymbol{\varpi}_{yj}(t)$ 和 $\boldsymbol{\varpi}_{zj}(t)$，在下一个时间步长，以原编队期望位置为参考，判断由当前位置和原编队期望位置形成的两个位置误差长方体是否分离，即是否满足以下三种情况之一：

$$|hx_i - hx_j| \geqslant k|x_i(t) - hx_i| + \boldsymbol{\varpi}_{xj}(t) \tag{5-22}$$

$$|hy_i - hy_j| \geqslant \boldsymbol{\varpi}_{yi}(t) + \boldsymbol{\varpi}_{yj}(t) \tag{5-23}$$

$$|hz_i - hz_j| \geqslant \boldsymbol{\varpi}_{zi}(t) + \boldsymbol{\varpi}_{zj}(t) \tag{5-24}$$

若满足，则无须再调整临时期望位置，设从弹 i 的期望位置为原期望位置，此时从弹 i 和从弹 j 的情况就变成了情况 1，两枚从弹在各自的位置误差长方体内飞行，达到期望的编队位置；若不满足，则继续进行调整，直到满足。

在调整过程中，选择从弹 i 的一个方向进行调整即可实现从弹间避碰。若某从弹与领弹及另一从弹在避碰过程中所选择的调整方向相同，则需要进一步对临时期望位置进行比较（见情况 4）。因此，为尽可能避免二者方向相同而降低避碰效率，本节按照 x、y、z 的顺序依次进行判断是否能够作为从弹间避碰的可调整方向。

当不存在可调节方向时，保持从弹 i 的相对位置不变，从弹 j 将从弹 i 视为一个相对静止点目标来躲避。以 x 方向为例，当满足 $x_i(0)<x_j(0)$、$hx_j<x_j(0)$ 或 $x_i(0)>x_j(0)$、$hx_j>x_j(0)$ 时（图 5－8（a)(c)），则飞行器 j 的临时期望位置调整为

$$hx_{a_j}(t)=x_j(t)-(x_j(t)-x_i(t))/(k+1) \tag{5-25}$$

当 $x_i(0)<x_j(0)$、$hx_j>x_j(0)$ 或 $x_i(0)>x_j(0)$、$hx_j<x_j(0)$（图5－8（b)(d)）时，飞行器 j 的临时期望位置调整为

$$hx_{a_j}(t)=x_j(t)+(x_j(t)-x_i(t))/(k-1) \tag{5-26}$$

经过调整后，有 $|hx_j-x_i(t)|=\varpi_{xj}(t)$，因此从弹 i 位于从弹 j 的位置误差矩形边界上，如图 5－9 所示。

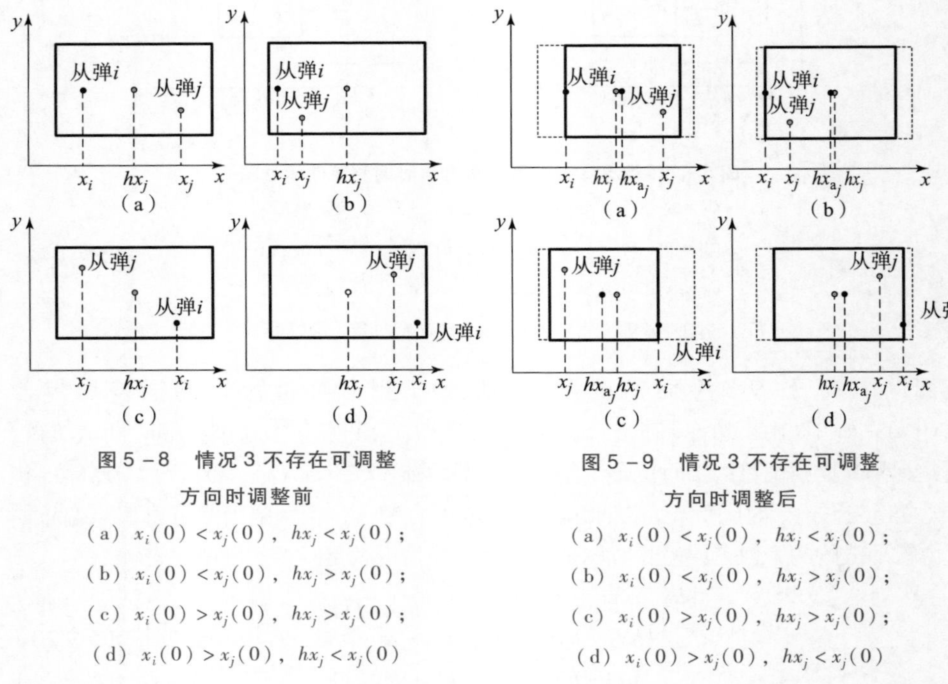

图 5－8　情况 3 不存在可调整方向时调整前
（a）$x_i(0)<x_j(0)$，$hx_j<x_j(0)$；
（b）$x_i(0)<x_j(0)$，$hx_j>x_j(0)$；
（c）$x_i(0)>x_j(0)$，$hx_j>x_j(0)$；
（d）$x_i(0)>x_j(0)$，$hx_j<x_j(0)$

图 5－9　情况 3 不存在可调整方向时调整后
（a）$x_i(0)<x_j(0)$，$hx_j<x_j(0)$；
（b）$x_i(0)<x_j(0)$，$hx_j>x_j(0)$；
（c）$x_i(0)>x_j(0)$，$hx_j>x_j(0)$；
（d）$x_i(0)>x_j(0)$，$hx_j<x_j(0)$

由于将一个导弹视为静止目标、另一个导弹单向调整，相对于两个导弹同时飞行调整，其编队形成的效率比较低，因此按此策略飞行一段时间后，当存在可调节方向时（从弹 i 位于从弹 j 的位置误差长方体之外），从弹 j 向原期望位置飞行，从弹 i 根据式（5－18）~式（5－21）的方式进行调节。

由调整策略（式（5－18）~式（5－21）、式（5－25）、式（5－26））可知，调整后的位置误差长方体位于初始位置误差长方体内。因此，当初始位置误差长方体不与领弹相交时，调整后的长方体仍不与领弹相交，故无须考虑与

领弹的避碰问题。

4. 两枚从弹的初始位置误差长方体相交，且领弹位于某长方体内

假设从弹 i 作为绕行者且两枚从弹的初始位置误差长方体相交，当领弹位于从弹 j 的位置误差长方体内时，按照情况 2 的方法计算从弹 j 的临时期望位置，按照情况 3 的方法计算从弹 i 的临时期望位置，即可实现领弹及从弹间的避碰目标。

当领弹位于从弹 i 的位置误差长方体内时（图 5－10），可分别按照情况 2、3 的方法计算从弹 i 的临时期望位置。此时，当从弹 i 相对于从弹 j 具有可调整方向时，存在以下两种情况：

（1）从弹 i 相对于从弹 j 的调整方向与从弹 i 相对于领弹的调整方向不同，如从弹 i 通过实时调整 hx_{a_i} 与从弹 j 避碰、从弹 i 通过实时调整 hz_{a_i} 与领弹避碰，此时，从弹 i 可分别调整各方向的期望位置，使两位置误差长方体不相交，且领弹位于位置误差长方体外（或边界上），从而实现与领弹及从弹 j 的避碰。

（2）从弹 i 相对于从弹 j 的调整方向与从弹 i 相对于领弹的调整方向相同，如都调整 x 方向，设根据式（5－18）、式（5－21）和式（5－16）、式（5－17）得到的需调整的距离分别为 $hx_{a_i}^{(1)}$ 和 $hx_{a_i}^{(2)}$，为使调整后的位置误差长方体与从弹 j 及领弹都不相交，选取 $|x_i(t)-hx_{a_i}^{(1)}(t)|$ 与 $|x_i(t)-hx_{a_i}^{(2)}(t)|$ 中较小的期望位置作为最终临时期望位置 $hx_{a_i}(t)$，按此策略调整后同时满足 $|hx_{a_i}(t)-hx_j|\geqslant\varpi_{xi}(t)+\varpi_{xj}(t)$，$|hx_i|\geqslant\varpi_{xi}(t)$（图 5－10 中的蓝色实线）。

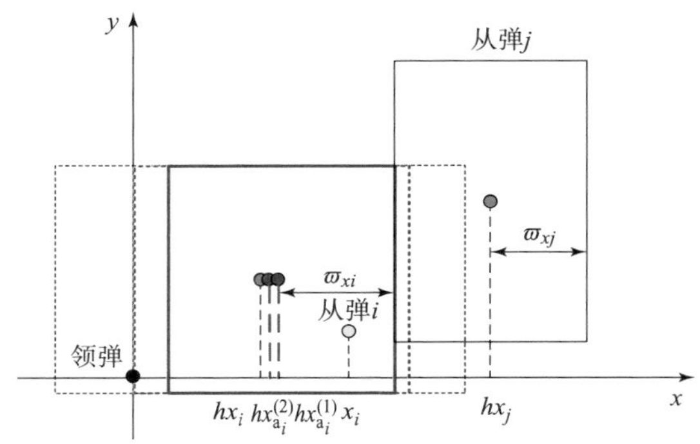

图 5－10　情况 4 调整策略示意图

由图 5－10 可见，调整后，从弹 i 与从弹 j 在各自的位置误差长方体内飞行，且领弹位于位置误差长方体之外，从而能达到避碰的目的。

如果从弹 i 相对于从弹 j 不存在可调整方向，则从弹 i 将领弹看作一个静止点进行调整，从弹 j 将从弹 i 看作静止点进行调整。

下一步，对 3 枚导弹之间相对位置进行判断，再根据情况进行相应调整。

综合情况 1～4，可得考虑弹间碰撞避免的编队算法流程，如图 5－11 所示。

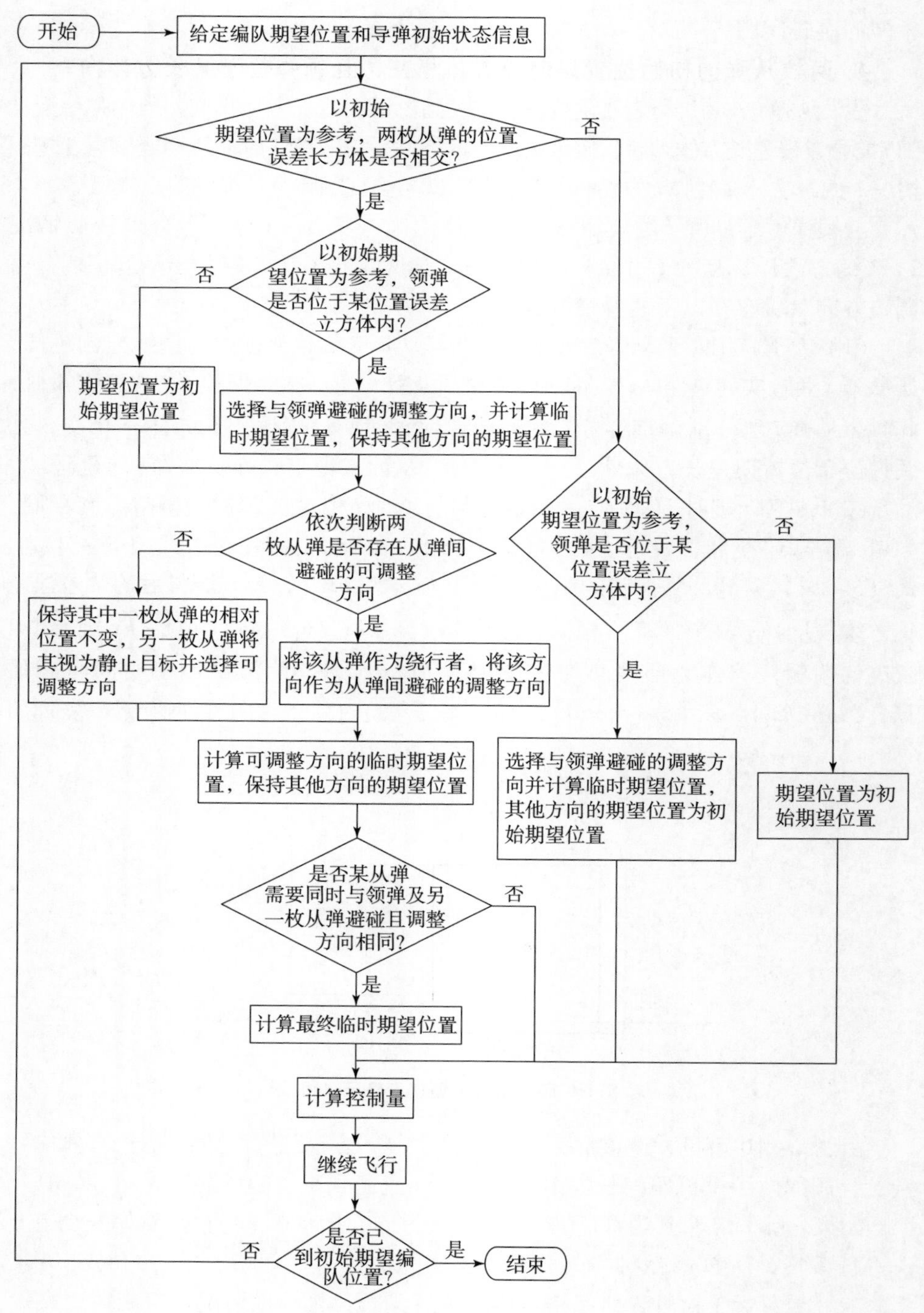

图 5－11　考虑弹间碰撞避免的编队算法流程

例 5－1　假设领弹（导弹 1）和两枚从弹（导弹 2、导弹 3）编队飞行。领弹在领弹弹道坐标系的位置为 (0,0,0)，领弹的速度、初始弹道倾角和初始弹道偏角分别为 $V_1 = 200$ m/s，$\theta_{10} = 0°$ 和 $\psi_{V10} = 0°$。两枚从弹的相关参数见表 5－1，表中的下标“0”表示初始时刻。

表 5－1　两枚从弹相关参数

导弹编号	$(x_0, y_0, z_0)/(\mathrm{m,m,m})$	$(x^*, y^*, z^*)/(\mathrm{m,m,m})$	$V_0/(\mathrm{m \cdot s^{-1}})$	$\theta_0/(°)$	$\psi_{V0}/(°)$
导弹 2	(－250,200,－150)	(100,－100,－100)	200	0	0
导弹 3	(－50,－200,－150)	(100,100,－50)	200	0	0

考虑到导弹的过载约束，设 3 枚导弹的最大切向加速度为 40 $\mathrm{m/s^2}$，法向加速度为 60 $\mathrm{m/s^2}$。预设性能控制器的性能指标函数参数 $k = 1.2$、$p_1 = p_2 = 0.18$、$\varpi_{x\infty} = \varpi_{y\infty} = \varpi_{z\infty} = 1$，控制器参数 $k_1 = k_2 = 10^{-4}$、$k_3 = 5$，滤波器时间常数 $\tau = 0.1$。

仿真结果如图 5－12～图 5－15 所示。在图 5－12 中，“○”为起点，“★”为飞行 100 s 时到达的位置。在图 5－13、图 5－14 中，黑色“○”为领弹位置，红色表示导弹 2 的位置误差长方体边界，蓝色表示导弹 3 的位置误差长方体边界，每个位置误差长方体中的“○”为当前位置，“◇”为期望位置。图 5－13 所示为初始位置误差长方体。图 5－14 显示了调整后两枚从弹的位置误差长方体变化情况，图中逐渐缩小的长方体分别对应 $t = 0$ s、$t = 6$ s、$t = 12$ s 时的情况。

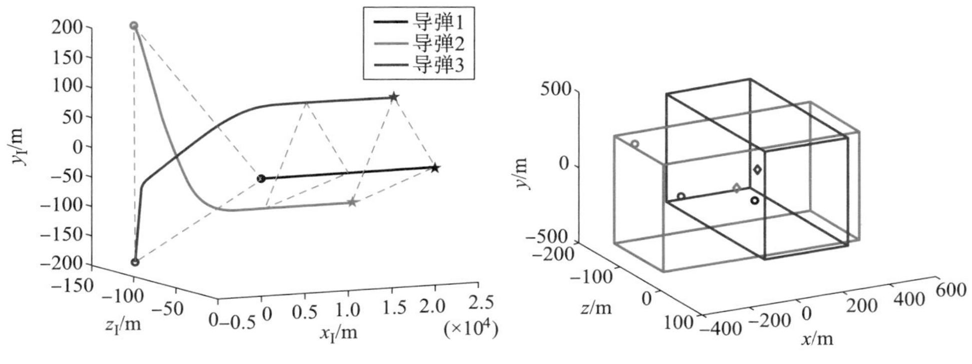

图 5－12　三枚导弹的三维弹道图　　　图 5－13　初始位置误差长方体

由仿真初始条件可知，两个从弹的初始位置误差长方体相交且领弹位于导弹 3 的位置误差长方体内，如图 5－13 所示。由于导弹 2 的初始位置在导弹 3 的初始位置误差长方体外，且在 x 方向满足 $x_2(0) < hx_3 - \varpi_{x3}(0)$，因此选择导

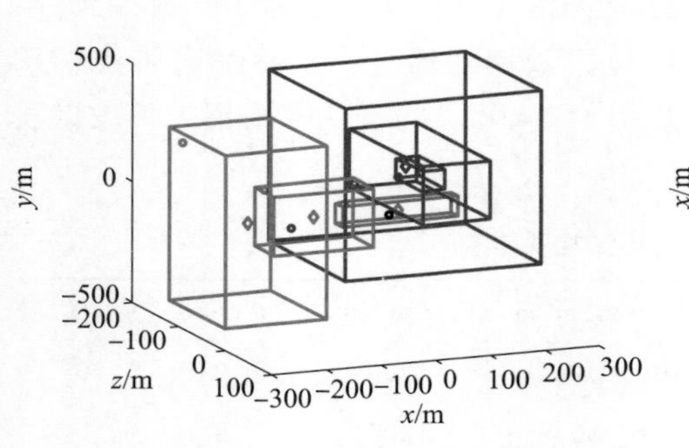

图 5－14　位置误差长方体变化图

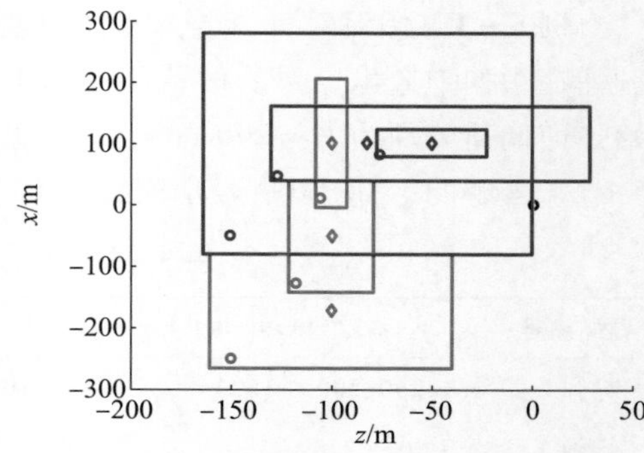

图 5－15　长方体在 Ozx 平面的投影

弹 2 作为绕行者，将其 x 方向作为调整方向，通过实时改变 hx_{a_2} 来与导弹 3 避碰。如图 5－14、图 5－15 所示，在 $t=0$ s、$t=6$ s 时，两个位置误差长方体有一面重合，飞行一段时间后两位置误差长方体分离，导弹 2 向原期望位置 $hx_2=100$ m 飞行（如图中 $t=12$ s）。导弹 3 在 z 方向满足 $z_3\neq0$，因此可通过实时调整 hz_{a_3} 与领弹实现避碰。在图 5－14、图 5－15 中，$t=0$ s 时通过调整 hz_{a_3} 使领弹位于导弹 3 的位置误差长方体边界上，飞行一段时间后，领弹位于位置误差长方体外（如在 $t=6$ s、$t=12$ s 时），导弹 3 向原期望位置 $hz_3=-50$ m 飞行。在整个调整过程中，导弹 2 相对于导弹 3 进行 x 方向的调整，导弹 3 相对于领弹进行 z 方向的调整，这两个方向的调整可以各自进行，互不干扰，实现了碰撞避免。由图 5－13 可知，通过导弹 2、导弹 3 及相对领弹的相互避让，在形成编队的过程中避免了碰撞，且最后形成了指定的队形。

导弹 2 和导弹 3 在 x、y、z 三个方向的相对位置及期望位置如图 5－16～图 5－21 所示，图中的下标“2”和“3”分别代表导弹 2 和导弹 3。

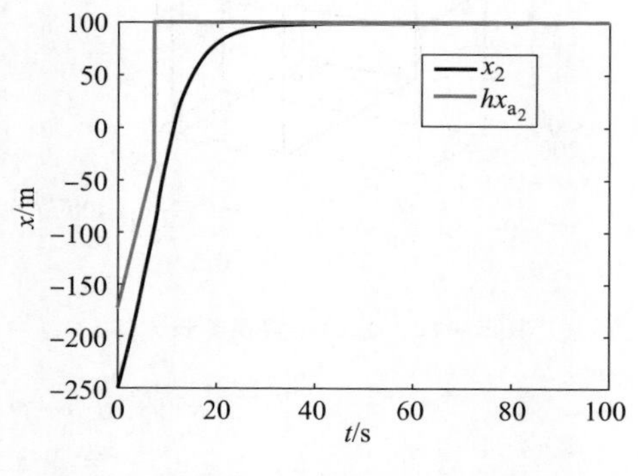

图 5－16　导弹 2 的 x_2、hx_{a_2} 曲线

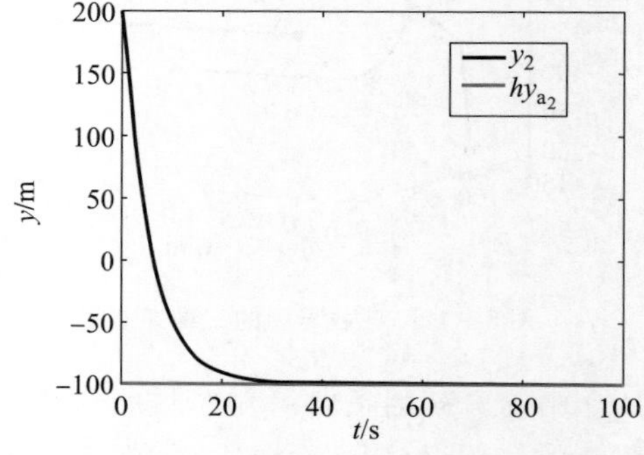

图 5－17　导弹 2 的 y_2、hy_{a_2} 曲线

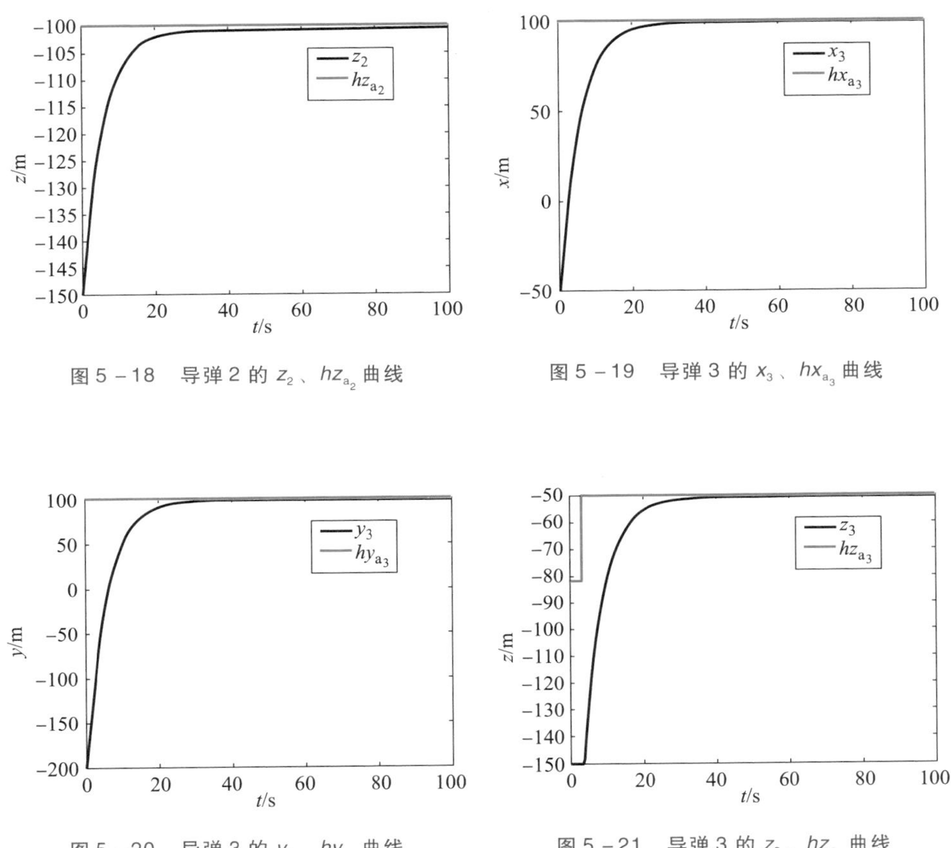

图 5－18　导弹 2 的 z_2、hz_{a_2} 曲线

图 5－19　导弹 3 的 x_3、hx_{a_3} 曲线

图 5－20　导弹 3 的 y_3、hy_{a_3} 曲线

图 5－21　导弹 3 的 z_3、hz_{a_3} 曲线

由图 5－16 可见，$t=0$ s 时，绕行者导弹 2 根据式（5－16）调整 x 方向的临时期望位置 $hx_{a_2}=-172.7$ m。此时，导弹 2 的边界为 $\varpi_{x2}=1.2\times|-172.7-(-250)|=92.7$ m，导弹 3 边界为 $\varpi_{x3}=1.2\times|100-(-250)|=180$ m。调整后，满足 $|-172.7-100|=92.7+180$，此时两个位置误差长方体有一面重合，导弹在各位置误差长方体内飞行，避免发生碰撞。此调整一直持续到 7.3 s。当 $t=7.3$ s 时，导弹 2、导弹 3 的边界 $\varpi_{y2}=97.48$ m、$\varpi_{y3}=97.48$ m，此时满足式（5－23），两个位置误差长方体分离。因此，$t\geqslant 7.3$ s 时，导弹 2 的期望位置变回原期望位置 $hx_{a_2}=100$ m。飞行过程中，导弹 2 在 y、z 方向的期望位置始终为真实期望位置，如图 5－17、图 5－18 所示。导弹 3 为躲避领弹，在 z 方向进行调整，当 $t<3.4$ s 时，根据式（5－16）进行调整。调整后，满足 $|hz_{a_3}|=\varpi_{z3}(t)$，领弹位于导弹 3 的位置误差长方体边界上，导弹 3 在位置误差长方体内飞行，从而实现了与领弹的碰撞避免。当 $t=3.4$ s

时，导弹 3 的边界$\varpi_{x3}=98.07\ \text{m}$（小于$|hx_{a_3}|=100\ \text{m}$），领弹位于导弹 3 的位置误差长方体外。因此，当 $t\geqslant 3.4\ \text{s}$ 时，导弹 3 的期望位置为原期望位置，如图 5 – 19 所示。由图 5 – 16 ~ 图 5 – 21 也可以看出，最后导弹 2 和导弹 3 在三个方向均实现了对指定编队期望位置的跟踪，良好地实现了编队。

导弹 2 和导弹 3 的位置跟踪误差及边界函数如图 5 – 22 ~ 图 5 – 27 所示，图中的下标“2”和“3”分别代表导弹 2 和导弹 3。$\Delta_{mn\text{up}}$、$\Delta_{mn\text{down}}$（$m=x,y,z$，$n=2,3$）分别表示导弹 n 的 m 方向的误差上边界和下边界。

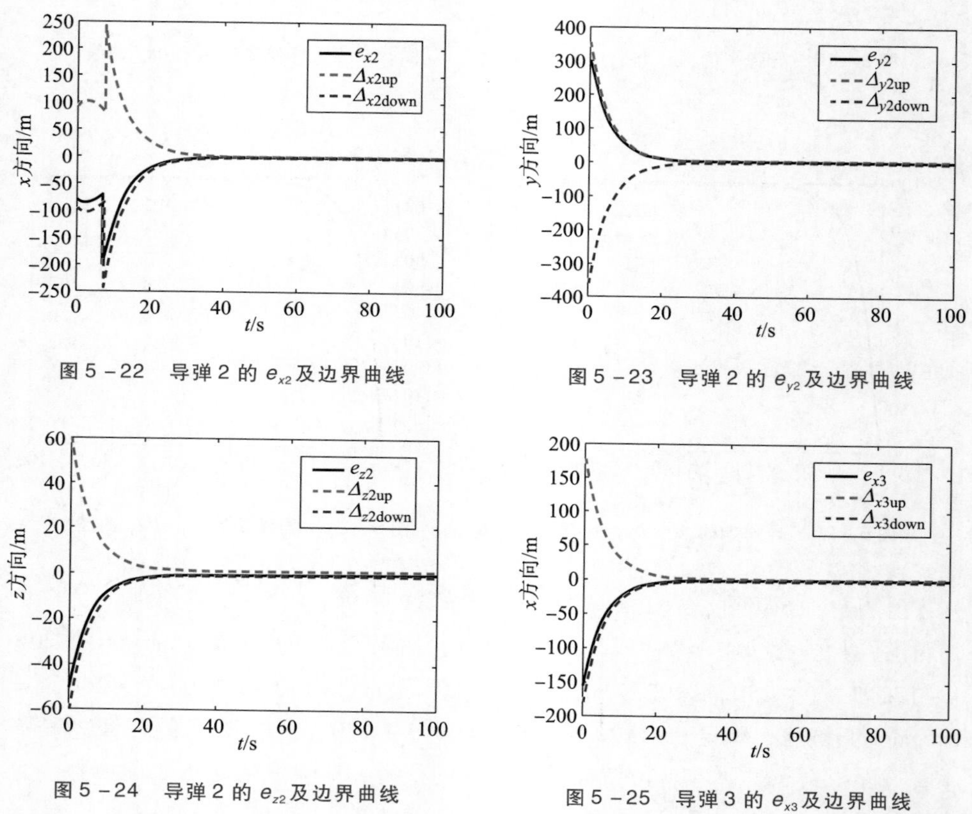

图 5 – 22　导弹 2 的 e_{x2} 及边界曲线

图 5 – 23　导弹 2 的 e_{y2} 及边界曲线

图 5 – 24　导弹 2 的 e_{z2} 及边界曲线

图 5 – 25　导弹 3 的 e_{x3} 及边界曲线

如图 5 – 22 所示，当 $t<7.3\ \text{s}$ 时，导弹 2 通过调整 x 方向的临时期望位置 hx_{a_2} 来与导弹 3 避碰，此时边界$\varpi_{x2}(t)=1.2|e_{x2}(t)|$。当 $t\geqslant 7.3\ \text{s}$ 时，x 方向为原期望位置，性能函数为$\varpi_{x2}(t)=(\varpi_{x2}(7.3)-1)\mathrm{e}^{-0.18\times(t-7.3)}+1$。同理，如图 5 – 27 所示，当 $t<3.4\ \text{s}$ 时，边界$\varpi_{z3}(t)=1.2|e_{z3}(t)|$；$t\geqslant 3.4\ \text{s}$ 时，导弹 3 在 z 方向为原期望位置，性能函数为$\varpi_{z3}(t)=(\varpi_{z3}(3.4)-1)\mathrm{e}^{-0.18\times(t-3.4)}+1$。

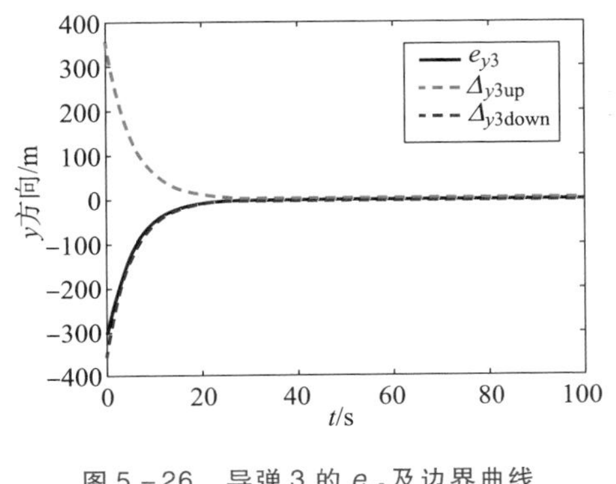

图 5－26　导弹 3 的 e_{y3} 及边界曲线

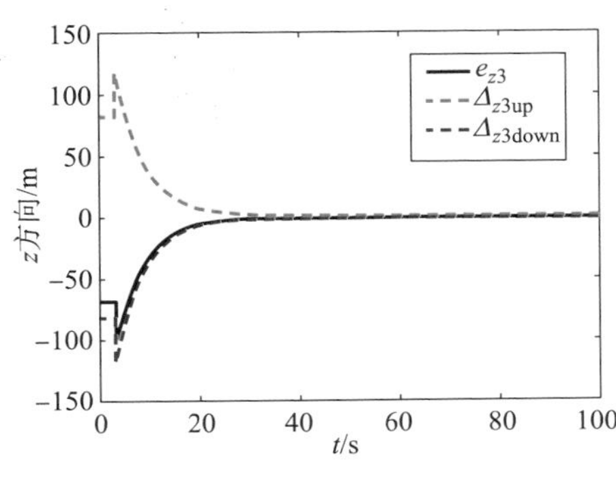

图 5－27　导弹 3 的 e_{z3} 及边界曲线

如图 5－23～图 5－26 所示，导弹 2 在 y 和 z 方向、导弹 3 在 x 和 y 方向的期望位置为原期望位置，由式（5－2）可知，其边界曲线为单调递减的指数形式。由图 5－22～图 5－27 可知，导弹 2、导弹 3 的位置跟踪误差始终在上下边界范围内，即导弹 2、导弹 3 始终在位置误差长方体内飞行，显示了预设性能控制器的良好性能。

导弹 2 和导弹 3 的控制加速度变化曲线如图 5－28、图 5－29 所示，导弹 2、导弹 3 的加速度均不超过最大加速度。开始，由于导弹的实际位置与期望位置的误差较大，因此控制量出现了饱和的情况；之后，脱离饱和，在两个位置误差长方体分离时（$t=3.4$ s 和 $t=7.3$ s），导弹 2、导弹 3 的控制量出现突变，之后趋于平稳，最后变为 0，各导弹以相同的状态编队飞行。

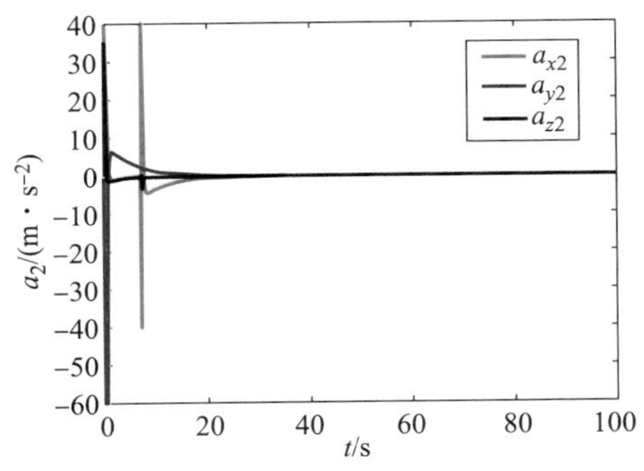

图 5－28　导弹 2 的加速度变化曲线

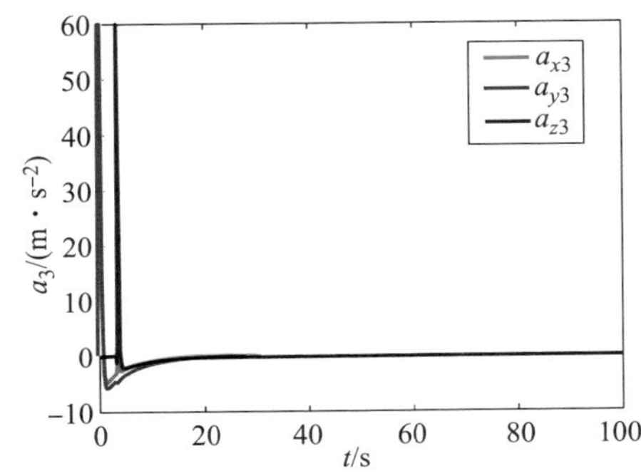

图 5－29　导弹 3 的加速度变化曲线

第6章

多飞行器分布式编队控制技术

多飞行器的编队控制技术与飞行器采取的通信模式有密切关系。集中式通信时，由于领导者直接与跟随者进行信息传输，因此协同效率较高，本书第4、5章的编队控制方法就是针对采用集中式通信模式的“领－从”模式飞行器设计的。但是，采用集中式通信模式时，领导者必须具有强大的信息存储和计算能力（即对领导者的要求比较高），而且在飞行过程中，领导者一旦被攻击命中，整个编队就相当于进入“群龙无首”的状态，这可能导致协同失败。集中式通信模式比较适用于协同规模较小的情况。

在分布式通信模式中，没有信息集中计算处理单元，各飞行器和自己邻近的飞行器建立通信、传输信息，各飞行器基于测得的自身信息和从有通信关系的飞行器收到的信息来计算制导指令，继而改变飞行轨迹。相对于集中式通信模式，分布式通信模式的优点是飞行器群作战比较灵活，即使有一个或几个飞行器被击落，剩下的飞行器只要数据通信结构还满足要求或进行少量的通信关系调整，仍然可以实现协同作战。分布式通信模式适用于协同规模较大的情况。

集散式通信模式则是集中式通信模式和分布式通信模式的结合。例如，一个大规模的飞行器群由一些小规模飞行器群组成，小规模飞行器群采用集中式通信模式，而小规模群的领导者之间采用分布式通信模式。集散式通信模式适用于协同规模较大的情况。

由上可知，集中式通信模式和分布式通信模式是协同作战中的两种基本通信模式。第 4、5 章主要介绍了适用于集中式通信模式的编队控制技术，本章和第 7 章将介绍适用于分布式通信模式的编队控制技术。

对于采用分布式通信模式的多飞行器，通常将多智能体的分布式一致性理论引入编队控制，基于一致性理论来设计编队控制方法；另外，飞行器间的通信通常不理想，不可避免地会存在通信噪声、通信时延等。本章将首先介绍理想通信模式下的一致性编队方法，然后考虑飞行器间存在加性噪声的情况，并给出可降低噪声影响的改进一致性编队方法。

6.1 相关基础

6.1.1 导弹运动模型

针对 n 枚导弹组成的多导弹编队，导弹 $M_i(i=1,2,\cdots,n)$ 的非线性运动模型为

$$\begin{bmatrix} \dot{V}_i \\ \dot{\theta}_i \\ \dot{\psi}_{Vi} \\ \dot{x}_i \\ \dot{y}_i \\ \dot{z}_i \end{bmatrix} = \begin{bmatrix} -g\sin\theta_i \\ \dfrac{-g\cos\theta_i}{V_i} \\ 0 \\ V_i\cos\theta_i\cos\psi_{Vi} \\ V_i\sin\theta_i \\ -V_i\cos\theta_i\sin\psi_{Vi} \end{bmatrix} + \begin{bmatrix} 1 & 0 & 0 \\ 0 & \dfrac{1}{V_i} & 0 \\ 0 & 0 & \dfrac{1}{V_i\cos\theta_i} \\ 0 & 0 & 0 \\ 0 & 0 & 0 \\ 0 & 0 & 0 \end{bmatrix} \begin{bmatrix} a_{1i} \\ a_{2i} \\ a_{3i} \end{bmatrix} \tag{6-1}$$

式中，V_i,θ_i,ψ_{Vi}——导弹 i 的速度、弹道倾角和弹道偏角；

x_i,y_i,z_i——导弹 i 在地面坐标系三轴的投影，表征质心位置；

g——重力加速度；

a_{1i}——导弹 i 的切向加速度（除重力影响外）；

a_{2i},a_{3i}——导弹 i 法向加速度的垂直分量和水平分量（除重力影响外）。

令 $\boldsymbol{\xi}_i=[x_i\quad y_i\quad z_i]^{\mathrm{T}}$，根据式（6-1），可得 $\boldsymbol{\xi}_i$ 对时间的导数（即导弹 i 在

地面坐标系的速度 $\boldsymbol{\zeta}_i$）为

$$\boldsymbol{\zeta}_i=\dot{\boldsymbol{\xi}}_i=\begin{bmatrix}\dot{x}_i\\ \dot{y}_i\\ \dot{z}_i\end{bmatrix}=\begin{bmatrix}V_i\cos\theta_i\cos\psi_{Vi}\\ V_i\sin\theta_i\\ -V_i\cos\theta_i\sin\psi_{Vi}\end{bmatrix}\tag{6-2}$$

再对式（6－2）所示的速度求导，可得加速度为

$$\dot{\boldsymbol{\zeta}}_i=\begin{bmatrix}0\\ -g\\ 0\end{bmatrix}+\begin{bmatrix}\cos\theta_i\cos\psi_{Vi} & -\sin\theta_i\cos\psi_{Vi} & -\sin\psi_{Vi}\\ \sin\theta_i & \cos\theta_i & 0\\ -\cos\theta_i\sin\psi_{Vi} & \sin\theta_i\sin\psi_{Vi} & -\cos\psi_{Vi}\end{bmatrix}\begin{bmatrix}a_{1i}\\ a_{2i}\\ a_{3i}\end{bmatrix}\tag{6-3}$$

令 $\boldsymbol{a}_i=[a_{1i}\quad a_{2i}\quad a_{3i}]^{\mathrm{T}}$，$\boldsymbol{u}_i=\dot{\boldsymbol{\zeta}}_i$，$\boldsymbol{b}=[0\quad -g\quad 0]^{\mathrm{T}}$，矩阵 $\boldsymbol{T}_i$ 为

$$\boldsymbol{T}_i=\begin{bmatrix}\cos\theta_i\cos\psi_{Vi} & -\sin\theta_i\cos\psi_{Vi} & -\sin\psi_{Vi}\\ \sin\theta_i & \cos\theta_i & 0\\ -\cos\theta_i\sin\psi_{Vi} & \sin\theta_i\sin\psi_{Vi} & -\cos\psi_{Vi}\end{bmatrix}\tag{6-4}$$

则式（6－3）可以写为

$$\boldsymbol{a}_i=\boldsymbol{T}_i^{-1}(\boldsymbol{u}_i-\boldsymbol{b})\tag{6-5}$$

导弹 i 的运动模型（式（6－1））可以写为二阶积分系统：

$$\begin{cases}\dot{\boldsymbol{\xi}}_i=\boldsymbol{\zeta}_i\\ \dot{\boldsymbol{\zeta}}_i=\boldsymbol{u}_i\end{cases}\tag{6-6}$$

式中，加速度 $\boldsymbol{u}_i$ 是二阶积分系统的控制量。当基于一致性算法得到控制量 $\boldsymbol{u}_i$ 后，可通过式（6－5）变换得到导弹的切向加速度和法向加速度，再代入式（6－1）计算，即可得到导弹的运动规律。

6.1.2 代数图论和矩阵理论

本书用有向图 $\boldsymbol{G}_n\triangleq(v_n,\varepsilon_n)$ 作为 n 个导弹通信拓扑的模型，其中 $v_n=\{1,2,\cdots,n\}$ 为节点集，$\varepsilon_n\subseteq v_n\times v_n$ 为边集。令矩阵 $\boldsymbol{A}_n=[a_{ij}]\in\mathbf{R}^{n\times n}$ 为图 $\boldsymbol{G}_n$ 的邻接矩阵，a_{ij} 表示两个导弹 i、j 之间的连接权重，对于所有 $i=1,2,\cdots,n$ 和 $j=1,2,\cdots,n$，如果 $(j,i)\in\varepsilon_n$，则 $a_{ij}>0$（即导弹 i 能接收到导弹 j 的信息），否则 $a_{ij}=0$，除非特殊说明，一般 $a_{ii}=0$。矩阵 $\boldsymbol{L}_n=[l_{ij}]\in\mathbf{R}^{n\times n}$，为图 $\boldsymbol{G}_n$ 的拉普拉斯矩阵。其中，对于 $i,j=1,2,\cdots,n$，l_{ii} 表示导弹 i 能接收到其他导弹信息的连接数，$l_{ii}=\sum_{j=1,j\neq i}^{n}a_{ij}$；当 $i\neq j$ 时，$l_{ij}=-a_{ij}$。对于无向图来说，它的邻接矩阵中的元素 $a_{ij}=a_{ji}$，拉普拉斯矩阵是实对称矩阵。

以图 6－1 来举例说明有向图的定义。

在图 6－1 表示的有向图 $\boldsymbol{G}_4\triangleq(v_4,\varepsilon_4)$ 中，节点集 $v_4=\{1,2,3,4\}$，边集

$\varepsilon_4=\{(1,2),(2,1),(2,4),(2,3),(3,2),(4,3),(4,1)\}$，邻接矩阵 $\boldsymbol{A}_4=[a_{ij}]\in\mathbf{R}^{4\times4}$，为

$$\boldsymbol{A}_4=\begin{bmatrix}0&1&0&1\\1&0&1&0\\0&1&0&1\\0&1&0&0\end{bmatrix}\tag{6-7}$$

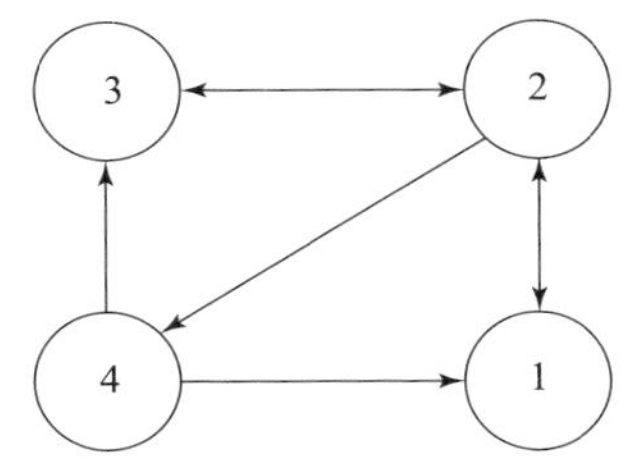

图 6-1　某有向通信拓扑图

拉普拉斯矩阵为

$$\boldsymbol{L}_4=\begin{bmatrix}2&-1&0&-1\\-1&2&-1&0\\0&-1&2&-1\\0&-1&0&1\end{bmatrix}\tag{6-8}$$

因为拉普拉斯矩阵的各行元素之和为 0，因此 0 是 $\boldsymbol{L}_4$ 的一个特征值，其对应的特征向量是元素均为 1 的 4×1 维的列向量。拉普拉斯矩阵 $\boldsymbol{L}_4$ 的特征值 $\boldsymbol{D}$ 和特征向量 $\boldsymbol{V}$ 为

$$\boldsymbol{D}=[3\quad 2\quad 2\quad 0]\tag{6-9}$$

$$\boldsymbol{V}=\begin{bmatrix}1&1&1&1\\-2&-1&1&1\\1&-1&-1&1\\1&1&-1&1\end{bmatrix}\tag{6-10}$$

拉普拉斯矩阵具有以下性质：如果通信拓扑图中包含一簇有向生成树，那么其拉普拉斯矩阵有唯一的零特征值。

6.1.3　信息一致性理论

近些年，多飞行器的协作和协同控制问题得到了广泛关注，多智能体一致性理论的提出为多飞行器实现群集、编队、协同提供了有效的途径。在实际应用中，多导弹要形成编队，即要保持它们之间的相对状态不变。当多个导弹对所关心的变量或者状态的取值达成共识时，就称它们已经达成“一致”。信息一致性保证了按一定网络拓扑交换信息的多导弹在那些对完成协同任务起关键作用的“信息”方面达成一致意见。为了达到信息一致，必须存在一个各导弹共同关心的变量，这称为信息状态。此外，还需要设计用于各导弹之间相互协商以使其信息状态达成一致的适当算法，这称为一致性算法。信息状态表达了导弹编队协同变量的实际含义，如编队的中心位置（或队形）、编队集结时间、飞行区域的大小、多导弹群运动的方向、军事目标的毁伤概率等。

由于假设各导弹基于其相邻导弹的信息状态来更新自己的信息状态，因此

面临的问题就是如何设计一个更新律，使得网络中所有导弹的信息状态收敛于一个共同值。

传统的连续时间一致性算法描述为

$$\dot{x}(t)=-\sum_{j=1}^{n}a_{ij}(t)(x_i(t)-x_j(t)),\ i=1,2,\cdots,n \tag{6-11}$$

式中，a_{ij}——t 时刻关于通信拓扑图 $\boldsymbol{G}_n$ 的邻接矩阵 $\boldsymbol{A}_n$ 的第（i,j）项；

x_i——第 i 枚导弹的信息状态。

于是，借助式（6-11），对任一初始时刻的 $x_i(0)$ 和所有 $i,j=1,2,\cdots,n$，当 $t\to\infty$ 时，有 $x_i(t)\to x_j(t)$，即称系统的状态达到一致。

基于图论的一致性算法使得顶点的状态 x 趋于一致，对于多导弹编队而言，编队飞行时，各导弹的速度大小和方向应一致，且导弹间的距离趋于期望队形指定的距离。因此，可将一致性理论应用于多导弹编队，基于一致性算法来设计导弹的编队控制算法。

6.2 理想通信时的一致性编队算法

假设多导弹间的通信是理想的（即不存在通信时延、通信噪声等），选取导弹的位置和速度信息作为协同变量，基于一致性算法来设计多导弹编队控制方法。

由前可知，$\boldsymbol{\xi}_j=[x_j\quad y_j\quad z_j]^{\mathrm{T}}$、$\boldsymbol{\zeta}_j=\dot{\boldsymbol{\xi}}=[V_j^x\quad V_j^y\quad V_j^z]^{\mathrm{T}}$ 分别为导弹 j 的位置和速度，令 $\boldsymbol{\xi}_{n+1}=[x_{n+1}\quad y_{n+1}\quad z_{n+1}]^{\mathrm{T}}$、$\boldsymbol{\zeta}_{n+1}=[V_{n+1}^x\quad V_{n+1}^y\quad V_{n+1}^z]^{\mathrm{T}}$ 分别为虚拟领弹（编号为 $n+1$）的位置和速度。假设导弹 i、j 与虚拟领弹之间的期望距离偏差分别为 $\boldsymbol{\delta}_{\mathrm{id}}=[\delta_{\mathrm{id}}^x\quad \delta_{\mathrm{id}}^y\quad \delta_{\mathrm{id}}^z]^{\mathrm{T}}$、$\boldsymbol{\delta}_{j\mathrm{d}}=[\delta_{j\mathrm{d}}^x\quad \delta_{j\mathrm{d}}^y\quad \delta_{j\mathrm{d}}^z]^{\mathrm{T}}$（$\boldsymbol{\delta}_{\mathrm{id}}$和$\boldsymbol{\delta}_{j\mathrm{d}}$中的分量为偏差在地面坐标系 x、y、z 三轴的投影），则导弹 i 与导弹 j 间的期望距离偏差为 $\boldsymbol{\delta}_{ij}=\boldsymbol{\delta}_{\mathrm{id}}-\boldsymbol{\delta}_{j\mathrm{d}}$，与之相应，导弹 j 与导弹 i 之间的期望距离偏差为 $\boldsymbol{\delta}_{ji}=-\boldsymbol{\delta}_{ij}$。当

$$\begin{cases}\lim\limits_{t\to\infty}(\boldsymbol{\xi}_i-\boldsymbol{\xi}_j+\boldsymbol{\delta}_{ij})=\mathbf{0}\\ \lim\limits_{t\to\infty}(\boldsymbol{\xi}_i+\boldsymbol{\delta}_{\mathrm{id}}-\boldsymbol{\xi}_{n+1})=\mathbf{0}\\ \lim\limits_{t\to\infty}(\boldsymbol{\zeta}_i-\boldsymbol{\zeta}_j+\dot{\boldsymbol{\delta}}_{ij})=\mathbf{0}\\ \lim\limits_{t\to\infty}(\boldsymbol{\zeta}_i+\dot{\boldsymbol{\delta}}_{\mathrm{id}}-\boldsymbol{\zeta}_{n+1})=\mathbf{0}\end{cases} \tag{6-12}$$

时，称多导弹形成了期望的队形，达到了编队一致性。

针对如式（6－6）所示的导弹二阶积分系统，根据文献［46］，得到基于编队期望位置偏差和期望速度偏差的一致性算法为

$$\boldsymbol{u}_i = -\frac{1}{k_i}\sum_{i=1}^{n} a_{ij}[k'(\boldsymbol{\xi}_i + \boldsymbol{\delta}_{id} - \boldsymbol{\xi}_j - \boldsymbol{\delta}_{jd}) + k''(\boldsymbol{\zeta}_i + \dot{\boldsymbol{\delta}}_{id} - \boldsymbol{\zeta}_j - \dot{\boldsymbol{\delta}}_{jd})] - \frac{1}{k_i}a_{i(n+1)}[k'(\boldsymbol{\xi}_i + \boldsymbol{\delta}_{id} - \boldsymbol{\xi}_{n+1}) + k''(\boldsymbol{\zeta}_i + \dot{\boldsymbol{\delta}}_{id} - \boldsymbol{\zeta}_{n+1})],\quad i = 1,2,\cdots,n \tag{6-13}$$

式中，k_i——从弹 i 的入度，$k_i = \sum_{j=1}^{n+1} a_{ij}$；

k', k''——控制参数，$k' > 0$，$k'' > 0$；

$\boldsymbol{\delta}_{id}$和$\boldsymbol{\delta}_{jd}$由期望队形确定。

针对一致性编队算法（式（6－13）），有如下定理：

【定理 6.1】一致性编队算法（式（6－13））存在一个关于 $\boldsymbol{u}_i$ 的唯一解，且当 $t \to \infty$ 时，$\boldsymbol{\xi}_i(t) + \boldsymbol{\delta}_{id} \to \boldsymbol{\xi}_{n+1}(t)$、$\boldsymbol{\zeta}_i(t) + \dot{\boldsymbol{\delta}}_{id} \to \boldsymbol{\zeta}_{n+1}(t)$ 当且仅当有向图 $\boldsymbol{G}_{n+1}$ 含有一簇以飞行器 $n+1$ 为根节点的有向生成树。

定理 6.1 的证明可参见文献［47］，在此不再赘述。

例 6－1　假设弹群包含 6 枚从弹（F1 ~ F6）和 1 枚虚拟领弹（VL），其间的通信拓扑如图 6－2 所示。假设需在水平面内形成如图 6－3 所示的队形。

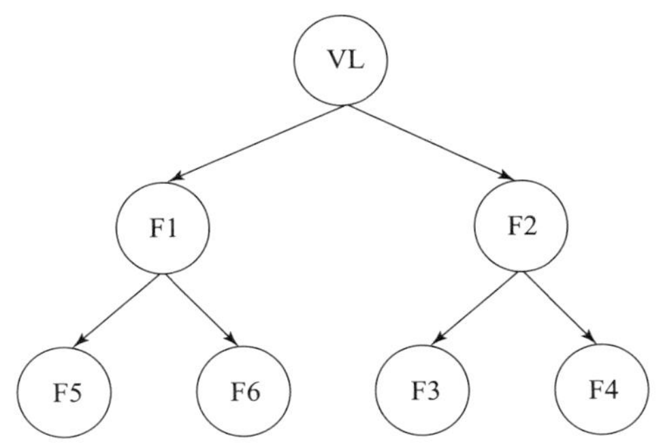

图 6－2　6 枚从弹和 1 枚虚拟领弹之间的通信拓扑

由图 6－2 可知，邻接矩阵 $\boldsymbol{A}_7 = \begin{bmatrix} 0 & 0 & 0 & 0 & 0 & 0 & 1 \\ 0 & 0 & 0 & 0 & 0 & 0 & 1 \\ 0 & 1 & 0 & 0 & 0 & 0 & 0 \\ 0 & 1 & 0 & 0 & 0 & 0 & 0 \\ 1 & 0 & 0 & 0 & 0 & 0 & 0 \\ 1 & 0 & 0 & 0 & 0 & 0 & 0 \\ 0 & 0 & 0 & 0 & 0 & 0 & 0 \end{bmatrix}$。

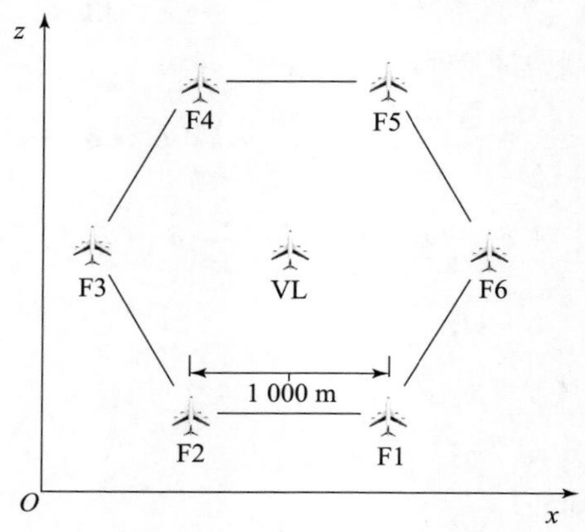

图 6-3　多导弹的平面期望队形

由图 6-3 可知，期望队形参数（各方向的单位均为米（m））如下：

$\boldsymbol{\delta}_{1\mathrm{d}} = [500 \quad 0 \quad -500\sqrt{3}]^{\mathrm{T}}$，　$\boldsymbol{\delta}_{2\mathrm{d}} = [-500 \quad 0 \quad -500\sqrt{3}]^{\mathrm{T}}$，

$\boldsymbol{\delta}_{3\mathrm{d}} = [-1\,000 \quad 0 \quad 0]^{\mathrm{T}}$，　$\boldsymbol{\delta}_{4\mathrm{d}} = [-500 \quad 0 \quad 500\sqrt{3}]^{\mathrm{T}}$，

$\boldsymbol{\delta}_{5\mathrm{d}} = [500 \quad 0 \quad 500\sqrt{3}]^{\mathrm{T}}$，　$\boldsymbol{\delta}_{6\mathrm{d}} = [1\,000 \quad 0 \quad 0]^{\mathrm{T}}$。

虚拟领弹的速度为 $\boldsymbol{\zeta}_7 = [70 \quad 70 \quad 30\sin(0.05t)]^{\mathrm{T}}$（m/s, m/s, m/s），虚拟领弹和各从弹的初始状态见表 6-1，表中的下标“0”表示初始时刻。

表 6-1　多导弹初始状态

导弹编号	x_0/m	y_0/m	z_0/m	V_0/(m·s^{-1})	θ_0/(°)	ψ_{V0}/(°)
VL	0	0	1 000	99	0	45
F1	1 500	-950	900	87.5	0	45
F2	-500	-920	900	82.5	0	36
F3	-1 500	100	900	75	0	30
F4	-1 625	1 425	900	82.5	0	60
F5	0	0	1 350	80	0	45
F6	1 600	-50	1 350	77.5	0	36

一致性编队算法（式（6-13））中的控制参数 $k'=2$，$k''=4$，各导弹的最大切向加速度和法向加速度分别为 40 m/s^2、60 m/s^2 和 60 m/s^2。多导弹的飞行轨迹和相对于虚拟领弹的位置误差如图 6-4、图 6-5 所示。图 6-5 中，

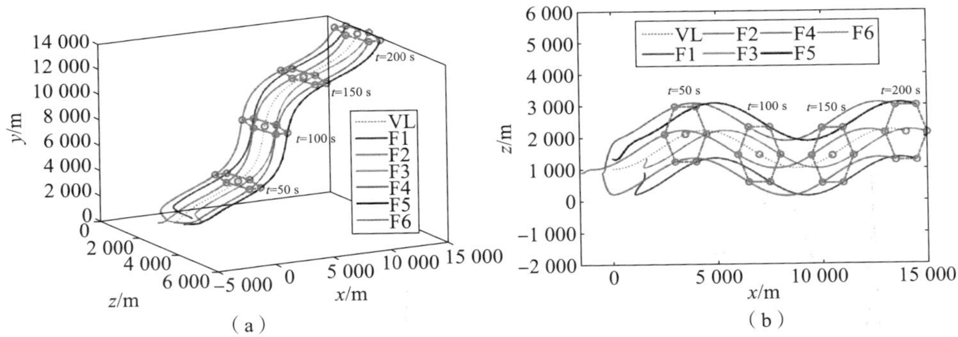

图 6－4　多导弹的飞行轨迹

(a) 多导弹三维飞行轨迹；(b) 多导弹在 Oxz 平面的飞行轨迹

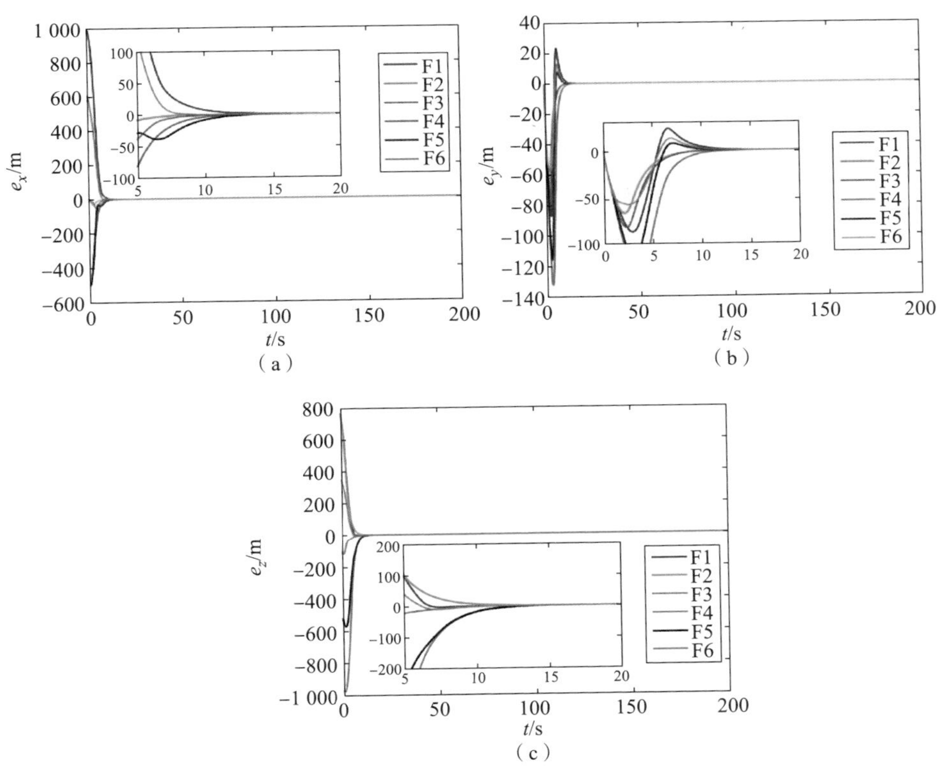

图 6－5　多导弹的位置误差

(a) e_x 随时间变化；(b) e_y 随时间变化；(c) e_z 随时间变化

e_x、e_y 和 e_z 分别为从弹与虚拟领弹在地面坐标系 x、y 和 z 方向的位置误差。

虚拟领弹和 6 枚从弹的速度大小、弹道倾角、弹道偏角如图 6－6 所示。6 枚从弹控制量的变化曲线如图 6－7 所示。

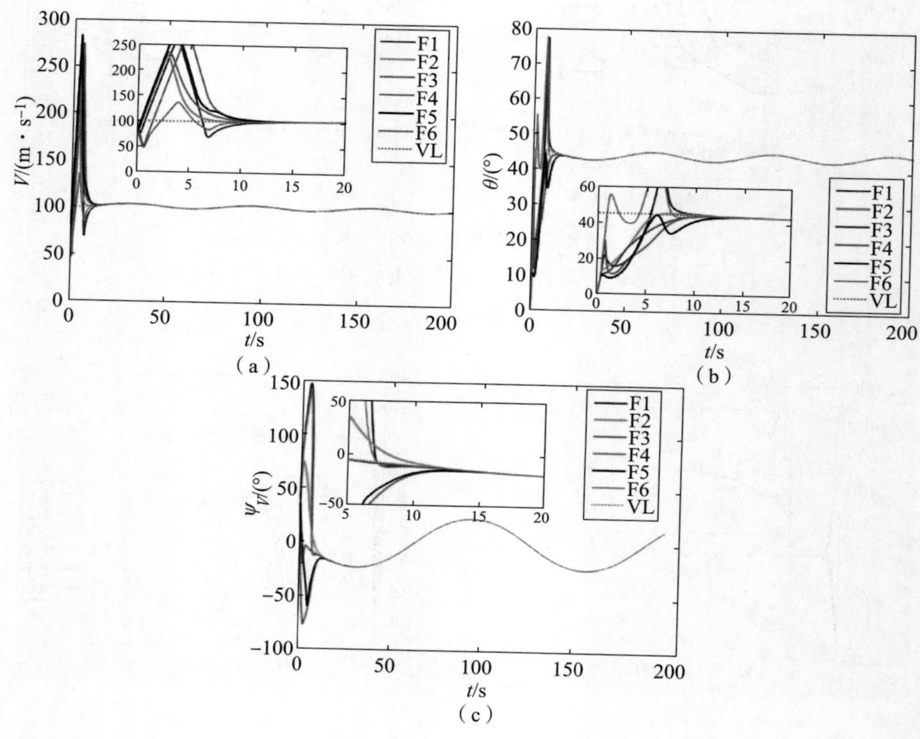

图 6－6　多导弹的速度大小和方向

（a）速度大小变化曲线；（b）弹道倾角变化曲线；
（c）弹道偏角变化曲线

如图 6－2 所示的通信拓扑具有有向生成树，因此满足定理 6.1，由图 6－4 、图 6－5 可知，6 枚从弹由初始位置出发后，经过 17.65 s，形成了期望队形（与期望位置的差均小于 0.1 m）并保持该队形飞行。由图 6－6 可见，各导弹的速度、弹道倾角和弹道偏角也较快地跟上了虚拟领弹的量。图 6－7 显示了 6 枚从弹的加速度均满足约束。需要指出的是，编队形成的时间与弹间的通信拓扑、各导弹的控制量限幅大小都是有关系的。

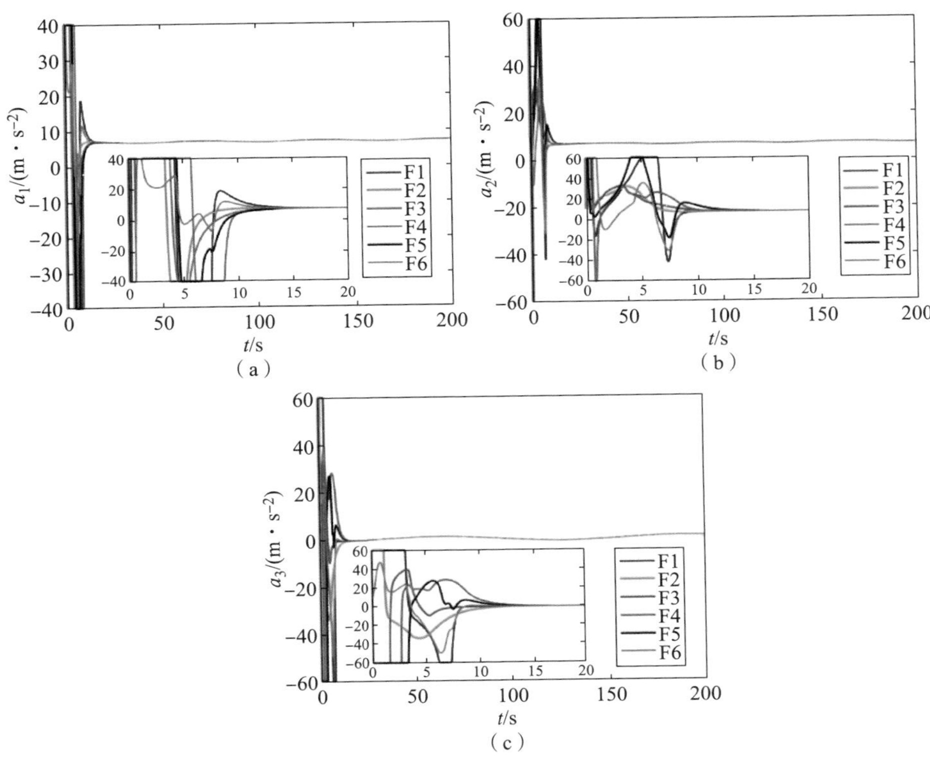

图6-7　6枚从弹控制量的变化曲线

(a) a_1 变化曲线；(b) a_2 变化曲线；(c) a_3 变化曲线

6.3 存在通信噪声时的一致性编队算法

6.3.1 存在加性通信噪声的多飞行器系统

本节考虑一枚领弹带领 n 枚从弹飞行，从弹之间的通信拓扑图为无向图 $\boldsymbol{G}_{\mathrm{f}n}=(\nu_n,\varepsilon_n)$，$\boldsymbol{L}_n$、$\boldsymbol{A}_n$ 分别为无向图 $\boldsymbol{G}_{\mathrm{f}n}=(\nu_n,\varepsilon_n)$ 的拉普拉斯矩阵和邻接矩阵，领弹（编号为 $n+1$）和从弹组成的拓扑图为有向图 $\boldsymbol{G}_{n+1}=(\nu_{n+1},\varepsilon_{n+1})$。领弹与 n 枚从弹之间传输信息的权值矩阵为 $\boldsymbol{D}=\mathrm{diag}(a_{1(n+1)}\quad a_{2(n+1)}\quad\cdots\quad a_{n(n+1)})$，矩阵 $\boldsymbol{D}$ 表示了从弹与领弹之间的联系，这一点与邻接矩阵 $\boldsymbol{A}$ 相似，所以称矩阵 $\boldsymbol{D}$ 为领导邻接矩阵。

考虑传统的领导跟随问题，领弹用式（6－6）所示的二阶积分系统表示为

$$\begin{cases}\dot{\boldsymbol{\xi}}_{n+1}=\boldsymbol{\zeta}_{n+1}\\ \dot{\boldsymbol{\zeta}}_{n+1}=\boldsymbol{u}_{n+1}\end{cases}\tag{6-14}$$

类似地，从弹 $i(i=1,2,\cdots,n)$ 的二阶积分系统可表示为

$$\begin{cases}\dot{\boldsymbol{\xi}}_{i}=\boldsymbol{\zeta}_{i}\\ \dot{\boldsymbol{\zeta}}_{i}=\boldsymbol{u}_{i}\end{cases}\tag{6-15}$$

若导弹之间的通信存在加性噪声，则从弹 i 接收到领弹的信息为

$$\begin{cases}\boldsymbol{\xi}_{i(n+1)}=\boldsymbol{\xi}_{n+1}+\boldsymbol{\alpha}_{i(n+1)}\\ \boldsymbol{\zeta}_{i(n+1)}=\boldsymbol{\zeta}_{n+1}+\boldsymbol{\beta}_{i(n+1)}\end{cases}\tag{6-16}$$

式中，$\boldsymbol{\xi}_{i(n+1)},\boldsymbol{\zeta}_{i(n+1)}$——从弹 i 接收到领弹的位置和速度信息；

$\boldsymbol{\alpha}_{i(n+1)},\boldsymbol{\beta}_{i(n+1)}$——领弹传输给从弹 i 的独立通信噪声，存在于位置和速度通道中。

类似地，从弹 i 接收到从弹 j 的信息为

$$\begin{cases}\boldsymbol{\xi}_{ij}=\boldsymbol{\xi}_{j}+\boldsymbol{\alpha}_{ij}\\ \boldsymbol{\zeta}_{ij}=\boldsymbol{\zeta}_{j}+\boldsymbol{\beta}_{ij}\end{cases}\tag{6-17}$$

式中，$\boldsymbol{\xi}_{ij},\boldsymbol{\zeta}_{ij}$——从弹 i 接收到的从弹 j 的位置信息和速度信息；

$\boldsymbol{\alpha}_{ij},\boldsymbol{\beta}_{ij}$——从弹 j 传输给从弹 i 的独立加性通信噪声，存在于位置和速度通道中。

6.3.2 考虑通信噪声的改进一致性编队算法

6.3.2.1 算法设计及收敛性证明

为了减弱噪声对多飞行器系统编队飞行的影响，对以下一致性编队算法进行改进设计：

$$\begin{aligned}\boldsymbol{u}_{i}=&\frac{1}{k_i}a_{i(n+1)}[\dot{\boldsymbol{\zeta}}_{n+1}+\gamma_0(\boldsymbol{\xi}_{i(n+1)}-\boldsymbol{\xi}_{i}-\boldsymbol{\delta}_{id})+\gamma_1(\boldsymbol{\zeta}_{i(n+1)}-\boldsymbol{\zeta}_{i}-\dot{\boldsymbol{\delta}}_{id})]+\\&\frac{1}{k_i}\sum_{j=1}^{n}a_{ij}[\dot{\boldsymbol{\zeta}}_{j}+\gamma_0(\boldsymbol{\xi}_{j}-\boldsymbol{\xi}_{i}-\boldsymbol{\delta}_{ij})+\gamma_1(\boldsymbol{\zeta}_{j}-\boldsymbol{\zeta}_{i}-\dot{\boldsymbol{\delta}}_{ij})]\end{aligned}\tag{6-18}$$

式中，k_i——从弹 i 的入度，$k_i=\sum_{j=1}^{n+1}a_{ij}$；

γ_0,γ_1——待设计的控制参数；

$\boldsymbol{\delta}_{id},\boldsymbol{\delta}_{ij}$——由期望队形确定，$\boldsymbol{\delta}_{ij}=\boldsymbol{\delta}_{id}-\boldsymbol{\delta}_{jd}$。

对比式（6－18）和式（6－13）所示的一致性编队算法，其区别在于式（6－18）中加入了领弹和从弹 j 的加速度信息 $\dot{\boldsymbol{\zeta}}_{n+1}$ 和 $\dot{\boldsymbol{\zeta}}_{j}$。根据文献［47］，

在领弹和从弹间的通信拓扑存在有向生成树时，式（6－18）能够使从弹的位置和速度收敛，从而形成编队。在本节中，由于问题的焦点在于研究通信噪声对收敛性和收敛精度的影响，因此为了研究问题的方便，假设队形 $\boldsymbol{\delta}_{id}=\boldsymbol{\delta}_{jd}=\mathbf{0}$。通常的一致性编队算法中，控制参数 γ_0、γ_1 均为常值，在本节中，为了减弱噪声对多飞行器系统编队的影响，令 γ_1 随时间变化，对 γ_1 进行设计，得到改进的一致性编队算法。

将含有噪声信息的式（6－16）、式（6－17）代入式（6－18），可得

$$k_i\boldsymbol{u}_i-\sum_{j=1}^{n}a_{ij}\dot{\boldsymbol{\zeta}}_j-a_{i(n+1)}\dot{\boldsymbol{\zeta}}_{n+1}=a_{i(n+1)}[\gamma_0(\boldsymbol{\xi}_{n+1}+\boldsymbol{\alpha}_{i(n+1)}-\boldsymbol{\xi}_i)+\gamma_1(\boldsymbol{\zeta}_{n+1}+\boldsymbol{\beta}_{i(n+1)}-\boldsymbol{\zeta}_i)]+\sum_{j=1}^{n}a_{ij}[\gamma_0(\boldsymbol{\xi}_j+\boldsymbol{\alpha}_{ij}-\boldsymbol{\xi}_i)+\gamma_1(\boldsymbol{\zeta}_j+\boldsymbol{\beta}_{ij}-\boldsymbol{\zeta}_i)] \tag{6-19}$$

在有向图 $\boldsymbol{G}_{n+1}$ 含有一簇以领弹为根节点的有向生成树的条件下，有 $k_i=\sum_{j=1}^{n+1}a_{ij}\neq 0$，$i=1,2,\cdots,n$。定义 $\boldsymbol{\xi}=[\xi_1\quad \xi_2\quad \cdots\quad \xi_n]^{\mathrm{T}}$、$\boldsymbol{b}'=[-a_{1(n+1)}\quad -a_{2(n+1)}\quad \cdots\quad -a_{n(n+1)}]^{\mathrm{T}}$、$\boldsymbol{H}=\boldsymbol{L}_n+\boldsymbol{D}$、$\boldsymbol{e}=H\xi+\boldsymbol{b}'\xi_{n+1}$，同时考虑 $\dot{\boldsymbol{\xi}}_j=\boldsymbol{\zeta}_j$、$\ddot{\boldsymbol{\xi}}_j=\dot{\boldsymbol{\zeta}}_j=\boldsymbol{u}_j$，则式（6－19）可写为

$$\ddot{\boldsymbol{e}}=-\gamma_0\boldsymbol{e}-\gamma_1\dot{\boldsymbol{e}}+\boldsymbol{M} \tag{6-20}$$

式中，$\boldsymbol{M}=\mathrm{diagg}(\gamma_0\boldsymbol{A}_{n+1}\boldsymbol{\alpha}_{n+1}^{\mathrm{T}}+\gamma_1\boldsymbol{A}_{n+1}\boldsymbol{\beta}_{n+1}^{\mathrm{T}})$。其中，$\boldsymbol{\alpha}_{n+1}=[\alpha_{ij}]\in\mathbf{R}^{(n+1)\times(n+1)}$，$\boldsymbol{\beta}_{n+1}=[\beta_{ij}]\in\mathbf{R}^{(n+1)\times(n+1)}$ 为噪声矩阵，$\mathrm{diagg}(\boldsymbol{X})$ 是取 $\boldsymbol{X}$ 的对角元素组成的列矩阵。

令 $\boldsymbol{x}_1=\boldsymbol{e}$，$\boldsymbol{x}_2=\dot{\boldsymbol{e}}$，有

$$\begin{bmatrix}\dot{\boldsymbol{x}}_1\\ \dot{\boldsymbol{x}}_2\end{bmatrix}=\begin{bmatrix}\mathbf{0}_{n\times n} & \boldsymbol{I}_{n\times n}\\ -\gamma_0\boldsymbol{I}_{n\times n} & -\gamma_1\boldsymbol{I}_{n\times n}\end{bmatrix}\begin{bmatrix}\boldsymbol{x}_1\\ \boldsymbol{x}_2\end{bmatrix}+\begin{bmatrix}\mathbf{0}_{n\times 1}\\ \boldsymbol{M}\end{bmatrix} \tag{6-21}$$

令 $\boldsymbol{r}=[\boldsymbol{x}_1\quad \boldsymbol{x}_2]^{\mathrm{T}}$、$\boldsymbol{\Gamma}=\begin{bmatrix}\mathbf{0}_{n\times n} & \boldsymbol{I}_{n\times n}\\ -\gamma_0\boldsymbol{I}_{n\times n} & -\gamma_1\boldsymbol{I}_{n\times n}\end{bmatrix}$、$\boldsymbol{Q}=\begin{bmatrix}\mathbf{0}_{n\times 1}\\ \boldsymbol{M}\end{bmatrix}$，则有

$$\dot{\boldsymbol{r}}=\boldsymbol{\Gamma}\boldsymbol{r}+\boldsymbol{Q} \tag{6-22}$$

$\boldsymbol{Q}$ 中包含了领弹和从弹的状态信息和通信拓扑中的噪声信息，各导弹的状态信息是有界的，通信噪声通常也是有界的，故 $\boldsymbol{Q}$ 有确定的上界，即 $\|\boldsymbol{Q}\|\leqslant\boldsymbol{K}$（$\boldsymbol{K}$ 为 $\boldsymbol{Q}$ 的上界常数矩阵），也就是 $Q_{ij}\leqslant K_{ij}$（$i=1,2,\cdots,2n$，$j=1$）。要证明式（6－21）所示的多飞行器误差系统的收敛性，则在 $\boldsymbol{Q}$ 有界的条件下只需证明矩阵 $\boldsymbol{\Gamma}$ 的特征值在复平面的负半平面即可。矩阵 $\boldsymbol{\Gamma}$ 的特征多项式为

$$\det(s\boldsymbol{I}-\boldsymbol{\Gamma})=\det\begin{bmatrix}s\boldsymbol{I}_{n\times n} & -\boldsymbol{I}_{n\times n}\\ \gamma_0\boldsymbol{I}_{n\times n} & (s+\gamma_1)\boldsymbol{I}_{n\times n}\end{bmatrix}=(s^2+\gamma_1 s+\gamma_0)^n \tag{6-23}$$

令 $\det(s\boldsymbol{I}-\boldsymbol{\Gamma})=0$，则

$$(s^2+\gamma_1 s+\gamma_0)^n=0 \tag{6-24}$$

所以 $\boldsymbol{\Gamma}$ 的两个特征值 λ_{i1}、$\lambda_{i2}(i=1,2,\cdots,n$，$n$ 维重根）分别为

$$\begin{cases}\lambda_{i1}=(-\gamma_1+\sqrt{\gamma_1^2-4\gamma_0})/2\\ \lambda_{i2}=(-\gamma_1-\sqrt{\gamma_1^2-4\gamma_0})/2\end{cases} \tag{6-25}$$

由于 $\gamma_0>0$、$\gamma_1>0$，因此，$\mathrm{Re}\lambda_{ij}<0(i=1,2,\cdots,n,\ j=1,2)$ 恒成立，故该领导跟随结构多飞行器系统在存在通信噪声的情况下采用式（6－19）所示的一致性编队算法，误差系统能够收敛。但是，通信噪声的存在会影响误差系统的稳态收敛值。接下来，讨论式（6－19）中的控制参数对稳态收敛误差的影响。

6.3.2.2 算法参数对稳态收敛误差的影响

对式（6－20）进行拉普拉斯变换，可得

$$s^2\boldsymbol{E}(s)-s\boldsymbol{e}(0)-\dot{\boldsymbol{e}}(0)=-\gamma_0\boldsymbol{E}(s)-\gamma_1(s\boldsymbol{E}(s)-\boldsymbol{e}(0))+\boldsymbol{M}(s) \tag{6-26}$$

式中，$\boldsymbol{e}(0)$——$\boldsymbol{e}$ 在 $t=0$ 时刻的初始值。

假设通信噪声为常值噪声，即 $\alpha_{ij}=k_1$、$\beta_{ij}=k_2(i,j=1,2,\cdots,n+1$，$k_1$、$k_2$ 为常数），当通信拓扑和控制参数一定时，$\boldsymbol{M}$ 为常值矩阵，此时其拉普拉斯变换为 $\boldsymbol{M}(s)=\boldsymbol{M}/s$，则式（6－26）可以化简为

$$\boldsymbol{E}(s)=\frac{\boldsymbol{M}}{s(s^2+\gamma_1 s+\gamma_0)}+\frac{s\boldsymbol{e}(0)+\gamma_1\boldsymbol{e}(0)+\dot{\boldsymbol{e}}(0)}{s^2+\gamma_1 s+\gamma_0} \tag{6-27}$$

由终值定理可得

$$\begin{aligned}\lim_{t\to\infty}\boldsymbol{e}(t)&=\lim_{s\to 0}s\boldsymbol{E}(s)=\lim_{s\to 0}\left(\frac{\boldsymbol{M}}{s^2+\gamma_1 s+\gamma_0}+\frac{s^2\boldsymbol{e}(0)+\gamma_1\boldsymbol{e}(0)s+\dot{\boldsymbol{e}}(0)s}{s^2+\gamma_1 s+\gamma_0}\right)\\&=\frac{\boldsymbol{M}}{\gamma_0}=\mathrm{diagg}\left(\boldsymbol{A}_{n+1}\boldsymbol{\alpha}_{n+1}^{\mathrm{T}}+\frac{\gamma_1}{\gamma_0}\boldsymbol{A}_{n+1}\boldsymbol{\beta}_{n+1}^{\mathrm{T}}\right)\end{aligned} \tag{6-28}$$

由式（6－28）可知，位置收敛总误差 $\boldsymbol{e}$ 与领弹与从弹之间的噪声信息、从弹之间的噪声信息以及控制参数 γ_0 和 γ_1 有关，可以通过设计控制参数 γ_0、γ_1 来减小位置收敛总误差。假设 γ_0 不变，增大 γ_1，由式（6－26）可见，收敛速度加快，但收敛后总误差也增大；反之，减小 γ_1，收敛速度减慢，收敛后总误差也减小，从而提高了收敛精度。因此，设 γ_0 为常数，设计 γ_1 为

$$\gamma_1=\begin{cases}k_{\max}-(k_{\max}-k_{\min})t/k, & 0\leqslant t\leqslant k\\ k_{\min}, & t>k\end{cases} \tag{6-29}$$

式中，$k_{\max},k_{\min},k$——常数。

按照式（6－29）设置的 γ_1 在前期较大，可以使一致性算法快速收敛；在后期较小，可以保证良好的收敛精度。

例6－2　假设1枚虚拟领弹和4枚从弹编队飞行，此处为了更方便地显示通信噪声的影响，仍然忽略导弹的队形参数，使得从弹和领弹的飞行轨迹一致（若考虑队形，只需按照队形要求赋予 $\boldsymbol{\delta}_{id}$ 和 $\boldsymbol{\delta}_{jd}$ 一定的值）。虚拟领弹（VL）和从弹（F1～F4）之间的通信拓扑如图6－8所示。

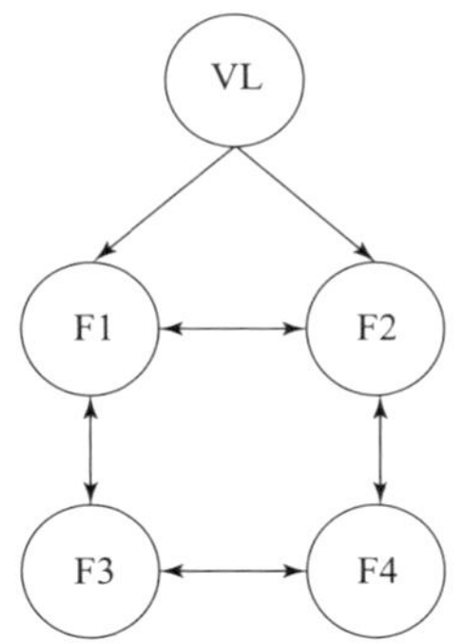

图6－8　多导弹间的通信拓扑

图中，通信拓扑中的通信权值取1。由图6－8可得到从弹（F1～F4）的邻接矩阵和拉普拉斯矩阵分别为

$$\boldsymbol{A}=\begin{bmatrix}0&1&1&0\\1&0&0&1\\1&0&0&1\\0&1&1&0\end{bmatrix},\ \boldsymbol{L}=\begin{bmatrix}2&-1&-1&0\\-1&2&0&-1\\-1&0&2&-1\\0&-1&-1&2\end{bmatrix}$$

。虚拟领弹（VL）与从弹（F1～F4）的邻接矩阵 $\boldsymbol{D}=\mathrm{diag}(1,1,0,0)$。以各导弹的 x 方向为例，假设从弹（F1～F4）的初始位置、速度（ξ,ζ）分别为（1,0）、（2,0）、（3,0）、（4,0）。领弹的初始状态为（ξ_5,ζ_5）=（0,0）、加速度为 $u_5=-\sin t$。假设常值噪声 $\alpha_{ij}=\beta_{ij}=0.2(i,j=1,2,\cdots,n+1)$。在协同一致性编队算法中，控制参数 $\gamma_0=\gamma_1=10$，仿真结果如图6－9、图6－10所示。图6－10中的 e_x 表示位置跟踪误差。

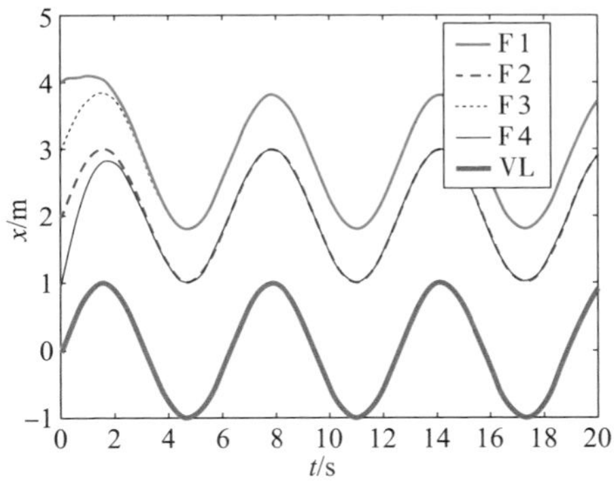

图6－9　$\gamma_0=\gamma_1=10$ 时的多导弹位置状态

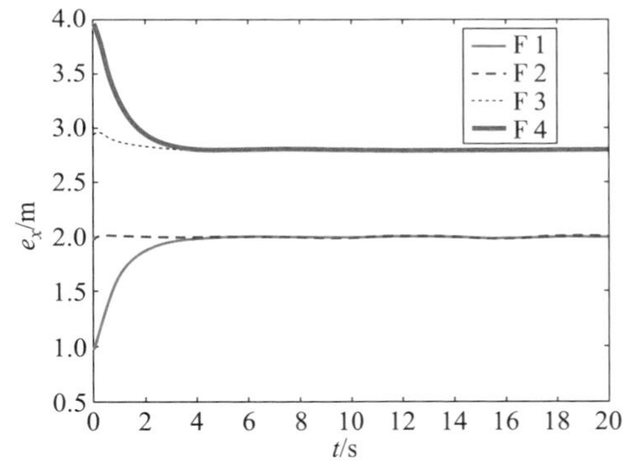

图6－10　$\gamma_0=\gamma_1=10$ 时的多导弹位置跟踪误差变化曲线

由图6－9、图6－10可知，由于通信噪声干扰的存在，多导弹的位置并未收敛到一致，从弹始终与领弹的位置存在一定的稳态误差。针对F1，由第二

部分的定义可得，$e_{x1}=a_{12}(\xi_1-\xi_2)+a_{13}(\xi_1-\xi_3)+a_{14}(\xi_1-\xi_4)+a_{15}(\xi_1-\xi_5)$，代入通信权值可得 $e_{x1}=(\xi_1-\xi_2)+(\xi_1-\xi_3)+(\xi_1-\xi_5)$。由终值定理推导，得出 $e_{x1}=a_{12}\alpha_{12}+a_{13}\alpha_{13}+a_{14}\alpha_{14}+a_{15}\alpha_{15}+\frac{\gamma_0}{\gamma_1}(a_{12}\beta_{12}+a_{13}\beta_{13}+a_{14}\beta_{14}+a_{15}\beta_{15})$，代入噪声数值、通信权值和控制参数，可得 $e_{x1}=1.2$，即 $e_{x1}=(\xi_1-\xi_2)+(\xi_1-\xi_3)+(\xi_1-\xi_5)=1.2$。同理，可得 $e_{x2}=(\xi_2-\xi_1)+(\xi_2-\xi_4)+(\xi_2-\xi_5)=1.2$、$e_{x3}=(\xi_3-\xi_1)+(\xi_3-\xi_4)=0.8$、$e_{x4}=(\xi_4-\xi_2)+(\xi_4-\xi_3)=0.8$。由 $e_{x1}=e_{x2}$，可得 $\xi_1=\xi_2$；由 $e_{x3}=e_{x4}$，可得 $\xi_3=\xi_4$。将 $\xi_3=\xi_4$ 代入 e_{x3}，可得 $\xi_3-\xi_1=0.8$，即 $\xi_4-\xi_2=0.8$。将 $\xi_1=\xi_2$、$\xi_3-\xi_1=0.8$ 代入 e_{x1}，得到 $\xi_1-\xi_5=2$，故 $\xi_3-\xi_5=2.8$。图 6－10 显示了上述结论。

由式（6－28）可知，减小 γ_1/γ_0 能够减小收敛误差，令控制参数 $\gamma_0=10$、$\gamma_1=1.5$，仿真结果如图 6－11、图 6－12 所示。

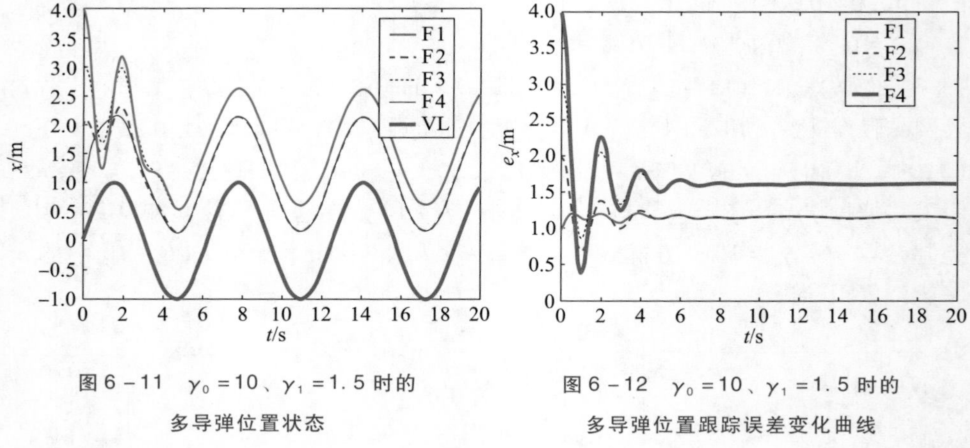

图 6－11 $\gamma_0=10$、$\gamma_1=1.5$ 时的多导弹位置状态

图 6－12 $\gamma_0=10$、$\gamma_1=1.5$ 时的多导弹位置跟踪误差变化曲线

由图可知，γ_1 的减小使得收敛误差减小，但是其收敛速度变慢。接下来，仍然令 $\gamma_0=10$，γ_1 如式（6－29）变化（$k_{\max}=10$，$k_{\min}=1.5$，$k=3$），仿真结果如图 6－13 所示。以 F3 的位置跟踪误差为例，$\gamma_0=10$，γ_1 分别为 10、1.5 和按照式（6－29）变化（改进一致性算法）时的结果如图 6－14 所示，图中 e_{x3} 表示 F3 的位置跟踪误差。

对比图 6－13 与图 6－10，相比 $\gamma_1=10$ 的情况，引入时变控制参数的改进一致性算法的收敛误差有了较大幅度的减小，F1、F2 的位置跟踪误差减小到 1.2 左右，F3、F4 的位置跟踪误差减小到 1.6 左右，减小了收敛总误差。由图 6－14 可知，$\gamma_1=10$ 时，F3 的位置跟踪误差较快收敛至 2.8 附近；$\gamma_1=1.5$ 时，F3 的位置跟踪误差经过较大幅度的振荡与调整，慢慢收敛至 1.6 左右；

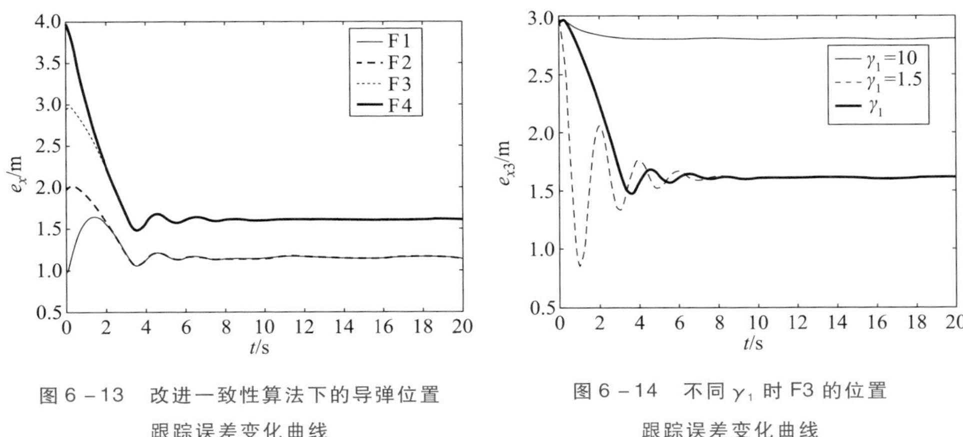

图 6－13　改进一致性算法下的导弹位置跟踪误差变化曲线

图 6－14　不同 γ_1 时 F3 的位置跟踪误差变化曲线

当 $\boldsymbol{\gamma}_1$ 采用设计的时变控制参数时，收敛速度较 $\boldsymbol{\gamma}_1=1.5$ 时有所提升，收敛误差比 $\boldsymbol{\gamma}_1=10$ 时小，收敛过程更加平滑，即改进的一致性算法能够使前期的收敛速度较快、后期的收敛误差较小，在满足收敛速度的前提下达到了降噪的目的。

第7章

多飞行器编队飞行防碰撞技术

关于多飞行器在队形形成及动态变换过程中避免碰撞的问题，第5章采用预设性能控制理论设计了编队控制器，通过预设性能控制器的特点，结合性能函数边界设置方法以及避碰策略设计，实现了多飞行器在队形形成和变换过程中的碰撞避免。

本章针对采用分布式通信模式的多飞行器，基于一致性算法与人工势场法来设计能够避免碰撞的编队控制算法。

7.1 人工势场法相关理论

7.1.1 人工势场法的原理

人工势场是指在目标周围人为地构造引力势场（简称“引力场”）以及在障碍物周围构造斥力势场（简称“斥力场”）。引力场中的引力吸引导弹朝目标方向运动，斥力场中的斥力阻止导弹朝障碍物方向运动，导弹在这两个势场力的共同作用下运动，这是一种类似于利用物理学中带电粒子相互之间的作用关系来控制导弹运动的方法。本章主要应用人工势场理论来解决在编队形成与变换过程中导弹与导弹之间避免碰撞的问题。在导弹周围创建一个人工势场，处于该势场中的导弹要受到势场力的作用，势场力的大小和方向与两个导弹的相对位置有关。势场的构造借鉴了势能的概念。势能是由处于势场中的导弹空间位置决定的能量，其大小只与两枚导弹之间的相对位置有关。处于某导弹势场的另一导弹受到排斥力，两枚导弹之间的距离越近，排斥力就越大，势能也就越大，反之越小。导弹受到的排斥力的方向沿着两枚导弹的连线，指向距离增大的方向。

人工势场是根据具体情况人为设定的，所以势场函数的表示形式不是唯一的，但其基本原理是一致的。人工势场函数可以用 $U(x,y,z)$（(x,y,z) 表示导弹的位置）来表示，同时规定：对空间中的每个位置 $U(x,y,z)$ 都必须是可微的。人工势场法通过搜索势场值下降的方向来决定导弹行进的方向和速度。于是，导弹所受到的作用力为人工势场函数负梯度方向的控制力，表示为

$$F(x,y,z) = -\nabla U(x,y,z) \tag{7-1}$$

式中，$\nabla U(x,y,z)$ ——$U(x,y,z)$ 在 (x,y,z) 处的梯度，是一个向量，其方向是位置 (x,y,z) 处势场变化率最大的方向。

7.1.2 人工势场的性质

多导弹编队系统中导弹 i 和导弹 j 之间的人工势场函数记为 U_{ij}，U_{ij}具有连续、常正、无界的特性，它具有以下性质。

（1）势场函数具有对称性，即

$$\nabla U_{ij}(r_{ij}) = -\nabla U_{ji}(r_{ij}) \tag{7-2}$$

式中，r_{ij}——导弹 i 和导弹 j 之间的距离。

（2）在飞行过程中，导弹 i 可能处于周围多个导弹的势场中，则导弹 i 受到的总势场 U_i 可表示为

$$U_i = \sum_{j \neq i}^{n} U_{ij} \tag{7-3}$$

式中，n——参与协同作战的导弹数。

（3）设 $r_{\min}$为导弹 i 与导弹 j 之间的最小安全半径，则 U_{ij}满足当 $r_{ij} \to r_{\min}$时，$U_{ij} \to \infty$。同时，存在安全距离 ρ，当 $r_{ij} > \rho$ 时，弹体间无人工势场作用。

7.2 多导弹编队防碰撞控制方法

本章将人工势场法应用于编队过程中导弹间的动态避撞问题中，图 7－1 所示为基于人工势场法的多导弹编队控制系统结构框图。

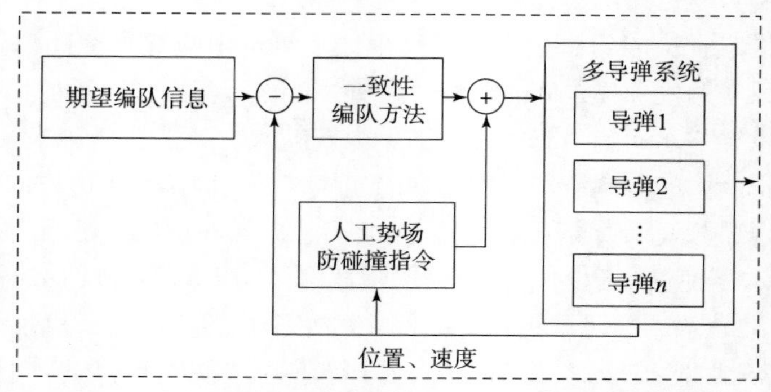

图 7－1 基于人工势场法的多导弹编队控制系统结构框图

7.2.1 多导弹间人工势场

根据人工势场法原理，当导弹 i 与导弹 j 之间的距离 r_{ij} 大于安全距离 ρ 时，排斥力为 0，无须采取避撞措施；当 r_{ij} 小于安全距离 ρ 时，导弹之间产生排斥力，采取避撞动作避免碰撞；当 r_{ij} 小于最小安全距离 $r_{\min}$ 时，认为导弹 i 与导弹 j 发生碰撞，这是不允许的，因此需产生无穷大的排斥力。

综上，定义由弹间相对距离决定的人工势场函数为

$$U_{ij}(r_{ij}) = \begin{cases} \dfrac{K_r}{2}\left(\dfrac{1}{r_{ij}-r_{\min}} - \dfrac{1}{\rho - r_{\min}}\right)^2, & r_{\min} < r_{ij} \leqslant \rho \\ 0, & r_{ij} > \rho \end{cases} \tag{7-4}$$

式中，K_r——设计系数，$K_r > 0$，改变 K_r 的取值可以调节斥力势场的强度。

$r_{\min}$ 和 ρ 的设定限定了人工势场函数的作用区间，合理定义此作用区间，可解决导弹间距离过近发生碰撞的问题，可避免由于势场力作用导弹在平衡点附近来回振荡的问题，还可以保证达到多导弹的主要目的——形成编队。

对人工势场函数求偏微分可以得到虚拟的控制力 $\boldsymbol{F}$，导弹 i 在导弹 j 的势场中所受的控制力为

$$F_{ij}(x_i, y_i, z_i) = -\nabla U_{ij}(r_{ij})$$
$$= \begin{cases} K_r\left(\dfrac{1}{r_{ij}-r_{\min}} - \dfrac{1}{\rho - r_{\min}}\right)\left(\dfrac{1}{r_{ij}-r_{\min}}\right)^2 \left[\dfrac{\partial r_{ij}}{\partial x_i} \quad \dfrac{\partial r_{ij}}{\partial y_i} \quad \dfrac{\partial r_{ij}}{\partial z_i}\right]^{\mathrm{T}}, & r_{\min} < r_{ij} \leqslant \rho \\ \boldsymbol{0}, & r_{ij} > \rho \end{cases} \tag{7-5}$$

综合考虑 n 枚导弹，则导弹 i 所受的斥力和为

$$F_i(x_i, y_i, z_i) = $$
$$\begin{cases} \sum\limits_{j \neq i}^{n} \left[K_r\left(\dfrac{1}{r_{ij}-r_{\min}} - \dfrac{1}{\rho - r_{\min}}\right)\left(\dfrac{1}{r_{ij}-r_{\min}}\right)^2\right]\left[\dfrac{\partial r_{ij}}{\partial x_i} \quad \dfrac{\partial r_{ij}}{\partial y_i} \quad \dfrac{\partial r_{ij}}{\partial z_i}\right]^{\mathrm{T}}, & r_{\min} < r_{ij} \leqslant \rho \\ \boldsymbol{0}, & r_{ij} > \rho \end{cases} \tag{7-6}$$

7.2.2 基于人工势场与信息一致性的防碰撞控制方法

为了研究问题的明确性，本章不考虑分布式飞行飞行器间的通信约束问题，即假设多飞行器间的通信是理想的。在第 6 章中，基于一致性算法设计了可实现多导弹编队飞行的方法，但是其无法保证在队形形成过程（算法收敛过程）中，导弹与导弹之间的距离不出现 $\leqslant r_{\min}$ 的情况。因此，可在一致性编队指令的基础上附加与相对距离相关的人工势场力，当弹间距 $r_{\min} < r_{ij} \leqslant \rho$ 时，开始有排斥力产生，阻止两弹靠近；当 $r_{ij} \leqslant r_{\min}$ 时，排斥力为无穷大；当两弹的距离到达安全距

离后，排斥力消失，导弹继续在一致性编队指令的作用下飞行，以形成编队。

导弹 i 受到的人工势场力总和为 $\boldsymbol{F}_i$，由其引起的指令加速度为

$$\boldsymbol{u}'_i = \frac{\boldsymbol{F}_i}{m_i} \tag{7-7}$$

式中，m_i——导弹 i 的质量。

综合一致性编队算法和人工势场防碰撞算法，可得导弹的指令加速度为

$$\boldsymbol{u}''_i = \boldsymbol{u}_i + \boldsymbol{u}'_i \tag{7-8}$$

式中，$\boldsymbol{u}_i$——第 6 章中得到的一致性编队算法，即式（6－18）。当弹间距离大于等于安全距离 ρ 时，$\boldsymbol{u}'_i = \boldsymbol{0}$，只有一致性编队指令作用，导弹朝着形成编队的方向飞行。当处于 $r_{\min} < r_{ij} \leqslant \rho$ 时，$\boldsymbol{u}_i$ 和 $\boldsymbol{u}'_i$ 均不等于零，导弹在两者同时作用下飞行。当 $r_{ij} \leqslant r_{\min}$ 时，$\boldsymbol{u}'_i \to \infty$，此时编队指令 $\boldsymbol{u}_i$ 基本上不起作用，导弹主要以避撞为主。

式（7－8）表示考虑了碰撞避免问题的编队方法。

例 7－1 假设有 1 枚虚拟领弹（VL）和 6 枚从弹（F1～F6），它们之间的通信拓扑如图 7－2 所示，初始队形如图 7－3 所示。假设需要进行队形变换，变换后的队形如图 7－4 所示。

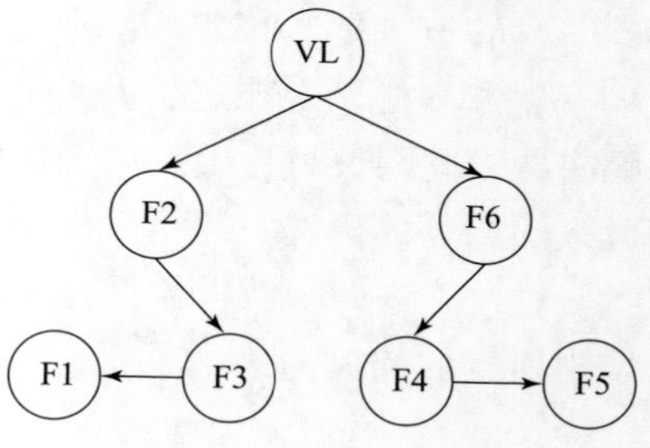

图 7－2 通信拓扑

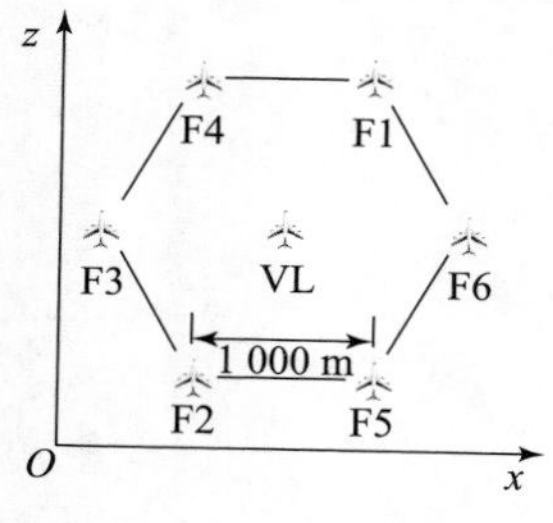

图 7－3 初始队形

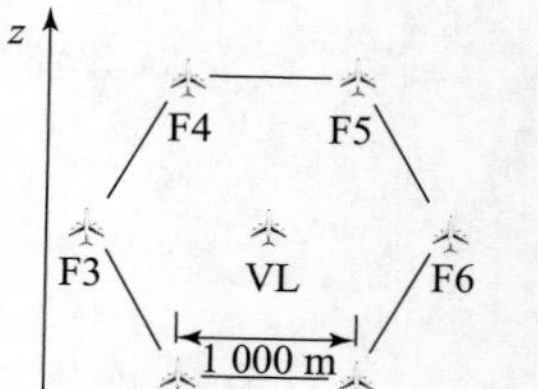

图 7－4 期望队形

由图 7－2 可知，邻接矩阵 $\boldsymbol{A}_7 = \begin{bmatrix} 0 & 0 & 1 & 0 & 0 & 0 & 0 \\ 0 & 0 & 0 & 0 & 0 & 0 & 1 \\ 0 & 1 & 0 & 0 & 0 & 0 & 0 \\ 0 & 0 & 0 & 0 & 0 & 1 & 0 \\ 0 & 0 & 0 & 1 & 0 & 0 & 0 \\ 0 & 0 & 0 & 0 & 0 & 0 & 1 \\ 0 & 0 & 0 & 0 & 0 & 0 & 0 \end{bmatrix}$。

由图 7－4 可知，期望队形参数（各方向的单位均为米（m））如下：

$\boldsymbol{\delta}_{1d}=[500\quad 0\quad -500\sqrt{3}]^{\mathrm{T}}$，　　$\boldsymbol{\delta}_{2d}=[-500\quad 0\quad -500\sqrt{3}]^{\mathrm{T}}$，

$\boldsymbol{\delta}_{3d}=[-1\,000\quad 0\quad 0]^{\mathrm{T}}$，　　$\boldsymbol{\delta}_{4d}=[-500\quad 0\quad 500\sqrt{3}]^{\mathrm{T}}$，

$\boldsymbol{\delta}_{5d}=[500\quad 0\quad 500\sqrt{3}]^{\mathrm{T}}$，　　$\boldsymbol{\delta}_{6d}=[1\,000\quad 0\quad 0]^{\mathrm{T}}$。

虚拟领弹的速度为 $\boldsymbol{\zeta}_7=[70\quad 70\quad 0]^{\mathrm{T}}$（m/s，m/s，m/s），虚拟领弹和各从弹的初始状态见表 7－1，表中下标“0”表示初始时刻。

表 7－1　多导弹初始状态

导弹编号	x_0/m	y_0/m	z_0/m	V_0/(m·s^{-1})	θ_0/(°)	ψ_{V0}/(°)
VL	0	0	0	99	45	0
F1	500	0	866	1	45	0
F2	－500	0	－866	1	45	0
F3	－1 000	0	0	1	45	0
F4	－500	0	866	1	45	0
F5	500	0	－866	1	45	0
F6	1 000	0	0	1	45	0

一致性编队算法（式（6－18））中的 $\gamma_0=0.2$、$\gamma_1=0.4$，式（7－6）中的系数 $K_r=10^8$，最小安全距离 $r_{\min}=30$ m，安全距离 $\rho=320$ m，各导弹的最大切向加速度和法向加速度分别为 40 m/s^2、60 m/s^2 和 60 m/s^2。设从弹的最大速度为 150 m/s。仿真结果如图 7－5～图 7－8 所示。

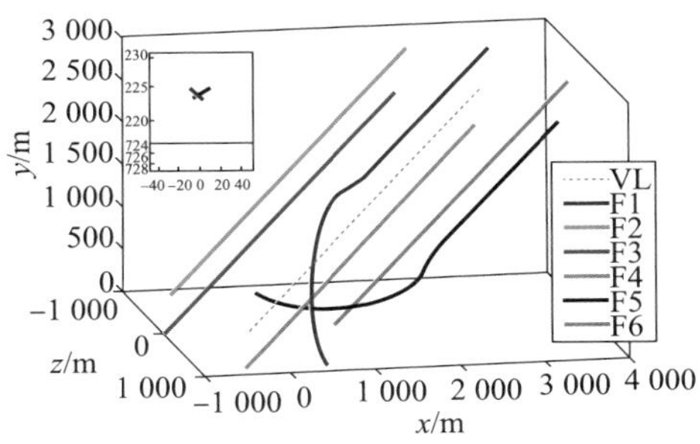

图 7－5　无人工势场时的三维轨迹

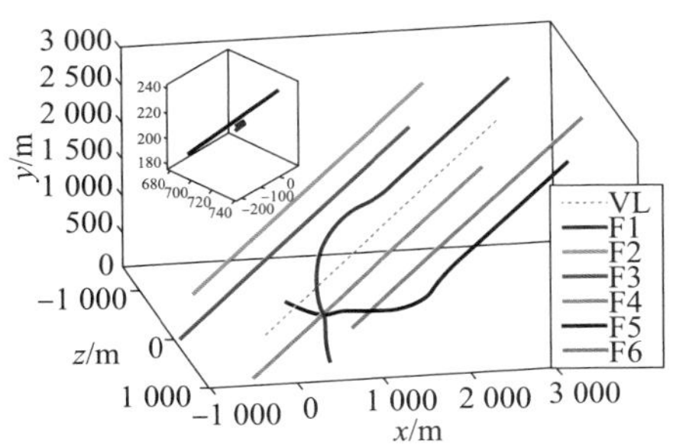

图 7－6　有人工势场时的三维轨迹

由初始位置和期望队形可知，队形变换需要 F1 和 F5 对调位置；由图 7－5、图 7－6 可知，在无人工势场指令和有人工势场指令的情况下，导弹最后都

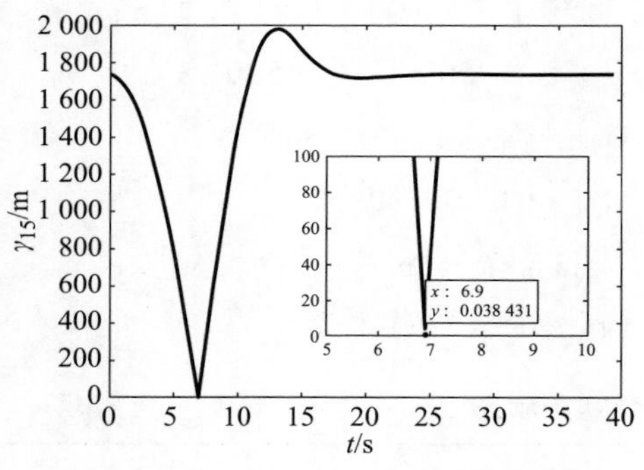

图 7-7　无人工势场时的 γ_{15} 变化曲线

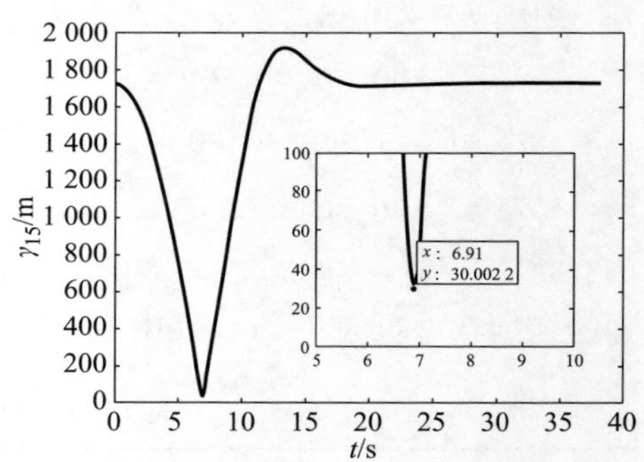

图 7-8　有人工势场时的 γ_{15} 变化曲线

形成了指定的队形。但是，在无人工势场指令时，两枚导弹之间的最小间距小于0.05 m（图7-7），这远小于最小安全距离，故可视为已经发生了碰撞。当加了人工势场力之后，F1 和 F5 的最小距离大于30 m，满足最小安全距离的要求，避免了碰撞，如图7-8 所示。当 F1 和 F5 之间的距离大于安全距离后，人工势场作用消失，导弹在一致性编队指令的作用下，最终形成编队。

需要说明的是，在本实例中，只有 F1 和 F5 之间的距离出现了小于安全距离 320 m 的情况，其他导弹与导弹间的距离均大于 320 m，因此人工势场力作用只存在于 F1 和 F5 之间，是一种比较简单的情况。另外，安全距离决定了人工势场力在什么时候开始起作用，只有合理设置它和人工势场力中的相关参数（如系数 K_r），才能使弹间的最小距离大于最小安全距离，从而避免弹间碰撞。本章中的人工势场只与弹间的距离有关，弹间距离近，势场力就大，反之则小。此时，可能造成导弹位置的振荡。进一步考虑导弹位置的平滑变化，可将两枚导弹间距离的变化率考虑到人工势场的设计中。例如，在安全距离内，若弹间距离变化率大于0，则说明弹间距离在变大，此时的人工势场指令可小些；若弹间距离变化率小于0，则说明弹间距离在变小，在朝着更危险的方向变化，此时的人工势场指令可大些。本章只将人工势场与一致性算法相结合，实现了多导弹编队过程中避免碰撞的基本思路和概念，进一步的研究，读者可自行进行。

7.2.3　局部极小点问题及解决思路

由式（7-8）可知，导弹的运动由一致性编队指令和人工势场指令共同决定。在某个时刻，可能出现导弹 i 受到的一致性编队控制力（$m_i\boldsymbol{u}_i$）和人工势场力（$m_i\boldsymbol{u}_i'$）大小相等、方向相反的情况，此时合力为零、导弹处于平衡状态，但事实上没有达到指定的控制目的，这种情况叫作局部极小点（或局部极小陷阱）问题。

要检测导弹是否陷入了局部极小点，可采用以下方法：如果导弹 i 与至少一个导弹的距离小于安全距离且其在 x、y、z 某一个或几个方向上受到的合控制力为零（或近似为零），即

$$\begin{cases}\boldsymbol{u}_{i_p}+\boldsymbol{u}'_{i_p}\leqslant\varepsilon\\ r_{ij}<\rho\end{cases}\tag{7-9}$$

则说明导弹陷入局部极小点。

式中，$p=x$、y、z，代表三个方向；$j\in\{1,2,\cdots,n\}$ 且 $j\neq i$、$j\notin\varnothing$；$\varepsilon>0$，为小常数。

解决局部极小点的问题，直观来讲，就需要打破导弹在未实现目标前的受力平衡。可通过增加附加势场力 $\boldsymbol{F}_{\text{fi}}$ 的方法来使导弹脱离局部极小点，从而解决该问题。本书中，设计附加势场力 $\boldsymbol{F}_{\text{fi}}$ 为

$$\boldsymbol{F}_{\text{fi}}=\begin{cases}m\boldsymbol{K}_{\text{f}}\hat{\boldsymbol{u}}_i, & u_{i_p}+u'_{i_p}\leqslant\varepsilon\ \text{且}\ r_{ij}<\rho\\ \boldsymbol{0}, & \text{其他}\end{cases}\tag{7-10}$$

式中，$\boldsymbol{K}_{\text{f}}=\text{diag}(k_{\text{fi}_x},k_{\text{fi}_y},k_{\text{fi}_z})$，$k_{\text{fi}_x}$、$k_{\text{fi}_y}$、$k_{\text{fi}_z}$ 为大于 0 的系数；$\hat{\boldsymbol{u}}_i=[u_{i_z}\quad u_{i_x}\quad u_{i_y}]^{\text{T}}$。

此处，附加势场力的设计思路：以 x 方向为例，为了打破 x 方向的受力平衡，将 x 叉乘 y（即 z 方向的一致性指令乘以一个比例后附加到 x 方向），其他两个方向类似于 x 方向。综合起来就是，在原来受力平衡的基础上，x、y、z 三个方向分别附加与这三个方向垂直的 z、x、y 三个方向的一致性指令成比例的一个力，以使导弹脱离原来的受力平衡状态，走出局部极小点，避免在某一位置停滞不前。该方法是一种基于简单的破坏导弹的受力平衡思路而设计的脱离局部极小点的方法；进一步考虑脱离的快速性和导弹脱离过程中付出能量较少等问题的方法，读者可自行进行深入研究。

综合一致性编队指令、人工势场防碰撞指令、脱离局部极小点的附加指令，得到分布式联合防碰撞编队控制律为

$$\boldsymbol{u}'''_i=\boldsymbol{u}_i+\boldsymbol{u}'_i+\boldsymbol{u}_{\text{fi}}\tag{7-11}$$

式中，$\boldsymbol{u}_{\text{fi}}=\boldsymbol{F}_{\text{fi}}/m_i$。

采用上述分布式联合防碰撞编队控制律，导弹群的飞行过程为：各导弹从初始位置在一致性编队指令 $\boldsymbol{u}_i$ 的作用下，朝形成编队的方向飞行，如果在飞行过程中出现某两个（或某几个）导弹彼此之间的距离小于安全距离 ρ，则人工势场指令不再为零，弹间产生人工势场力，导弹在一致性编队指令 $\boldsymbol{u}_i$ 和人工势场指令 $\boldsymbol{u}'_i$ 的共同作用下飞行，如果在某一点这两个指令大小相等、方向相

反（即导弹陷入了局部极小点），则增加附加指令 $\boldsymbol{u}_{\mathrm{fi}}$，使导弹脱离局部极小点；当弹间距离大于等于安全距离后，人工势场避撞指令 $\boldsymbol{u}_i'=\boldsymbol{0}$，导弹在一致性编队指令的作用下飞行，形成指定的队形。式（7-11）所示的分布式联合防碰撞编队控制律能够使多枚导弹形成编队，且在队形形成过程中避免碰撞，还能解决局部极小点问题。需要说明的是，这3种指令的相关系数的选取非常重要，如果选取得不合适，则可能很容易（或经常）陷入局部极小点、不能较快使弹间距离大于最小安全距离，从而人工势场指令长时间存在，导致编队不能形成、导弹的位置振荡严重等问题，这些系数可根据理论分析并结合仿真计算来确定。

第8章

最优协同制导律

近程防御武器系统（Close-In Weapon System，CIWS）是一种配属在海军舰船上的装备，用来侦测与摧毁逼近的反舰导弹或相关的威胁飞行器，具有强大的威力。为了有效地突破CIWS的拦截，反舰导弹通常采用饱和攻击战术。饱和攻击一般要求导弹群同时命中目标，即对各弹的攻击时间有约束。本章主要介绍文献［50］中介绍的经典的可满足攻击时间约束的制导律（Impact Time Control Guidance，ITCG）。导弹采用此制导律可在理想的攻击时间命中目标。针对协同作战的多枚导弹，如果为每枚导弹指定相同的理想攻击时间，则可实现多弹同时命中目标。同时，本章在文献［50］的基础上，针对变速导弹攻击运动目标的情况，采用预测校正的思路，给出一种改进的具有攻击时间约束的制导律。

8.1　导弹平面运动模型

多枚导弹协同攻击目标的示意图如图 8－1 所示。图中，V 表示导弹速度；R 表示导弹和目标之间的距离，简称“弹目距离”；n 表示参加协同作战的导弹的数目。

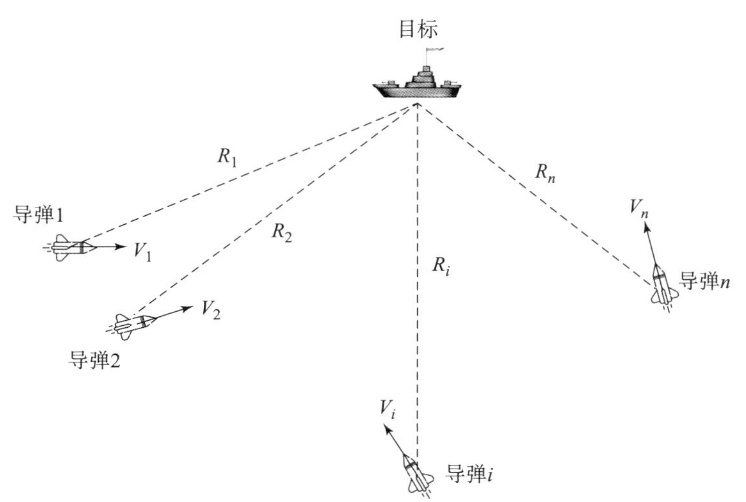

图 8－1　多枚导弹协同攻击目标的示意图

如图 8－1 所示，虽然每枚导弹的初始弹目距离和初始航向角不同，但协同攻击目标就是要求它们同时到达目标。本章介绍的文献［50］中的制导律，能够实现指定的理想攻击时间，但如果为每枚导弹设置同样的理想攻击时间，每枚导弹再采用本章制导律，则可以实现多弹协同攻击目标。需要注意的是，通常情况下，参与协同作战的导弹具有类似的速度特性和相差不多的初始弹目距离，它们采用比例导引律（PNG）时的攻击时间相差不大，此时，共同理想攻击时间 T_d 应不短于各弹采用 PNG 时最长的攻击时间，即

$$T_d \geqslant \max_i \{T_i\}, \quad i \in \{1, 2, \cdots, n\} \tag{8-1}$$

式中，T_i——采用 PNG 时第 i 枚导弹的攻击时间。

由于反舰导弹攻击的目标——水面舰艇的机动性和速度无法与高亚声速或超声速反舰导弹相比，因此建模时可以假设目标是静止的。同时，假设导弹的速度恒定且忽略自动驾驶仪的滞后。以一枚导弹为例，图 8－2 所示为一枚导弹攻击目标时的相对几何关系。

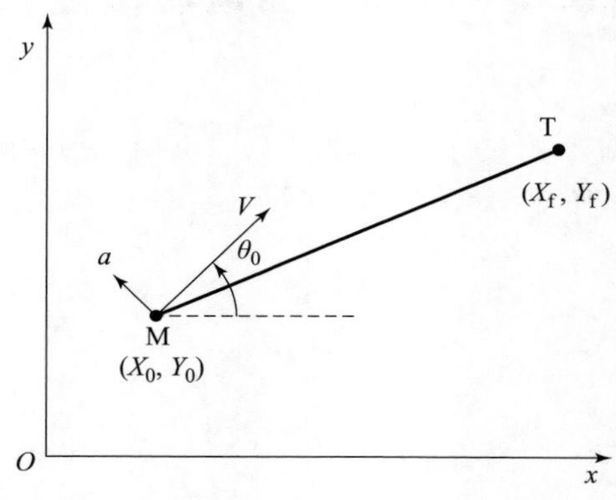

图 8－2　一枚导弹攻击目标的相对几何关系

图中，M 表示导弹；T 表示目标；(X, Y) 为导弹在惯性坐标系的位置；θ 为航向角；下标“0”和“f”分别表示开始时刻和终端时刻；a 为导弹的法向加速度，此处为控制量，假设其由两部分组成——减小脱靶量的反馈指令 a_B、调节攻击时间的附加指令 a_F。假设终止时间 T_f 为理想攻击时间 T_d，则根据图 8－2 可得

$$\begin{cases} \dot{X} = V\cos\theta, \ X(0) = X_0, \ X(T_f) = X_f \\ \dot{Y} = V\sin\theta, \ Y(0) = Y_0, \ Y(T_f) = Y_f \\ \dot{\theta} = \dfrac{a}{V} = \dfrac{a_B + a_F}{V}, \ \theta(0) = \theta_0 \end{cases} \tag{8-2}$$

在将 a_F 视为常值的基础上，求解一个控制能量最小的最优控制问题。此时，性能指标函数可写为

$$J = \frac{1}{2}\int_0^{T_f} a_B^2 \mathrm{d}t \tag{8-3}$$

可以得到附加指令 a_F，它可以使导弹的飞行轨迹长度等于要求的飞行距离（导弹速度与理想攻击时间的乘积）。需要注意的是，该方案不能保证导弹的实际加速度控制量（$a = a_B + a_F$）所对应的控制能量最小。

8.2　最优反馈指令求解

对飞行时间 T、位置坐标 X 和 Y、控制量 u_B 和 u_F 进行无量纲化，有

$$\begin{cases} t = \dfrac{T}{T_f},\ x = \dfrac{X}{VT_f},\ y = \dfrac{Y}{VT_f} \\ u_B = \dfrac{a_B}{\dfrac{V}{T_f}},\ u_F = \dfrac{a_F}{\dfrac{V}{T_f}} \end{cases} \tag{8-4}$$

假设航向角 θ 很小，且将 x 视为独立变量，则式（8-2）所示模型的线性状态方程可写为

$$\begin{bmatrix} \dfrac{\mathrm{d}y}{\mathrm{d}x} \\ \dfrac{\mathrm{d}\theta}{\mathrm{d}x} \end{bmatrix} = \begin{bmatrix} 0 & 1 \\ 0 & 0 \end{bmatrix}\begin{bmatrix} y \\ \theta \end{bmatrix} + \begin{bmatrix} 0 \\ 1 \end{bmatrix} u_B + \begin{bmatrix} 0 \\ 1 \end{bmatrix} u_F \tag{8-5}$$

此时，式（8-3）的等价形式为

$$J' = \frac{1}{2}\int_{x_0}^{x_f} u_B^2(x)\mathrm{d}x \tag{8-6}$$

优化问题的边界条件为

$$\begin{gathered} x(0) = \frac{X(0)}{VT_f} = x_0,\ x(1) = \frac{X_f}{VT_f} = x_f \\ y(x_0) = \frac{Y_0}{VT_f} = y_0,\ y(x_f) = \frac{Y_f}{VT_f} = y_f \end{gathered} \tag{8-7}$$

由于 V 是常值，那么对攻击时间的约束可以表示为对飞行路径的约束，即

$$\int_{x_0}^{x_f} \sqrt{1 + \theta^2(x)}\mathrm{d}x = 1 \tag{8-8}$$

上述优化问题可用最大值原理进行解析求解。哈密尔顿函数 H 为

$$H=\frac{1}{2}u_{\mathrm{B}}^{2}+\lambda_{y}\theta+\lambda_{\theta}(u_{\mathrm{B}}+u_{\mathrm{F}}) \tag{8-9}$$

式中，λ_y,λ_θ——协态变量。

由最优条件$\dfrac{\partial H}{\partial u_{\mathrm{B}}}=0$，可得到最优加速度指令为

$$u_{\mathrm{B}}=-\lambda_{\theta}=-\nu_{y}(x_{\mathrm{f}}-x) \tag{8-10}$$

式中，ν_y——为满足终端条件而选取的常数。

对式（8－5）积分，可得

$$\nu_{y}=-\frac{3\left(y_{\mathrm{f}}-\theta_{0}x_{\mathrm{f}}-\dfrac{1}{2}u_{\mathrm{F}}x_{\mathrm{f}}^{2}\right)}{x_{\mathrm{f}}^{3}} \tag{8-11}$$

因此，初始时刻的反馈制导指令可以表示为 u_{F} 的函数，为

$$u_{\mathrm{B}}=3\left(\frac{y_{\mathrm{f}}}{x_{\mathrm{f}}^{2}}-\frac{\theta_{0}}{x_{\mathrm{f}}}\right)-\frac{3}{2}u_{\mathrm{F}} \tag{8-12}$$

在飞行过程中，任一时刻的反馈制导指令为

$$u_{\mathrm{B}}=u_{\mathrm{P}}-\frac{3}{2}u_{\mathrm{F}} \tag{8-13}$$

式中，$u_{\mathrm{P}}\equiv 3(y_{\mathrm{go}}-\theta x_{\mathrm{go}})/x_{\mathrm{go}}^{2}$，$x_{\mathrm{go}}\equiv x_{\mathrm{f}}-x$，$y_{\mathrm{go}}\equiv y_{\mathrm{f}}-y$。

需要注意的是，式（8－13）中的 u_{P} 是比例系数为 3 的 PNG 的线性近似。

在目标机动显著时，导弹一般采用 PNG 的扩展形式，如增强比例导引律（APN），其指令为

$$u=NV\dot{\lambda}+\frac{N}{2}u_{\mathrm{T}} \tag{8-14}$$

式中，N——比例系数；

$\dot{\lambda}$——视线旋转角速度；

u_{T}——目标的机动加速度。

对比式（8－13）和式（8－14）可知，ITCG 是 $N=3$ 时的增强比例导引形式。

8.3 附加制导指令的确定

本节阐述如何确定满足攻击时间要求的附加指令 u_{F}。导弹的剩余射程等于

其恒定的速度与剩余飞行时间（理想攻击时间与当前时间之差）的乘积。攻击时间约束只需在终端满足，而不一定在飞行过程中满足。文献［50］的方法将攻击时间约束看作在飞行过程中也必须满足的约束，它的优点为从初始阶段便开始调整攻击时间。

由式（8－5）和式（8－13）可知，航向角 θ 可表示为 x 的多项式函数形式，为

$$\theta(\eta)=\alpha\eta^2+\beta\eta+\gamma,\ \eta\in[x,x_{\mathrm{f}}] \tag{8-15}$$

式中，$\alpha=\dfrac{\nu_y}{2}$，$\nu_y=-3\left(y_{\mathrm{f}}-\theta(x)x_{\mathrm{f}}-\dfrac{1}{2}u_{\mathrm{F}}x_{\mathrm{f}}^2\right)\Big/x_{\mathrm{f}}^3$；

$\beta=u_{\mathrm{F}}-\nu_y x_{\mathrm{f}}$；

$\gamma=\theta(x)+\nu_y x_{\mathrm{f}}x-\dfrac{\nu_y x^2}{2}-u_{\mathrm{F}}x$。

对式（8－8）关于 θ 进行泰勒级数展开并忽略其高阶项，可得

$$\bar{t}_{\mathrm{go}}=\int_x^{x_{\mathrm{f}}}\sqrt{1+\theta^2(\eta)}\mathrm{d}\eta\approx\int_x^{x_{\mathrm{f}}}\left(1+\frac{1}{2}\theta^2(\eta)\right)\mathrm{d}\eta=x_{\mathrm{go}}+\frac{1}{2}\sum_{n=1}^{5}\frac{c_n}{n}(x_{\mathrm{f}}^n-x^n) \tag{8-16}$$

式中，$\bar{t}_{\mathrm{go}}$——理想的剩余飞行时间；

c_n——多项式 $\theta^2(x)$ 的系数，分别为 $c_1=\dfrac{\gamma^2}{2}$、$c_2=\beta\gamma$、$c_3=\beta^2+2\alpha\gamma$、$c_4=\alpha\beta$、$c_5=\dfrac{\alpha^2}{2}$。

将式（8－16）用 u_{F} 表示为

$$u_{\mathrm{F}}^2+2u_{\mathrm{P}}u_{\mathrm{F}}+16u_{\mathrm{P}}^2+\frac{80\theta u_{\mathrm{P}}}{x_{\mathrm{go}}}+\frac{240\left(1+\dfrac{\theta^2}{2}\right)}{x_{\mathrm{go}}^2}-\frac{240\bar{t}_{\mathrm{go}}}{x_{\mathrm{go}}^3}=0 \tag{8-17}$$

式中，$u_{\mathrm{F}}=0$ 时，可得到 PNG 中剩余飞行时间的估计值 $\hat{t}_{\mathrm{go}}$，即

$$\hat{t}_{\mathrm{go}}=\frac{1}{15}u_{\mathrm{P}}^2x_{\mathrm{go}}^3+\frac{1}{3}u_{\mathrm{P}}\theta x_{\mathrm{go}}^2+\left(1+\frac{\theta^2}{2}\right)x_{\mathrm{go}} \tag{8-18}$$

解式（8－17），可得

$$u_{\mathrm{F}}=-u_{\mathrm{P}}\pm\sqrt{u_{\mathrm{P}}^2+\frac{240}{x_{\mathrm{go}}^3}\varepsilon_{\mathrm{t}}} \tag{8-19}$$

式中，ε_t——攻击时间误差，$\varepsilon_t=\bar{t}_{\mathrm{go}}-\hat{t}_{\mathrm{go}}$。

选择满足 $\varepsilon_{\mathrm{t}}=0$ 时 $u_{\mathrm{F}}=0$ 这一条件的解，可以得到如下附加命令：

$$u_{\mathrm{F}}=-u_{\mathrm{P}}\left(1-\sqrt{1+\frac{240}{u_{\mathrm{P}}^2x_{\mathrm{go}}^3}\varepsilon_{\mathrm{t}}}\right) \tag{8-20}$$

正的攻击时间误差能够确保 u_F 存在；负的攻击时间误差意味着导弹必须沿着比 PNG 更短的轨迹飞向目标，这种弹道不是任何时候都存在的，只有当 $\varepsilon_t \geqslant -u_P^2 x_{go}^3/240$ 时才存在。因此，如果 $u_P=0$（即 $\dot{\lambda}=0$），则 ε_t 应是非负值；如果 $u_P \neq 0$，则 ε_t 可以是负值。不等式的右端（即 $-u_P^2 x_{go}^3/240$）可视为攻击时间误差的裕度。接下来，分析这个不等式条件的意义。不失一般性，y_{go} 在初始时刻可设为 0，当 $\varepsilon_t \geqslant -(3/80)\theta^2 x_{go}$ 或 $\bar{t}_{go} \geqslant (1+\theta^2/16)x_{go}$ 时，存在满足式（8－19）的 u_F。另外，如果 θ 为 0，则只要理想的飞行时间大于导弹到目标的直线飞行时间，该条件就始终满足。

联立式（8－13）、式（8－20），可以得到加速度指令，也就是基于线性模型得出的 ITCG 导引律，为

$$
\begin{aligned}
u_B + u_F &= u_P - \frac{1}{2}u_F = u_P + \frac{1}{2}u_P\left(1 - \sqrt{1 + \frac{240}{u_P^2 x_{go}^3}\varepsilon_t}\right) \\
&= u_P\left(\frac{3}{2} - \frac{1}{2}\sqrt{1 + \frac{240}{u_P^2 x_{go}^3}\varepsilon_t}\right)
\end{aligned}
\tag{8-21}
$$

由式（8－21）可知，当导弹接近目标时，x_{go} 趋于 0，此时上述制导指令会趋于无穷大。为了避免这种情况，进行如下转换：当计算出的攻击时间误差减小到一定值以下时，将 ITCG 切换为 PNG。小的攻击时间误差意味着 PNG 和 ITCG 的剩余射程大致相等，因此切换为 PNG 就可以在攻击时间误差可接受的条件下，弹道更加光滑。

对于时域下的非线性仿真，考虑工程实现过程，与式（8－21）对应的 ITCG 为

$$
a = a_B + a_F = NV\dot{\lambda}\left(\frac{3}{2} - \frac{1}{2}\sqrt{1 + \frac{240V^5}{(NV\dot{\lambda})^2 R_{go}^3}\varepsilon_T}\right) \tag{8-22}
$$

式中，$\varepsilon_T = \bar{T}_{go} - \hat{T}_{go}$；$R_{go} = \sqrt{X_{go}^2 + Y_{go}^2}$。

由于式（8－18）在沿着视线的极坐标系中可写为

$$
\hat{t}_{go} \approx \left(1 + \frac{(\theta - \lambda)^2}{10}\right) r_{go} \tag{8-23}
$$

式中，λ 是视线角；$r_{go} = \sqrt{x_{go}^2 + y_{go}^2}$。

因此，工程上可实现的剩余飞行时间估计可写为

$$
\hat{T}_{go} = \frac{\left(1 + \frac{(\theta - \lambda)^2}{10}\right) R_{go}}{V} \tag{8-24}
$$

当导弹的速度矢量和视线间的夹角减小时，上述近似将更精确，因此式（8－24）的这种估计在导弹接近目标时精度更高。

当攻击时间误差不大时，式（8－21）中的平方根项可近似为攻击时间误差的一阶项，即

$$\sqrt{1+\frac{240}{u_{\mathrm{P}}^{2}x_{\mathrm{go}}^{3}}\varepsilon_{\mathrm{t}}}\approx 1+\frac{120}{u_{\mathrm{P}}^{2}x_{\mathrm{go}}^{3}}\varepsilon_{\mathrm{t}} \tag{8-25}$$

因此，式（8－22）可以写为

$$a=a_{\mathrm{B}}+a_{\mathrm{F}}=NV\dot{\lambda}+K_{\varepsilon}\varepsilon_{\mathrm{T}} \tag{8-26}$$

式中，$K_{\varepsilon}=-120V^{5}/(NV\dot{\lambda}R_{\mathrm{go}}^{3})$。

这种近似方法揭示了 PNG 和攻击时间误差反馈之间的联系。需要注意的是，如果攻击时间误差 $\varepsilon_{\mathrm{T}}=0$，则该导引律将变成 PNG。

例 8－1　假设 4 枚导弹以表 8－1 中所示的初始条件攻击位于点（0,0）的静止目标，导弹的速度都为 300 m/s，理想的攻击时间为 37 s，此攻击时间比各导弹采用 PNG 的攻击时间的最大值稍大一些。

表 8－1　4 枚导弹的初始参数

导弹编号	初始位置/(m,m)	初始航向角/(°)
导弹 1	(－9 093，5 250)	－35
导弹 2	(－6 364，－6 364)	75
导弹 3	(－2 070，－7 727)	105
导弹 4	(4 750，－8 227)	105

图 8－3 给出了 4 枚导弹采用 PNG 和 ITCG 时的弹道对比。在采用 PNG 时，导弹 1、导弹 2、导弹 3 和导弹 4 的攻击时间分别为 35.67 s、30.83 s、27.40 s 和 31.89 s，4 枚导弹采用 PNG 时的攻击时间差较大，最大攻击时间差为 8.27 s。采用

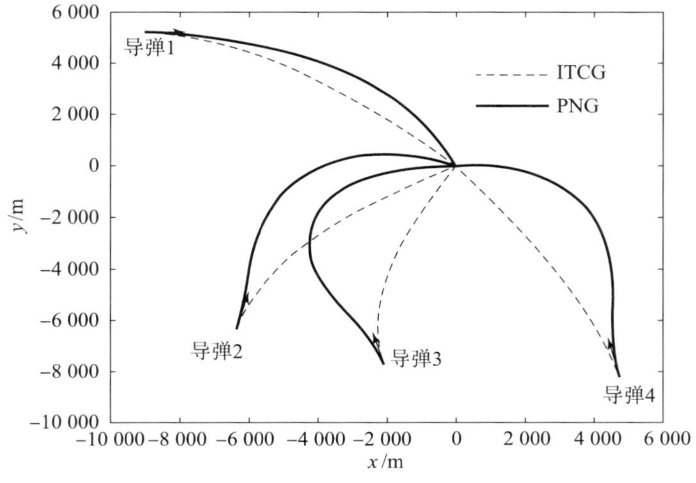

图 8－3　采用 ITCG 和 PNG 时 4 枚导弹的弹道对比

ITCG 时，4 枚导弹的攻击时间分别为 37.00 s、37.10 s、37.00 s 和 36.95 s，其都在理想值的 0.1 s 范围内变化，由此可见，四枚导弹可以对目标进行协同攻击。

尽管水面舰艇在导弹寻的过程中的机动能力无法与高亚声速或超声速反舰导弹相比，但采用本节中基于静止目标推导的制导律攻击水面运动目标时，将带来一定的攻击时间误差。另外，在实际飞行中，导弹的速度很难维持一个常值，即导弹的速度是变化的。当变速导弹攻击机动目标时，可在 ITCG 的基础上，采用预测校正的思路来实现多弹对目标的同时攻击。

8.4 基于 ITCG 和预测校正的协同制导律

8.4.1 导弹－目标相对运动模型

在本节，目标不再是静止的，因此不再采用式（8－2）所示的模型，而重新建立导弹和目标的相对运动模型。不失一般性，以一枚导弹在铅垂平面内攻击目标为例，其相对运动关系如图 8－4 所示。

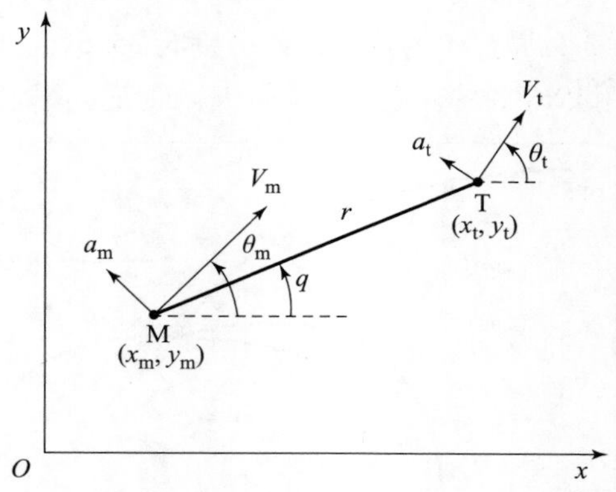

图 8－4 导弹攻击运动目标几何关系

图中，坐标系 Oxy 为惯性坐标系；M、T 分别表示导弹、目标；r 是弹目距离；q 是弹目连线与轴 Ox 间的夹角，即弹目视线角；（x_m，y_m）是导弹的位置坐标；V_m、θ_m、a_m 分别是导弹的速度、航向角（导弹在铅垂平面内运动，此角即弹道倾角）、法向加速度；（x_t，y_t）是目标的位置坐标；V_t、θ_t、a_t 分别是目标的速度、航向角、法向加速度。图中的角度均为正。

由图8-4可得弹目相对运动方程组为

$$\begin{cases}\dot{r}=V_{\mathrm{t}}\cos\eta_{\mathrm{t}}-V_{\mathrm{m}}\cos\eta_{\mathrm{m}}\\ \dot{q}=\dfrac{V_{\mathrm{m}}\sin\eta_{\mathrm{m}}-V_{\mathrm{t}}\sin\eta_{\mathrm{t}}}{r}\end{cases}\tag{8-27}$$

式中，$\eta_{\mathrm{m}},\eta_{\mathrm{t}}$——导弹、目标的速度前置角，$\eta_{\mathrm{m}}=q-\theta_{\mathrm{m}}$，$\eta_{\mathrm{t}}=q-\theta_{\mathrm{t}}$。

8.4.2 基于预测校正的攻击时间约束制导律

在目标运动规律已知的前提下，在时刻t，首先计算目标在接下来$T_{\mathrm{d}}-t$时间段内的运动轨迹，得到目标在T_{d}时刻的位置，将此点视为虚拟目标点。将导弹在t时刻的状态量作为初始状态量，假设导弹接下来以当前的速度$V_{\mathrm{m}}(t)$做等速飞行，采用式（8-26）所示的ITCG来攻击虚拟目标。对于ITCG，$\hat{t}_{\mathrm{go}}$的估计精度对最终的制导精度有十分重要的影响，8.3节中剩余飞行时间的估计是针对常速导弹攻击静止目标的，本小节采用文献［51］中的基于预测碰撞点的剩余飞行时间估计方法，即

$$\hat{t}_{\mathrm{go}}=\begin{cases}\dfrac{r\left[1+\dfrac{(\theta_{\mathrm{m}}-q+k_Vq)^2}{4N-2}\right]}{V_{\mathrm{m}}(1-k_V)}，\text{导弹追击目标}\\ \dfrac{r\left[1+\dfrac{(\theta_{\mathrm{m}}-q-k_Vq)^2}{4N-2}\right]}{V_{\mathrm{m}}(1+k_V)}，\text{导弹迎击目标}\end{cases}\tag{8-28}$$

式中，k_V——目标与导弹的速度比，$k_V=\dfrac{V_{\mathrm{t}}}{V_{\mathrm{m}}}$。

设T_{c}是在当前时刻t导弹以当前速度$V_{\mathrm{m}}(t)$采用ITCG攻击虚拟目标点时的飞行时间，此为导弹实际飞行时间的预测值，将其与理想飞行时间$T_{\mathrm{d}}-t$做差，再引入制导指令，即

$$a=NV\dot{q}+K_{\varepsilon}\varepsilon_{\mathrm{t}}+K_{\mathrm{c}}\varepsilon_{\mathrm{c}}\tag{8-29}$$

式中，K_{c}为增益系数；$\varepsilon_{\mathrm{c}}=T_{\mathrm{d}}-t-T_{\mathrm{c}}$。

导弹按式（8-29）飞行一个制导周期后，采用ITCG进行飞行时间预测，之后再将时间误差ε_{c}反馈附加至ITCG指令，接着按预测校正ITCG（简称"PITCG"）飞行，如此循环，直到ε_{c}小于某一给定的小正值e_{t}时，停止预测校正，切换为PNG。在后续的飞行过程中，继续计算攻击时间误差$\varepsilon_{\mathrm{c}}=T_{\mathrm{d}}-t-T'_{\mathrm{c}}$（$T'_{\mathrm{c}}$为采用PNG时的预估剩余飞行时间），如果又出现$\varepsilon_{\mathrm{c}}\geqslant e_{\mathrm{t}}$的情况，则

再采用 PITCG 飞行，直到距离目标较近 $r \leqslant r^*$ 时，导弹采用 PNG 飞行，不再进行 ε_c 和 e_t 的比较和制导律的再次切换。类似于 8.3 节中飞行后期的 PNG 切换，此时，最终导弹的整体飞行时间与要求的 T_d 也不会相差太多。

例 8－2 导弹和目标的初始位置、初始航向角见表 8－1。假设导弹速度的变化规律为 $V_m(t)=300+2t-0.01t^2$，目标做速度 $V_t=20$ m/s、法向加速度 $a_t=10\sin(0.6t)$ 的蛇形机动。理想的攻击时间设定为 $T_d=35$ s，比例系数 $N=3$、$K_c=2$、$e_t=0.02$ s、$r^*=1\ 000$ m，导弹的允许最大法向加速度为 50 m/s^2。对导弹分别采用 PNG、ITCG 和 PITCG 进行仿真时发现，由于 ITCG 时导弹的需用法向加速度超过了允许最大法向加速度，控制量长时间饱和，此时导弹不能命中目标。图 8－5 给出了 4 枚导弹采用 PNG 和 PITCG 时的对比弹道。

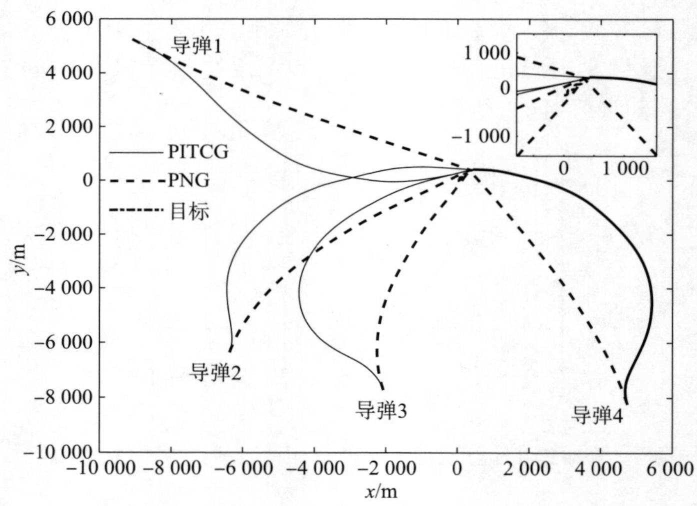

图 8－5 采用 PITCG 和 PNG 时 4 枚导弹的弹道对比

由图 8－5 可知，在这两种制导律下，4 枚导弹均命中了目标。4 枚导弹采用 PNG 时的攻击时间分别为 32.4 s、29.8 s、26.4 s 和 29.77 s，最大攻击时间差为 6 s；当采用 PITCG 时，4 枚导弹的攻击时间分别为 35.06 s、35.02 s、35.07 s 和 34.97 s，导弹 3 的攻击时间与理想攻击时间的差最大为 0.07 s，4 枚导弹的最大攻击时间差为 0.1 s。由此可见，采用 PITCG 时，速度可变的 4 枚导弹几乎在同一时间命中了机动目标，实现了对目标的饱和攻击。

第 9 章
基于弹目距离跟踪的协同制导律

如果多导弹协同攻击目标时，不仅能够在终端同时命中目标、实现攻击时间协同，而且能够在飞向目标的过程中各导弹与目标的距离相等（即实现飞行位置协同），则能够进一步增强弹群的突防能力和攻击能力。另外，就第 8 章介绍的具有攻击时间约束的制导律而言，对导弹剩余飞行时间的估计是协同制导律的基础，其估计精度直接决定制导律的性能。而实际上，对剩余飞行时间进行精确估计是比较困难的，本章的制导律则回避了这个问题，将多导弹飞行位置和攻击时间的协同通过对设定理想弹目距离的跟踪来实现。在本章的制导律设计中，还考虑了控制量饱和的问题。

9.1　导引关系模型

在平面内，将1枚导弹和1个静止目标作为研究对象，两者之间的相对运动关系类似图8-2，在本章对其重新给定，如图9-1所示。图中，V、θ分别为导弹的速度和航向角；r为弹目距离；q为视线角；σ为导弹速度前置角，$\sigma=\theta-q$；a_m为导弹法向加速度。图中所示方向即θ、q和σ的正方向。注意：在本章，速度前置角的定义与第8章中的相反。

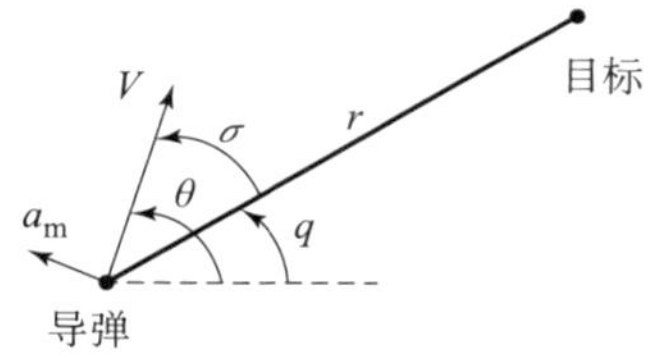

图9-1　导弹-目标相对运动关系

由图9-1，可得

$$\dot{r}=-V\cos\sigma \tag{9-1}$$

$$\dot{\sigma}=a_m/V-\dot{q} \tag{9-2}$$

假设导弹自动驾驶仪为一阶延迟环节，为

$$\dot{a}_m=(u-a_m)/\tau_m+d \tag{9-3}$$

式中，τ_m——导弹自动驾驶仪的时间常数；

d——外部干扰；

u——制导系统提供给导弹自动驾驶仪的输入。

考虑导弹机动能力的有限性，为了避免需用过载超出可用过载，令导弹自动驾驶仪的输入u满足

$$|u|\leqslant u_{max} \tag{9-4}$$

式中，u_{max}——u 的上界，由导弹的可用过载决定。

此时，式（9－3）变换为

$$\dot{a}_m = (\text{sat}(u) - a_m)/\tau_m + d \tag{9-5}$$

式中，$\text{sat}(u)$ 具有如下形式：

$$\text{sat}(u) = \begin{cases} \text{sign}(u)u_{max}, & |u| > u_{max} \\ u, & \text{其他} \end{cases} \tag{9-6}$$

式中，$\text{sign}(\cdot)$——符号函数。

9.2 理想弹目距离及跟踪指令

为满足弹群同时到达目标的协同任务需求，在文献［53］的基础上设计各枚导弹的弹目距离指令为

$$r_c = \mu V'(T_d - t) \tag{9-7}$$

式中，μ, V'——待设计的参数，$\mu > 0$，$V' > 0$；

T_d——期望的攻击时间；

t——当前飞行时间。

由式（9－7）可知，当 $t = T_d$ 时，有 $r_c = 0$，因此多枚导弹能够在 $t = T_d$ 时同时命中目标。而且，如果各导弹的 r_c 相同，而各导弹的弹目距离能够跟踪 r_c，那么在飞行过程中，多枚导弹将同步接近目标，实现位置协同。与文献［53］直接设计制导律跟踪 r_c 的研究方法不同，本章进一步将弹目距离跟踪控制问题转化为导弹速度前置角跟踪控制，避免了文献［53］中的控制器奇异问题。

首先，定义弹目距离跟踪误差

$$e_r = r - r_c \tag{9-8}$$

对其求导并将式（9－1）代入，可得

$$\begin{aligned} \dot{e}_r &= \dot{r} - \dot{r}_c \\ &= -V\cos\sigma_c - \dot{r}_c \end{aligned} \tag{9-9}$$

式中，σ_c——待设计的导弹速度前置角指令。

为使 $e_r \to 0$，可设计

$$\cos\sigma_c = \frac{k_r e_r - \dot{r}_c}{V} \tag{9-10}$$

式中，$k_r > 0$，代入式（9－9），可得

$$\dot{e}_r = -k_r e_r \tag{9-11}$$

因此，将有 $e_r \to 0$。为控制弹目距离跟踪式（9－7）给定的弹目距离指令，实现多导弹的弹目距离协同，只需设计制导律 u，并控制导弹的速度前置角跟踪导弹前置角指令 σ_c。

由于式（9－10）的右端需满足范围 [1,1]，且导弹－目标的相对速度应小于零，σ_c 的取值范围应满足 $|\sigma_c| \in [0, \sigma_{max}]$（$\sigma_{max}$ 为最大允许速度前置角，$0 < \sigma_{max} < \pi/2$），同时，为了命中目标，需有 $\sigma_c = 0$。因此，为保证命中目标，实现弹目距离协同、攻击时间协同，完成高效的信息化饱和攻击，可将式（9－10）所示的算法改进为

$$\sigma_c = \begin{cases} \operatorname{sign}(\sigma_0)\sigma_{max}, & (k_r e_r - \dot{r}_c)/V \leqslant -1,\ r \geqslant r_\varepsilon \\ \operatorname{sign}(\sigma_0)\arccos((k_r e_r - \dot{r}_c)/V), & |(k_r e_r - \dot{r}_c)/V| < 1,\ r \geqslant r_\varepsilon \\ 0, & \text{其他} \end{cases} \tag{9-12}$$

式中，σ_0——速度前置角的非零初始值，若 $\sigma_0 = 0$，则此处的符号取正或负均可；

r_ε——某一设定的较小的弹目距离。

当弹目距离不小于 r_ε 且 $(k_r e_r - \dot{r}_c)/V \leqslant -1$ 时，说明当前的弹目距离小于期望的弹目距离很多，导弹的相对速度需要大幅减小以趋于期望弹目距离，但受到最大速度前置角的约束，速度前置角指令最大只能取 σ_{max}，符号则与初始速度前置角 σ_0 的符号相同；当弹目距离 r 不小于 r_ε，且 $|(k_r e_r - \dot{r}_c)/V| < 1$ 时，导弹速度前置角指令取 arccos $(k_r e_r - \dot{r}_c)/V$ 即可，通过适当调节相对速度来使弹目距离跟踪期望弹目距离；当 $r \geqslant r_\varepsilon$ 且 $(k_r e_r - \dot{r}_c)/V \geqslant 1$ 时，在式（9－12）中，属于“其他”的情况，有 $\sigma_c = 0$，此时导弹的弹目距离远大于期望弹目距离，因此导弹需以最大的相对速度飞行、接近目标，以尽快减小弹目距离，趋近于期望弹目距离。当弹目距离 $r < r_\varepsilon$ 时，说明导弹距离目标比较近，此时令 $\sigma_c = 0$，即使导弹的速度方向与视线重合（实际为追踪法），以便较好地攻击目标，需要说明的是，此时制导指令不再是协同指令，但由于导弹前期按照协同指令飞行且 r_ε 比较小，因此后期的追踪法对理想攻击时间的实现影响不大。

由式（9－12）可见，前置角指令可能存在跳变，其导数可能出现无穷大或很大的情况，考虑到控制系统的实现问题，采用如下的指令成型低通滤波器对式（9－12）进行滤波：

$$\begin{cases} \tau_\sigma \dot{\sigma}_d + \sigma_d = \sigma_c \\ \sigma_d(0) = \sigma(0) \end{cases} \tag{9-13}$$

式中，τ_σ——滤波器时间常数。为保证导弹速度前置角期望值 σ_d 快速且稳定地跟踪式（9－12），应将 τ_σ 设计得较小。

综上设计与分析可以看出，为实现弹目距离协同、攻击时间协同并命中目标，制导律的设计目标是：寻找控制器 u，使得导弹的速度前置角跟踪导弹的速度前置角期望值 σ_d，并保证控制器 u 满足式（9－4）给出的约束条件。

9.3 速度前置角跟踪控制设计及分析

考虑未知干扰与输入饱和特性时，由式（9－2）和式（9－5）可知，控制对象可以描述为

$$\begin{cases} \dot{\sigma} = a_m/V - \dot{q} \\ \dot{a}_m = (\mathrm{sat}(u) - a_m)/\tau_m + d \end{cases} \tag{9-14}$$

可以看出，式（9－14）是一个存在外部干扰的阶次为 2 的非线性系统且存在控制器控制量受限问题。为补偿系统式（9－14）的非线性饱和问题，构建如下辅助系统：

$$\begin{cases} \dot{\zeta}_1 = -h_1\zeta_1 + \zeta_2 \\ \dot{\zeta}_2 = -h_2\zeta_2 + \Delta u/\tau_m \\ \zeta_1(0) = 0 \\ \zeta_2(0) = 0 \end{cases} \tag{9-15}$$

式中，$h_1, h_2 > 0$；$\Delta u = \mathrm{sat}(u) - u$。

利用 Backstepping 设计技术，引入新的状态变量

$$\begin{cases} z_1 = \sigma - \sigma_d - \zeta_1 \\ z_2 = a_m - \alpha_1 - \zeta_2 \end{cases} \tag{9-16}$$

式中，α_1——虚拟控制。

对 z_1 求导，并考虑式（9－14）~式（9－16），可得

$$\begin{aligned} \dot{z}_1 &= \dot{\sigma} - \dot{\sigma}_d - \dot{\zeta}_1 \\ &= a_m/V - \dot{q} - \dot{\sigma}_d + h_1\zeta_1 - \zeta_2 \\ &= (z_2 + \alpha_1 + \zeta_2)/V - \dot{q} - \dot{\sigma}_d + h_1\zeta_1 - \zeta_2 \end{aligned} \tag{9-17}$$

设计虚拟控制 α_1 为

$$\alpha_1 = V(\dot{q} + \dot{\sigma}_d - h_1 z_1 - h_1\zeta_1 + \zeta_2) - \zeta_2 \tag{9-18}$$

构建李雅普诺夫函数：

$$L_1 = \frac{1}{2}z_1^2 \tag{9-19}$$

对 L_1 求导并考虑式（9－17），可得

$$\dot{L}_1 = z_1\dot{z}_1 = z_1((z_2+\alpha_1+\zeta_2)/V - \dot{q} - \dot{\sigma}_d + h_1\zeta_1 - \zeta_2) \tag{9-20}$$

将式（9－18）所示的虚拟控制 α_1 代入式（9－20），可得

$$\begin{aligned}\dot{L}_1 &= z_1(-h_1z_1 + z_2/V)\\ &= z_1z_2/V - h_1z_1^2\\ &\leqslant -(h_1-1)z_1^2 + z_2^2/(4V^2)\end{aligned} \tag{9-21}$$

对状态变量 z_2 求导，并考虑式（9－14）~式（9－16），可得

$$\begin{aligned}\dot{z}_2 &= \dot{a}_m - \dot{\alpha}_1 - \dot{\zeta}_2\\ &= (\text{sat}(u) - a_m)/\tau_m + d - \dot{\alpha}_1 + h_2\zeta_2 - \Delta u/\tau_m\\ &= u/\tau_m - a_m/\tau_m + d - \dot{\alpha}_1 + h_2\zeta_2\end{aligned} \tag{9-22}$$

设计李雅普诺夫函数：

$$L_2 = L_1 + \frac{1}{2}z_2^2 + \frac{1}{2a}\tilde{d}^2 \tag{9-23}$$

式中，$a>0$；$\tilde{d}=d-\hat{d}$，$\hat{d}$为慢变干扰 d 的估计值。

设计控制器：

$$u = (a_m/\tau_m + \dot{\alpha}_1 - \hat{d} - h_2\zeta_2 - h_2z_2)\tau_m \tag{9-24}$$

自适应更新律为

$$\dot{\hat{d}} = az_2 \tag{9-25}$$

对 L_2 求导并考虑式（9－21）、式（9－22），可得

$$\begin{aligned}\dot{L}_2 &= \dot{L}_1 + z_2\dot{z}_2 - \frac{1}{2a}\tilde{d}\dot{\hat{d}}\\ &= z_1z_2/V - h_1z_1^2 + z_2(u/\tau_m - a_m/\tau_m + d - \dot{\alpha}_1 + h_2\zeta_2) - \frac{1}{a}\tilde{d}\dot{\hat{d}}\end{aligned} \tag{9-26}$$

将控制器（式（9－24））以及自适应更新律（式（9－25））代入式（9－26），可得

$$\begin{aligned}\dot{L}_2 &= z_1z_2/V - h_1z_1^2 - h_2z_2^2\\ &\leqslant -(h_1-1)z_1^2 - (h_2 - 1/4V^2)z_2^2\end{aligned} \tag{9-27}$$

令设计参数为

$$\begin{cases}h_1 \geqslant 1 + \bar{h}\\ h_2 \geqslant 1/4V^2 + \bar{h}\end{cases} \tag{9-28}$$

式中，$\bar{h}>0$，则有

$$\begin{aligned}\dot{L}_2 &= z_1z_2/V - h_1z_1^2 - h_2z_2^2\\ &\leqslant -\bar{h}(z_1^2 + z_2^2)\end{aligned} \tag{9-29}$$

式（9-29）说明，L_2 是一致有界稳定的，从而 z_1、z_2、$\tilde{d}$ 均是一致有界的。

由9.2节可知，σ_d 及其导数均是有界的。同时，在制导过程中，导弹的法向加速度 a_m、速度前置角 σ 也是有界的。因此，Δu 也是有界的，辅助系统（式（9-15））是一个输入输出稳定的系统。对式（9-29）运用 LaSalle-Yoshizawa 定理可知，$\lim\limits_{t\to\infty} z_1=0$，$\lim\limits_{t\to\infty} z_2=0$。根据式（9-16）中 z_1 的定义可知

$$\lim_{t\to\infty}(\sigma-\sigma_d-\zeta_1)=0 \tag{9-30}$$

从控制目的的角度看，为了实现导弹速度前置角的精确跟踪，总是希望 ζ_1 更小。因此，为分析 σ 对 σ_d 的跟踪精度，需要获得 ζ_1 的界。将式（9-29）两边对时间积分，可得

$$L_2(\infty)-L_2(0)\leqslant-\int_0^{\infty}\bar{h}(z_1^2+z_2^2)\mathrm{d}t=-\bar{h}\int_0^{\infty}|z_1(t)|^2\mathrm{d}t-\bar{h}\int_0^{\infty}|z_2(t)|^2\mathrm{d}t \tag{9-31}$$

进一步整理，可得

$$\begin{aligned}\|z_1\|_2^2&=\|\sigma-\sigma_d-\zeta_1\|_2^2\\&=\int_0^{\infty}|z_1(t)|^2\mathrm{d}t\\&\leqslant\frac{1}{\bar{h}}(L_2(0)-L_2(\infty))-\frac{1}{\bar{h}}\int_0^{\infty}|z_2(t)|^2\mathrm{d}t\\&\leqslant\frac{L_2(0)}{\bar{h}}\end{aligned} \tag{9-32}$$

因此，有

$$\|\sigma-\sigma_d-\zeta_1\|_2\leqslant\frac{(L_2(0))^{1/2}}{\sqrt{\bar{h}}} \tag{9-33}$$

为获得 ζ_1 的界，定义

$$L_\zeta=0.5(\zeta_1^2+\zeta_2^2) \tag{9-34}$$

对 L_ζ 求导并考虑式（9-15），可得

$$\begin{aligned}\dot{L}_\zeta&=\zeta_1(-h_1\zeta_1+\zeta_2)+\zeta_2(-h_2\zeta_2+\Delta u/\tau_m)\\&=-h_1\zeta_1^2+\zeta_1\zeta_2-h_2\zeta_2^2+\zeta_2\Delta u/\tau_m\\&\leqslant-(h_1-0.5)\zeta_1^2-[h_2-0.5-1/(4\tau_m^2)]\zeta_2^2+(\Delta u)^2\\&=-\hat{h}_1\zeta_1^2-\hat{h}_2\zeta_2^2+(\Delta u)^2\\&\leqslant-\hat{h}_0(\zeta_1^2+\zeta_2^2)+(\Delta u)^2\end{aligned} \tag{9-35}$$

式中，$\hat{h}_1=h_1-0.5$；$\hat{h}_2=h_2-0.5-1/(4\tau_m)^2$；$\hat{h}_0=\min(\hat{h}_1,\hat{h}_2)$。

对式（9-35）两边积分，可得

$$L_\zeta(\infty) - L_\zeta(0) \leqslant -\hat{h}_0 \int_0^\infty (\zeta_1^2 + \zeta_2^2)\mathrm{d}t + \int_0^\infty (\Delta u)^2 \mathrm{d}t$$
$$= -\hat{h}_0 \int_0^\infty |\zeta_1|^2 \mathrm{d}t - \hat{h}_0 \int_0^\infty |\zeta_2|^2 \mathrm{d}t + \int_0^\infty (\Delta u)^2 \mathrm{d}t \qquad (9-36)$$

因此，有

$$\|\zeta_1\|_2^2 \leqslant \frac{1}{\hat{h}_0}\left(L_\zeta(0) - L_\zeta(\infty) - \int_0^\infty |\zeta_2|^2 \mathrm{d}t + \int_0^\infty (\Delta u)^2 \mathrm{d}t\right)$$
$$\leqslant \frac{1}{\hat{h}_0}\left(L_\zeta(0) + \int_0^\infty (\Delta u)^2 \mathrm{d}t\right) \qquad (9-37)$$

在式（9－15）中，状态变量的初始值 $\zeta_1(0)=0$、$\zeta_2(0)=0$，从而有 $L_\zeta(0)=0$。式（9－37）可进一步整理为

$$\|\zeta_1\|_2^2 \leqslant \frac{1}{\hat{h}_0}\int_0^\infty (\Delta u)^2 \mathrm{d}t$$
$$= \frac{1}{\hat{h}_0}\|\Delta u\|_2^2 \qquad (9-38)$$

可得

$$\|\zeta_1\|_2 \leqslant \frac{\Delta u_2}{\sqrt{\hat{h}_0}} \qquad (9-39)$$

最后，根据式（9－33）、式（9－39），可得

$$\|\sigma - \sigma_\mathrm{d}\|_2 \leqslant \frac{(L_2(0))^{1/2}}{\sqrt{\hat{h}}} + \frac{\Delta u_2}{\sqrt{\hat{h}_0}} \qquad (9-40)$$

式中，右边第一项和第二项分别表示李雅普诺夫函数 L_2 的初始值和输入饱和对控制精度的影响。

分析式（9－40）可知，较大的参数 h_1 和 h_2 可以减少 $L_2(0)$ 对控制精度的影响，但是当这两个参数较大时，容易出现输入饱和的现象，此时 $\|\Delta u\|_2$ 变大，对控制精度是不利的影响，因此需合理选取参数 h_1 和 h_2。

例 9－1　假设导弹 1 和导弹 2 协同攻击坐标为（16 km,0）的静止目标。导弹的初始运动参数见表 9－1。理想攻击时间 $T_\mathrm{d}=90$ s，为了让两枚导弹实现弹目距离协同，设定两枚导弹的弹目距离指令 r_c 相同，考虑到本算例中的两枚导弹速度相同，因此取 $V'=V_1=V_2=200$ m/s，另外取相同的 $\mu=0.9$。速度前置角最大值为 $\sigma_{\max}=30°$，指令切换弹目距离 $r_\varepsilon=2$ km。速度前置角指令（式（9－12））中，$k_\mathrm{r}=2$。控制器的设计参数 $h_i=2(i=1,2)$，自适应更新律（式（9－25））中的参数 $a=10$，其余相关仿真参数见表 9－2。仿真结果如图 9－2～图 9－7 所示。

表 9-1　导弹初始运动参数

导弹编号	初始位置/(km,km)	初始速度/(m·s^{-1})	初始航向角/(°)
导弹 1	(0,0)	200	45
导弹 2	(2,-8.5)	200	45

表 9-2　相关仿真参数

变量	值
导弹自动驾驶仪时间常数 τ_m/s	0.1
导弹自动驾驶仪输入上限 u_{max}/(m·s^{-2})	50
指令成型低通滤波器 τ_σ/s	2
指令成型低通滤波器初始值 σ_d/(°)	45
干扰估计初始值 $\hat{d}$	0
外部干扰 d	3

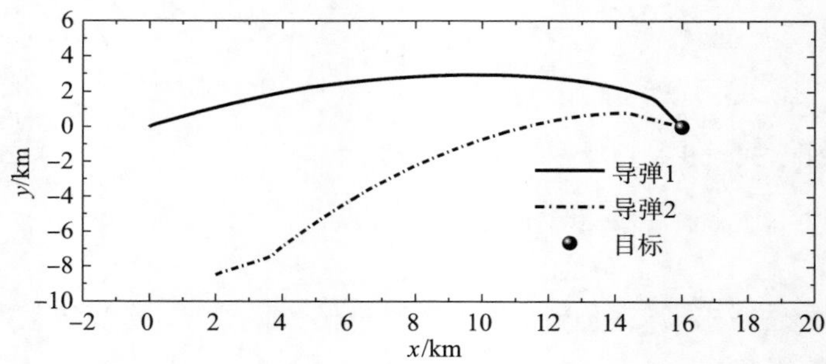

图 9-2　导弹弹道图

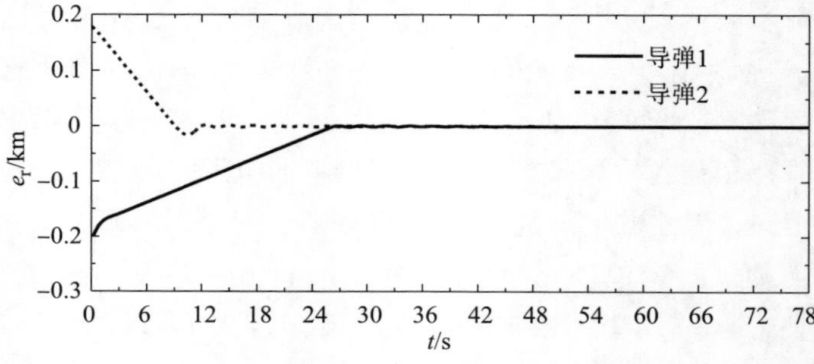

图 9-3　弹目距离的跟踪误差 e_r 变化曲线

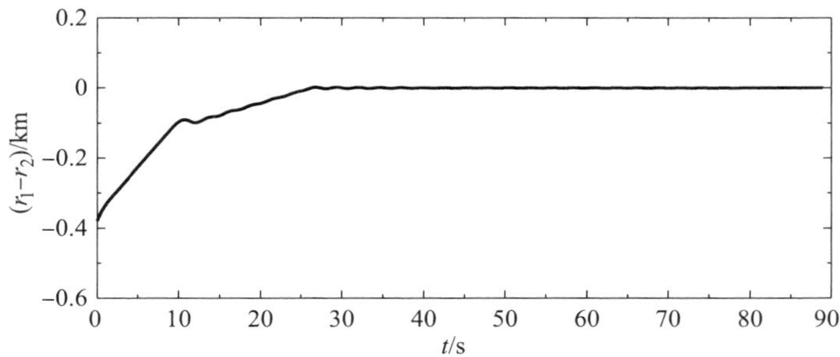

图 9－4　两枚导弹的弹目距离差变化曲线

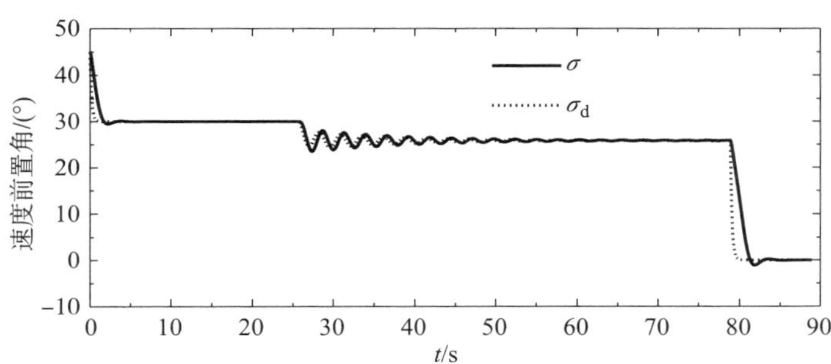

图 9－5　导弹 1 速度前置角与期望值变化曲线

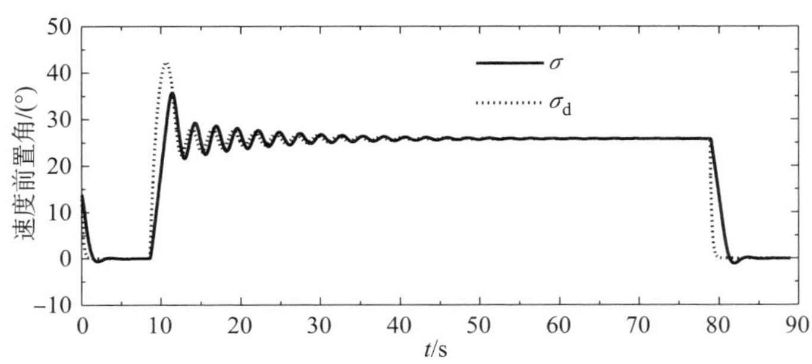

图 9－6　导弹 2 速度前置角与期望值变化曲线

图 9－2 显示了导弹的运动轨迹。由图 9－3 可见，两枚导弹的弹目距离跟踪误差 e_r 均较早地收敛为零；结合图 9－4 分析可知，从 36 s 开始，两枚导弹实现位置协同。由图 9－5、图 9－6 可见，在飞行后期，导弹的速度前置角为零，两枚导弹在 90 s 左右命中了目标，实现了协同攻击。由于初始时导弹 1 的弹目距离小于期望弹目距离，因此其应减小相对速度，即采用较大的速度前置角；而初始时导弹 2 的弹目距离大于期望弹目距离，因此其应采用较小的速度

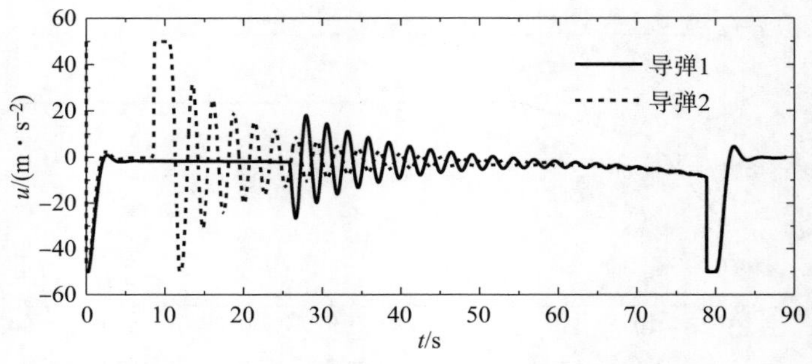

图 9－7　控制量 u 的变化曲线

前置角以增大相对速度，尽快缩短其弹目距离。两枚导弹在初始时分别取到了最大和最小速度前置角，之后脱离极值，按式（9－12）变化，在 80 s 左右，两枚导弹的速度前置角指令 σ_c 切换为零，此时导弹以命中目标为目的，如图 9－5、图 9－6 所示。由图 9－5、图 9－6 还可见，σ_d 能够良好跟踪 σ_c。图 9－7 所示为两枚导弹各自的自动驾驶仪的输入曲线，可以看出，控制量 u 均满足输入约束。

图 9－8、图 9－9 分别显示了导弹 1 和导弹 2 的辅助变量 ζ_1 和 ζ_2 的变化曲线。

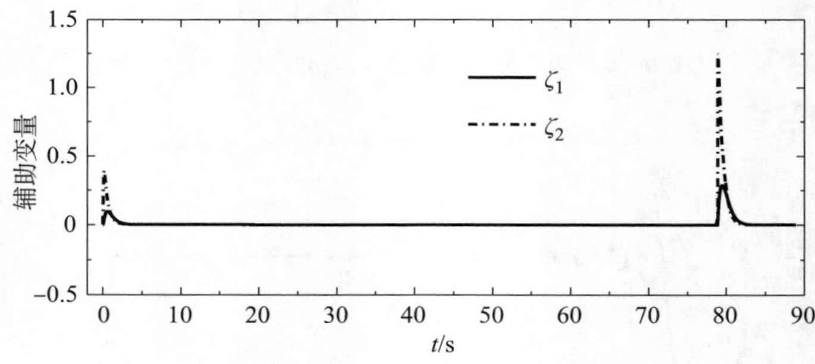

图 9－8　辅助变量 ζ_1 和 ζ_2 的变化曲线（导弹 1）

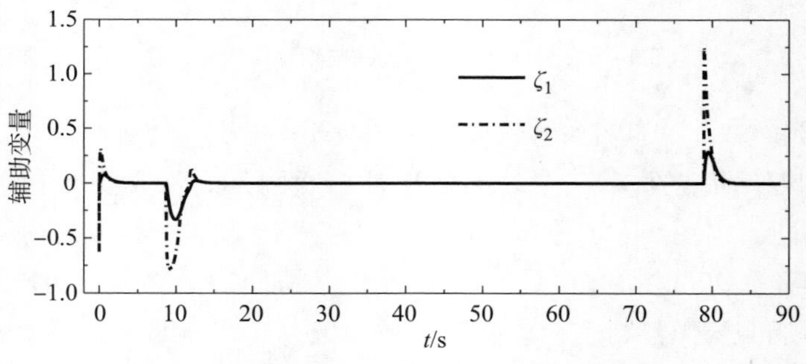

图 9－9　辅助变量 ζ_1 和 ζ_2 的变化曲线（导弹 2）

由图可知，ζ_1 和 ζ_2 在仿真过程中不恒为零，说明在仿真过程中控制量 u 出现过饱和，这一点也可由图 9－7 中控制量 u 的响应曲线看出来。但是，整体来看，在指令切换处，控制量 u 易出现饱和现象，经过一段时间的调整后，u 脱离饱和，ζ_1 和 ζ_2 也变为零。

在本章设计的协同制导律中，如果每枚导弹的期望弹目距离指令 r_c 不同，则各枚导弹仍然能在指定的时间同时命中目标，但是将不能实现位置协同。如果要同时实现攻击时间协同和飞行位置协同，则必须为每枚导弹设置相同的 r_c，而对 r_c 进行合理设计需要综合考虑导弹的速度、机动性等因素。

第 10 章

基于模型预测静态规划理论的协同制导律

Padhi 和 Oza 将模型预测控制（Model Predictive Control，MPC）和近似动态规划（Approximate Dynamic Programming，ADP）技术相结合，提出了一种新型算法——模型预测静态规划（Model Predictive Static Programming，MPSP），该算法兼顾计算效率与问题求解的难易程度，将动态规划问题转化为静态规划问题，将最优控制理论引入制导体系。在求解两点边值问题时，MPSP 技术通过递归求解协同状态变量来更新控制量、滚动修正误差，降低了优化问题的计算复杂度，其计算的高效性使得其可适用于在线制导。MPSP 技术被大量应用于具有攻击角度约束的制导律设计中，本章将基于 MPSP 技术来设计同时具有攻击角度约束和攻击时间约束的三维协同制导律。需要注意的是，关于攻击角度，有的文献中认为是末端表征速度矢量方向的角度，有的文献中认为是末端的视线角。由于 MPSP 技术实现的是对末端速度矢量方向的约束，因此本章中的攻击角度指末端时导弹的弹道倾角和弹道偏角。

10.1　模型预测静态规划理论

针对某连续系统，有

$$\dot{\boldsymbol{X}} = f(\boldsymbol{X}, \boldsymbol{U}) \tag{10-1}$$

式中，$\boldsymbol{X}$——状态变量，$\boldsymbol{X} \in \mathbf{R}^n$；

$\boldsymbol{U}$——控制变量，$\boldsymbol{U} \in \mathbf{R}^m$；

$f(\cdot)$——非线性函数。

采用欧拉法，将式（10－1）离散化后得到

$$\begin{cases} \boldsymbol{X}_{k+1} = \boldsymbol{X}_k + hf_k(\boldsymbol{X}_k, \boldsymbol{U}_k) \\ \boldsymbol{Y}_k = \boldsymbol{X}_k \end{cases} \tag{10-2}$$

式中，$\boldsymbol{Y}$——输出变量，$\boldsymbol{Y} \in \mathbf{R}^p$；

h——步长；

k——步数，$k = 1, 2, \cdots, N-1$。

MPSP 技术的目的：得到合适的控制历程 $\boldsymbol{U}_k$，使得在最后一步（$k = N$）时的输出 $\boldsymbol{Y}_N$ 趋近于理想的输出 $\boldsymbol{Y}_{N_d}$，$\boldsymbol{Y}_N \to \boldsymbol{Y}_{N_d}$，同时付出的控制量最小。MPSP 技术需要一个初始猜测控制量，然后根据末端误差来不断修正控制量，最后得到满足要求的控制量。

定义末端时刻输出量偏差 $\Delta\boldsymbol{Y}_N = \boldsymbol{Y}_N(t_f) - \boldsymbol{Y}_{N_d}(t_f)$，将 $\boldsymbol{Y}_N$ 在 $\boldsymbol{Y}_{N_d}$ 处进行泰勒展开并忽略高阶项，可得

$$\Delta\boldsymbol{Y}_N \cong \mathrm{d}\boldsymbol{Y}_N = \left[\frac{\partial \boldsymbol{Y}_N}{\partial \boldsymbol{X}_N}\right]\mathrm{d}\boldsymbol{X}_N \tag{10-3}$$

如果 $\boldsymbol{Y} = \boldsymbol{X}$，则式中的

$$\left[\frac{\partial \boldsymbol{Y}_N}{\partial \boldsymbol{X}_N}\right]_{3\times 3}=\boldsymbol{I}_{3\times 3} \tag{10-4}$$

根据式（10－1），可写出在第 $k+1$ 步的误差为

$$\mathrm{d}\boldsymbol{X}_{k+1}=\left[\frac{\partial \boldsymbol{F}_k}{\partial \boldsymbol{X}_k}\right]\mathrm{d}\boldsymbol{X}_k+\left[\frac{\partial \boldsymbol{F}_k}{\partial \boldsymbol{U}_k}\right]\mathrm{d}\boldsymbol{U}_k \tag{10-5}$$

式中，$\mathrm{d}\boldsymbol{X}_k,\mathrm{d}\boldsymbol{U}_k$——第 k 步的状态量误差和控制量误差；

$$\left[\frac{\partial \boldsymbol{F}_k}{\partial \boldsymbol{X}_k}\right]=\boldsymbol{I}_{3\times 3}+h\left[\frac{\partial f_k(\boldsymbol{X}_k,\boldsymbol{U}_k)}{\partial \boldsymbol{X}_k}\right] \tag{10-6}$$

$$\left[\frac{\partial \boldsymbol{F}_k}{\partial \boldsymbol{U}_k}\right]=h\left[\frac{\partial f_k(\boldsymbol{X}_k,\boldsymbol{U}_k)}{\partial \boldsymbol{U}_k}\right]_{3\times 1} \tag{10-7}$$

令 $k=N-1$，由式（10－5）得到 $\mathrm{d}\boldsymbol{X}_N$，将其代入式（10－3），可得

$$\mathrm{d}\boldsymbol{Y}_N=\left[\frac{\partial \boldsymbol{Y}_N}{\partial \boldsymbol{X}_N}\right]\left(\left[\frac{\partial \boldsymbol{F}_{N-1}}{\partial \boldsymbol{X}_{N-1}}\right]\mathrm{d}\boldsymbol{X}_{N-1}+\left[\frac{\partial \boldsymbol{F}_{N-1}}{\partial \boldsymbol{U}_{N-1}}\right]\mathrm{d}\boldsymbol{U}_{N-1}\right) \tag{10-8}$$

式中，$\mathrm{d}\boldsymbol{X}_{N-1}$可根据式（10－5）由 $N-2$ 时刻的控制变量和状态变量偏差确定；$\mathrm{d}\boldsymbol{X}_{N-2}$可按 $\mathrm{d}\boldsymbol{X}_{N-3}$和 $\mathrm{d}\boldsymbol{U}_{N-3}$的形式展开；照此类推，直到 $k=1$，可得

$$\mathrm{d}\boldsymbol{Y}_N=\boldsymbol{A}\mathrm{d}\boldsymbol{X}_1+\boldsymbol{B}_1\mathrm{d}\boldsymbol{U}_1+\boldsymbol{B}_2\mathrm{d}\boldsymbol{U}_2+\cdots+\boldsymbol{B}_{N-1}\mathrm{d}\boldsymbol{U}_{N-1} \tag{10-9}$$

式中，

$$\begin{cases}\boldsymbol{A}\triangleq\left[\dfrac{\partial \boldsymbol{Y}_N}{\partial \boldsymbol{X}_N}\right]\left[\dfrac{\partial \boldsymbol{F}_{N-1}}{\partial \boldsymbol{X}_{N-1}}\right]\cdots\left[\dfrac{\partial \boldsymbol{F}_1}{\partial \boldsymbol{X}_1}\right]\\ \boldsymbol{B}_k\triangleq\left[\dfrac{\partial \boldsymbol{Y}_N}{\partial \boldsymbol{X}_N}\right]\left[\dfrac{\partial \boldsymbol{F}_{N-1}}{\partial \boldsymbol{X}_{N-1}}\right]\cdots\left[\dfrac{\partial \boldsymbol{F}_{k+1}}{\partial \boldsymbol{X}_{k+1}}\right]\left[\dfrac{\partial \boldsymbol{F}_k}{\partial \boldsymbol{U}_k}\right],\ k=1,2,\cdots,N-2\\ \boldsymbol{B}_{N-1}\triangleq\left[\dfrac{\partial \boldsymbol{Y}_N}{\partial \boldsymbol{X}_N}\right]\left[\dfrac{\partial \boldsymbol{F}_{N-1}}{\partial \boldsymbol{U}_{N-1}}\right]\end{cases} \tag{10-10}$$

因为状态变量的初始值是确定的，所以第一步的状态变量误差为 0，即 $\mathrm{d}\boldsymbol{X}_1=0$。于是，式（10－9）写为

$$\mathrm{d}\boldsymbol{Y}_N=\boldsymbol{B}_1\mathrm{d}\boldsymbol{U}_1+\boldsymbol{B}_2\mathrm{d}\boldsymbol{U}_2+\cdots+\boldsymbol{B}_{N-1}\mathrm{d}\boldsymbol{U}_{N-1}=\sum_{k=1}^{N-1}\boldsymbol{B}_k\mathrm{d}\boldsymbol{U}_k \tag{10-11}$$

式中，$\boldsymbol{B}_k$——敏感矩阵，可以由递归算法计算得到。

定义 $\boldsymbol{B}_{N-1}^0$为

$$\boldsymbol{B}_{N-1}^0=\left[\frac{\partial \boldsymbol{Y}_N}{\partial \boldsymbol{X}_N}\right] \tag{10-12}$$

$\boldsymbol{B}_k^0(k = N-2, N-3, \cdots, 1)$ 可写为

$$\boldsymbol{B}_k^0 = \boldsymbol{B}_{k+1}^0 \left[\frac{\partial \boldsymbol{F}_{k+1}}{\partial \boldsymbol{X}_{k+1}} \right] \tag{10-13}$$

敏感矩阵 $\boldsymbol{B}_k$ 可以写为

$$\boldsymbol{B}_k = \boldsymbol{B}_k^0 \left[\frac{\partial \boldsymbol{F}_k}{\partial \boldsymbol{U}_k} \right],\ k = N-1, N-2, \cdots, 1 \tag{10-14}$$

由式（10－12）~式（10－14）可知，敏感矩阵可以通过逐步迭代求解得到。

式（10－11）含有 $(N-1)m$ 个未知变量和 p 个方程，且通常 $p \leqslant (N-1)m$，方程组的解是不唯一的，因此采用最优控制理论求使某设定的性能指标最小的解。设性能指标函数为

$$J = \frac{1}{2}\sum_{k=1}^{N-1} (\boldsymbol{U}_k^p - \mathrm{d}\boldsymbol{U}_k)^{\mathrm{T}} \boldsymbol{R}_k (\boldsymbol{U}_k^p - \mathrm{d}\boldsymbol{U}_k) \tag{10-15}$$

式中，$\boldsymbol{U}_k^p$——之前的控制变量；

$\mathrm{d}\boldsymbol{U}_k$——控制变量的偏差；

$\boldsymbol{U}_k^p - \mathrm{d}\boldsymbol{U}_k$——调整后的控制变量；

$\boldsymbol{R}_k$——正定的权重函数。

使式（10－15）所示的性能指标函数最小，是为了使整个过程中的控制能量最小。式（10－11）、式（10－15）构成了约束条件下的静态规划问题。根据静态规划理论可得

$$\mathrm{d}\boldsymbol{U}_k = -\boldsymbol{R}_k^{-1}\boldsymbol{B}_k^{\mathrm{T}}\boldsymbol{A}_\lambda^{-1}(\mathrm{d}\boldsymbol{Y}_N - \boldsymbol{b}_\lambda) + \boldsymbol{U}_k^p \tag{10-16}$$

式中，$\boldsymbol{A}_\lambda = \left[-\sum_{k=1}^{N-1} \boldsymbol{B}_k \boldsymbol{R}_k^{-1} \boldsymbol{B}_k^{\mathrm{T}} \right]_{p\times p}$；$\boldsymbol{b}_\lambda = \left[\sum_{k=1}^{N-1} \boldsymbol{B}_k \boldsymbol{U}_k^p \right]_{p\times 1}$。

因此，在 $k = 1, 2, \cdots, N-1$ 时，更新后的控制变量为

$$\boldsymbol{U}_k = \boldsymbol{U}_k^p - \mathrm{d}\boldsymbol{U}_k = \boldsymbol{R}_k^{-1}\boldsymbol{B}_k^{\mathrm{T}}\boldsymbol{A}_\lambda^{-1}(\mathrm{d}\boldsymbol{Y}_N - \boldsymbol{b}_\lambda) \tag{10-17}$$

MPSP 算法将动态优化问题转化为静态优化问题进行求解，使优化问题大大简化，计算效率大幅度提升。

10.2　三维空间导弹－目标运动模型

导弹在三维空间攻击目标的相对运动关系如图 10－1 所示。图中，$Axyz$ 是地面惯性坐标系；M 与 T 分别表示导弹与目标；r 为弹目距离；q_θ 和 q_ψ 分别为俯仰方向和偏航方向的视线角；V_{m}、θ_{m} 和 $\psi_{V\mathrm{m}}$ 分别为导弹的速度、弹道倾角与弹道偏角；V_{t}、θ_{t} 和 $\psi_{V\mathrm{t}}$ 分别为目标的速度、弹道倾角与弹道偏角。图中所示均为角度的正方向。

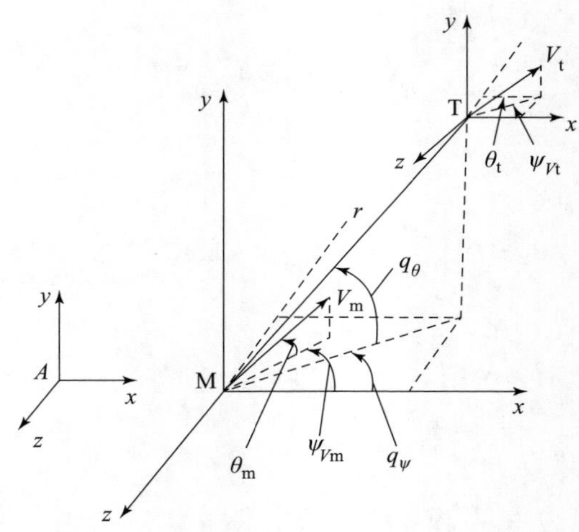

图 10－1　三维空间导弹－目标导引几何关系

假设目标仅在水平方向运动（即 $\theta_t=0$），则三维空间弹目相对运动方程组为

$$\begin{cases}\dot{r}=-V_m[\cos\theta_m\cos q_\theta\cos(q_\psi-\psi_{Vm})+\sin\theta_m\sin q_\theta]+V_t\cos q_\theta\cos(q_\psi-\psi_{Vt})\\ r\dot{q}_\theta=V_m[\cos\theta_m\sin q_\theta\cos(q_\psi-\psi_{Vm})-\sin\theta_m\cos q_\theta]-V_t\sin q_\theta\cos(q_\psi-\psi_{Vt})\\ r\dot{q}_\psi\cos q_\theta=V_m\cos\theta_m\sin(q_\psi-\psi_{Vm})-V_t\sin(q_\psi-\psi_{Vt})\end{cases} \tag{10-18}$$

导弹在地面坐标系中的运动学方程组为

$$\begin{cases}\dot{x}_m=V_m\cos\theta_m\cos\psi_{Vm}\\ \dot{y}_m=V_m\sin\theta_m\\ \dot{z}_m=-V_m\cos\theta_m\sin\psi_{Vm}\end{cases} \tag{10-19}$$

式中，x_m,y_m,z_m——导弹质心在地面坐标系三轴的投影。

将导弹视为质点，导弹的动力学方程组为

$$\begin{cases}\dot{V}_m=\dfrac{P_m-D_m}{m}-g\sin\theta_m\\ \dot{\theta}_m=\dfrac{a_y}{V_m}-\dfrac{g\cos\theta_m}{V_m}\\ \dot{\psi}_{Vm}=\dfrac{-a_z}{V_m\cos\theta_m}\end{cases} \tag{10-20}$$

式中，P_m——推力；

D_m——阻力；

m——导弹质量；

a_y, a_z——导弹俯仰方向和偏航方向的法向加速度。

假设导弹自动驾驶仪模型为

$$\begin{cases} \dot{a}_y = \dfrac{a_{yc} - a_y}{\tau} \\ \dot{a}_z = \dfrac{a_{zc} - a_z}{\tau} \end{cases} \tag{10-21}$$

式中，τ——自动驾驶仪时间延迟系数；

a_{yc}, a_{zc}——y、z 方向的指令加速度。

由于本章假设目标在水平面运动，因此其运动模型为

$$\begin{cases} \dot{x}_t = V_t \cos\psi_{Vt} \\ \dot{z}_t = -V_t \sin\psi_{Vt} \\ \dot{\psi}_{Vt} = \dfrac{a_{zt}}{V_t} \end{cases} \tag{10-22}$$

式中，a_{zt}——目标的法向加速度；

x_t, z_t——目标质心在水平面内的位置坐标。

联立式（10－19）、式（10－20），可得在地面坐标系下导弹的三维运动模型为

$$\begin{cases} \dot{V}_m = \dfrac{P_m - D_m}{m} - g\sin\theta_m \\ \dot{\theta}_m = \dfrac{a_y}{V_m} - g\cos\theta_m \\ \dot{\psi}_{Vm} = \dfrac{-a_z}{V_m\cos\theta_m} \\ \dot{x}_m = V_m\cos\theta_m\cos\psi_{Vm} \\ \dot{y}_m = V_m\sin\theta_m \\ \dot{z}_m = -V_m\cos\theta_m\sin\psi_{Vm} \end{cases} \tag{10-23}$$

令 $\boldsymbol{X} = [V_m \quad \theta_m \quad \psi_{Vm} \quad x_m \quad y_m \quad z_m]^T$ 为导弹的状态变量，$\boldsymbol{U} = [a_y \quad a_z]^T$ 为控制变量，对状态变量和控制变量进行归一化处理，可得

$$\begin{cases} V_{m_n} = \dfrac{V_m}{V_m^*},\ \theta_{m_n} = \dfrac{\theta_m}{\theta_m^*},\ \psi_{Vm_n} = \dfrac{\psi_{Vm}}{\psi_{Vm}^*} \\ x_{m_n} = \dfrac{x_m}{x_m^*},\ y_{m_n} = \dfrac{y_m}{y_m^*},\ z_{m_n} = \dfrac{z_m}{z_m^*} \\ a_{y_n} = \dfrac{a_y}{a_y^*},\ a_{z_n} = \dfrac{a_z}{a_z^*} \end{cases} \tag{10-24}$$

式中，带下标“n”的量表示归一化后的变量；带上标“*”的量表示归一化的参考数值。

归一化后的导弹运动方程组可写为

$$\dot{\boldsymbol{X}}=f(\boldsymbol{X},\boldsymbol{U})=\begin{bmatrix}\dfrac{P_{\mathrm{m}}-D_{\mathrm{m}}}{mV_{\mathrm{m}}^{*}}-\dfrac{g\sin(\theta_{\mathrm{m}_{\mathrm{n}}}\theta_{\mathrm{m}}^{*})}{V_{\mathrm{m}}^{*}}\\ \dfrac{a_{y_{\mathrm{n}}}a_{y}^{*}}{V_{\mathrm{m}_{\mathrm{n}}}V_{\mathrm{m}}^{*}\theta_{\mathrm{m}}^{*}}-\dfrac{g\cos(\theta_{\mathrm{m}_{\mathrm{n}}}\theta_{\mathrm{m}}^{*})}{V_{\mathrm{m}_{\mathrm{n}}}V_{\mathrm{m}}^{*}\theta_{\mathrm{m}}^{*}}\\ \dfrac{-a_{z_{\mathrm{n}}}a_{z}^{*}}{V_{\mathrm{m}_{\mathrm{n}}}V_{\mathrm{m}}^{*}\psi_{V\mathrm{m}}^{*}\cos(\theta_{\mathrm{m}_{\mathrm{n}}}\theta_{\mathrm{m}}^{*})}\\ \dfrac{V_{\mathrm{m}_{\mathrm{n}}}V_{\mathrm{m}}^{*}\cos(\theta_{\mathrm{m}_{\mathrm{n}}}\theta_{\mathrm{m}}^{*})\cos(\psi_{V\mathrm{m}_{\mathrm{n}}}\psi_{V\mathrm{m}}^{*})}{x_{\mathrm{m}}^{*}}\\ \dfrac{V_{\mathrm{m}_{\mathrm{n}}}V_{\mathrm{m}}^{*}\sin(\theta_{\mathrm{m}_{\mathrm{n}}}\theta_{\mathrm{m}}^{*})}{y_{\mathrm{m}}^{*}}\\ \dfrac{-V_{\mathrm{m}_{\mathrm{n}}}V_{\mathrm{m}}^{*}\cos(\theta_{\mathrm{m}_{\mathrm{n}}}\theta_{\mathrm{m}}^{*})\sin(\psi_{V\mathrm{m}_{\mathrm{n}}}\psi_{V\mathrm{m}}^{*})}{z_{\mathrm{m}}^{*}}\end{bmatrix}\tag{10-25}$$

类似地，将目标运动方程组进行归一化处理，可得

$$\begin{cases}\dot{x}_{\mathrm{t}_{\mathrm{n}}}=\dfrac{V_{\mathrm{t}_{\mathrm{n}}}V_{\mathrm{t}}^{*}\cos(\psi_{V\mathrm{t}_{\mathrm{n}}}\psi_{V\mathrm{t}}^{*})}{x_{\mathrm{t}}^{*}}\\ \dot{y}_{\mathrm{t}_{\mathrm{n}}}=\dfrac{V_{\mathrm{t}_{\mathrm{n}}}V_{\mathrm{t}}^{*}\sin(\psi_{V\mathrm{t}_{\mathrm{n}}}\psi_{V\mathrm{t}}^{*})}{y_{\mathrm{t}}^{*}}\\ \dot{\psi}_{V\mathrm{t}_{\mathrm{n}}}=\dfrac{a_{\mathrm{t}_{\mathrm{n}}}a_{\mathrm{t}}^{*}}{V_{\mathrm{t}_{\mathrm{n}}}V_{\mathrm{t}}^{*}\psi_{V\mathrm{t}}^{*}}\end{cases}\tag{10-26}$$

针对如式（10－25）所示的导弹非线性运动模型，选取输出变量 $\boldsymbol{Y}=[\theta_{\mathrm{m}_{\mathrm{n}}}\quad \psi_{V\mathrm{m}_{\mathrm{n}}}\quad x_{\mathrm{m}_{\mathrm{n}}}\quad y_{\mathrm{m}_{\mathrm{n}}}\quad z_{\mathrm{m}_{\mathrm{n}}}]^{\mathrm{T}}$。给定多导弹的协同攻击时间 $\boldsymbol{T}_{\mathrm{d}}=\boldsymbol{t}^{*}$，假设仿真时末端终止时间步数为 N，根据脱靶量和攻击角度约束，给定理想的末端输出变量 $\boldsymbol{Y}_{N_{\mathrm{d}}}=[\theta_{\mathrm{m}_{\mathrm{n}}^{*}}\quad \psi_{V\mathrm{m}_{\mathrm{n}}^{*}}\quad x_{\mathrm{m}_{\mathrm{n}}^{*}}\quad y_{\mathrm{m}_{\mathrm{n}}^{*}}\quad z_{\mathrm{m}_{\mathrm{n}}^{*}}]^{\mathrm{T}}$。协同制导律的设计目标：通过设计控制变量 $[a_{y_{\mathrm{n}}}\quad a_{z_{\mathrm{n}}}]^{\mathrm{T}}$，使得在 $\boldsymbol{t}^{*}$ 时刻各导弹的输出 $\boldsymbol{Y}$ 能够趋近于理想的输出变量，即满足末端约束 $\boldsymbol{Y}_{N}\to\boldsymbol{Y}_{N_{\mathrm{d}}}$。如果各导弹的理想攻击时间 $\boldsymbol{t}^{*}$ 相同，则多枚导弹能够实现在同一时刻从不同的指定方向命中目标。

10.3 具有攻击时间约束的初始猜测控制量

基于 MPSP 技术可以实现终端约束，当输出变量取 $\boldsymbol{Y}=[\theta_{\mathrm{m}_{\mathrm{n}}}\quad \psi_{V\mathrm{m}_{\mathrm{n}}}\quad x_{\mathrm{m}_{\mathrm{n}}}$

$y_{m_n}\quad z_{m_n}]^{T}$ 时，基于 MPSP 技术可以实现脱靶量和攻击角度的约束，而攻击时间的约束和指定则通过初始猜测控制量来实现。本节引入虚拟领弹的概念，假设一枚虚拟领弹采用某一已知的制导律（如比例导引律）飞向目标。从弹的纵向采用与虚拟领弹相同的制导律，然后通过侧向的机动来实现其弹目距离跟踪虚拟领弹的弹目距离。如果所有从弹的弹目距离均能实时跟随虚拟领弹的弹目距离，则从弹将同时到达目标，实现时间上的协同。将基于上述协同策略得到的从弹控制量作为初始控制量，再结合 MPSP 技术对脱靶量和攻击角度进行约束，最终实现对多枚导弹在三维空间飞行的脱靶量、攻击时间和攻击角度的约束。

10.3.1　虚拟领弹运动规律

假设虚拟领弹采用三维增强比例导引律攻击目标，加速度指令为

$$a_{yc}=\begin{cases}KV_c\dot{\sigma}_{\text{pitch}}+\dfrac{1}{2}Ka_{t_{\text{pitch}}}, & |a_{yc}|\leqslant a_{\text{cmax}}\\ a_{\text{cmax}}\operatorname{sign}(a_{yc}), & |a_{yc}|>a_{\text{cmax}}\end{cases}\tag{10-27}$$

$$a_{zc}=\begin{cases}-KV_c\dot{\sigma}_{\text{yaw}}+\dfrac{1}{2}Ka_{t_{\text{yaw}}}, & |a_{zc}|\leqslant a_{\text{cmax}}\\ a_{\text{cmax}}\operatorname{sign}(a_{zc}), & |a_{zc}|>a_{\text{cmax}}\end{cases}\tag{10-28}$$

式中，a_{yc},a_{zc}——俯仰方向和偏航方向的加速度指令；

V_c——弹目相对速度；

$\dot{\sigma}_{\text{pitch}},\dot{\sigma}_{\text{yaw}}$——视线角速度在俯仰方向和偏航方向的分量；

$a_{t_{\text{pitch}}},a_{t_{\text{yaw}}}$——目标加速度在俯仰方向和偏航方向的分量；

a_{cmax}——导弹最大指令加速度；

K——制导系数。

10.3.2　从弹协同策略

假设协同过程中每枚从弹在俯仰通道同样采用 APN 制导，指令形式同式（10－27），从弹在偏航方向通过调整速度前置角 η_ψ 来实现对领弹弹目距离的跟踪，$\eta_\psi=q_\psi-\psi_{Vm}$。根据第 9 章的协同制导律，可得每枚从弹 i 的速度前置角指令 $\eta_{\psi c_i}$，将其通过一阶低通滤波器，可得待跟踪的指令 $\eta_{\psi d_i}$。

基于动态逆原理来设计从弹的控制量 a_{zc_i}，使得其实际的速度矢量前置角 η_{ψ_i} 跟踪滤波器输出的 $\eta_{\psi d_i}$（为了表述方便，以下省略“i”）。假设状态量 $x=\eta_\psi$，控制量 $u=a_{zc}$，定义跟踪误差

$$s=x-\eta_{\psi d}\tag{10-29}$$

对时间求导后可进一步写为

$$\dot{s}=\dot{\eta}_{\psi}-\dot{\eta}_{\psi\mathrm{d}}=\dot{q}_{\psi}-\dot{\psi}_{V_{\mathrm{m}}}-\dot{\eta}_{\psi\mathrm{d}}=\dot{q}_{\psi}+\frac{a_{zc}}{V_{\mathrm{m}}\cos\theta_{\mathrm{m}}}\dot{\eta}_{\psi\mathrm{d}} \tag{10-30}$$

根据动态逆理论，可得期望控制指令为

$$a_{zc}=(-\dot{q}_{\psi}+\dot{\eta}_{\psi\mathrm{d}}-ks)\cdot V_{\mathrm{m}}\cos\theta_{\mathrm{m}} \tag{10-31}$$

式中，k——设计参数，$k>0$。

至此，便得到了可以使从弹和虚拟领弹同时到达目标的指令，即得到了可使从弹实现攻击时间一致的指令。但此时，这些指令并不能使从弹以指定的攻击角度攻击目标。因此，将式（10－27）所示的从弹纵向制导指令和式（10－31）所示的从弹侧向制导指令作为初始猜测控制解，进一步通过 MPSP 技术的不同调整来更新，以实现攻击角度的约束。

10.3.3 虚拟领弹运动及从弹协同策略关键参数

设当前导弹的弹目距离与虚拟领弹弹目距离的差为 e_{r}，$e_{\mathrm{r}}=r-r_1$。对其求导，并考虑式（10－18）中弹目距离变化率的表达式，可得

$$\begin{aligned}\dot{e}_{\mathrm{r}}&=\dot{r}-\dot{r}_1\\&=-V_{\mathrm{m}}[\cos\theta_{\mathrm{m}}\cos q_{\theta}\cos(\eta_{\psi c})+\sin\theta_{\mathrm{m}}\sin q_{\theta}]+V_{\mathrm{t}}\cos q_{\theta}\cos(q_{\psi}-\psi_{V\mathrm{t}})+\\&\quad V_1[\cos\theta_1\cos q_{\theta 1}\cos(q_{\psi 1}-\psi_{V1})+\sin\theta_1\sin q_{\theta 1}]-V_{\mathrm{t}}\cos q_{\theta 1}\cos(q_{\psi 1}-\psi_{V1})\end{aligned} \tag{10-32}$$

式中，下标为“1”表示此处为虚拟领弹的量；第二项和第四项是关于目标速度的乘积项，因目标速度较小，可以忽略。

为使 $e_{\mathrm{r}}\to 0$，即 $\dot{e}_{\mathrm{r}}<0$，最好 $V_{\mathrm{m}}>V_1$，即虚拟领弹的速度小于从弹速度。如果有 i 枚导弹参与协同作战，粗略地估计导弹 i 的攻击时间 $\hat{t}_{\mathrm{go}i}\approx r_{i0}/V_{\mathrm{m}i}$（$r_{i0}$ 为导弹 i 的初始弹目距离，$V_{\mathrm{m}i}$ 为导弹 i 的速度），由于还需为后续调整角度留出足够的调整裕度，因此设计的协同攻击时间 t^*（即虚拟领弹的攻击时间）应满足

$$t^*=t_1>\max_i(\hat{t}_{\mathrm{go}i}+t_{gi})\approx r_{10}/V_1 \tag{10-33}$$

式中，t_1——虚拟领弹攻击目标的时间；

t_{gi}——第 i 枚导弹为调整攻击角度留出的时间裕度；

r_{10}——虚拟领弹的初始弹目距离；

$\max_i(\hat{t}_{\mathrm{go}i}+t_{gi})$——所有参与协同作战导弹的 $\hat{t}_{\mathrm{go}i}+t_{gi}$ 的最大值。

分析式（10－32）可知，当初始时刻 $e_{\mathrm{r}}<0$ 时，从弹的弹目距离小，需进行一定机动绕弯以等待虚拟领弹，如果从弹绕弯飞行路程比较长，那么从弹的速度可能衰减至小于虚拟领弹的飞行速度，在弹道末段可能会出现长时间以速度前置角 $\eta=0°$ 飞行但仍无法跟踪上虚拟领弹的弹目距离变化的情况，此时协

同效果不好。所以需设置 $e_r = r - r_l > 0$，即从弹位置较远，需先追赶虚拟领弹，通过合理设计参数 k_r，飞行中后期进行小范围机动缩小弹目距离偏差，令速度前置角常处于非饱和状态，此时飞行剩余距离较短，协同效果较好。

综上所述，虚拟领弹运动参数需满足

$$\begin{cases} V_{l0} < \min_i(V_{mi0}) \\ r_{l0} < \min_i(r_{mi0}) \\ r_{l0}/V_{l0} > \max_i(\hat{t}_{goi} + t_{gi}) \end{cases} \tag{10-34}$$

式中，下标为“0”表示此为初始时刻的值。

根据式（10－34）设计虚拟领弹的初始条件，可使协同策略中的脱靶量较小，时间协同效果较好。初始猜测控制解设计得合理，会为后续 MPSP 算法实现对攻击角度的约束奠定良好的基础，会减少 MPSP 算法的迭代次数，加快其收敛速度。

受框架角等因素约束，导弹的速度前置角应在一定范围内变化，即 $\eta_\psi \in [0, \eta_{\psi_{\max}}]$（$\eta_{\psi_{\max}}$ 为允许的最大速度前置角），考虑到此约束，协同过程中应尽可能使速度前置角指令 $\eta_{\psi c} \in [0, \eta_{\max}]$。在基于弹目距离跟踪的攻击时间协同策略中，参数 k_r 影响着弹目距离误差的收敛速度，对协同的成功与否起决定性作用。若 k_r 大，则弹目距离误差收敛得快；反之，收敛得慢。但若 k_r 选取过大，很小的弹目距离差就会引起很大的速度前置角指令，就可能使 $\eta_{\psi c}$ 长时间处于极值（$\eta_{\max}$ 或 0），从而导致协同失败；若 k_r 取值过小，则速度前置角指令对弹目距离差的敏感度就会很低，就可能出现很长时间也不能实现协同的情况。因此，应根据弹群协同作战的初始条件对参数 k_r 进行合理预估。由于希望

$$\cos\eta_{\psi c} = \frac{k_r e_r - V_m \sin\theta_m \sin q_\theta + V_t \cos q_\theta \cos(q_\psi - \psi_{Vt}) - \dot{r}_l}{V_m \cos\theta_m \cos q_\theta} \geqslant \cos\eta_{\max} \tag{10-35}$$

因此将初始时刻的参数代入式（10－35），得到初始状态下 k_r 的选取范围，然后在此范围内适当取值。对于参与协同作战的多枚导弹来讲，参数的设计方法相同。例如，末制导开始时，各弹的初始状态差异不大，可用相同的 k_r；但若差异较大，则应分别设计协同策略中的 k_r。

10.4　基于 MPSP 的协同制导律

由 10.2 节的运动模型可知，状态变量为 $\boldsymbol{X} = [V_m \ \theta_m \ \psi_{Vm} \ x_m \ y_m \ z_m]^T$，控制量为 $\boldsymbol{U} = [a_y \ a_z]^T$，输出变量为 $\boldsymbol{Y}_N = [\theta_{m_n} \ \psi_{Vm_n} \ x_{m_n} \ y_{m_n} \ z_{m_n}]^T$，基于 MPSP 算

法思路，通过预测–校正迭代循环来获取新的控制量，使得导弹在 $\boldsymbol{t}^*$ 时刻的输出趋近于理想的终端值 $\boldsymbol{Y}_{N_d}=[\theta_{m_n^*}\ \ \psi_{Vm_n^*}\ \ x_{m_n^*}\ \ y_{m_n^*}\ \ z_{m_n^*}]^T$。

首先对 10.2 节中的运动模型进行离散化，然后定义末端时刻输出量偏差 $\Delta\boldsymbol{Y}_N=\boldsymbol{Y}_N(\boldsymbol{t}_f)-\boldsymbol{Y}_{N_d}(\boldsymbol{t}_f)(\boldsymbol{t}_f=\boldsymbol{t}^*)$，其他步骤同 10.1。需要说明的是，基于 10.2 节的模型，式（10–6）中的 $\left[\dfrac{\partial f_k}{\partial \boldsymbol{X}_k}\right]$ 为

$$\left[\frac{\partial f_k}{\partial \boldsymbol{X}_k}\right]=\left[\frac{\partial f_k}{\partial V_{m_n}}\ \ \frac{\partial f_k}{\partial \theta_{m_n}}\ \ \frac{\partial f_k}{\partial \psi_{Vm_n}}\ \ \frac{\partial f_k}{\partial x_{m_n}}\ \ \frac{\partial f_k}{\partial y_{m_n}}\ \ \frac{\partial f_k}{\partial z_{m_n}}\right]_{6\times 6} \tag{10-36}$$

式中，

$$\frac{\partial f_k}{\partial V_{m_n}}=\left[0\ \ \frac{g\cos(\theta_{m_n}\theta_m^*)}{V_{m_n}^2V_m^*\theta_m^*}-\frac{a_{y_n}a_y^*}{V_{m_n}^2V_m^*\theta_m^*}\ \ \frac{a_{z_n}a_z^*}{V_{m_n}^2V_m^*\psi_{Vm}^*\cos(\theta_{m_n}\theta_m^*)}\right.$$
$$\left.\frac{V_m^*\cos(\theta_{m_n}\theta_m^*)\cos(\psi_{Vm_n}\psi_{Vm}^*)}{x_m^*}\ \ \frac{V_m^*\sin(\theta_{m_n}\theta_m^*)}{y_m^*}\ \ \frac{-V_m^*\cos(\theta_{m_n}\theta_m^*)\sin(\psi_{Vm_n}\psi_{Vm}^*)}{z_m^*}\right]^T$$

$$\frac{\partial f_k}{\partial \theta_{m_n}}=\left[-\frac{g\theta_m^*\cos(\theta_{m_n}\theta_m^*)}{V_m^*}\ \ \frac{g\theta_m^*\sin(\theta_{m_n}\theta_m^*)}{\theta_m^*}\ \ \frac{-a_{z_n}a_z^*\theta_m^*\sin(\theta_{m_n}\theta_m^*)}{V_{m_n}V_m^*\psi_{Vm}^*\cos^2(\theta_{m_n}\theta_m^*)}\right.$$
$$\frac{-V_{m_n}V_m^*\theta_m^*\sin(\theta_{m_n}\theta_m^*)\cos(\psi_{Vm_n}\psi_{Vm}^*)}{x_m^*}\ \ \frac{V_{m_n}V_m^*\theta_m^*\cos(\theta_{m_n}\theta_m^*)}{y_m^*}$$
$$\left.\frac{V_{m_n}V_m^*\theta_m^*\sin(\theta_{m_n}\theta_m^*)\sin(\psi_{Vm_n}\psi_{Vm}^*)}{z_m^*}\right]^T$$

$$\frac{\partial f_k}{\partial \psi_{Vm_n}}=\left[0\ \ 0\ \ 0\ \ \frac{-V_{m_n}V_m^*\psi_{Vm}^*\cos(\theta_{m_n}\theta_m^*)\sin(\psi_{Vm_n}\psi_{Vm}^*)}{x_m^*}\right.$$
$$\left.0\ \ \frac{-V_{m_n}V_m^*\psi_{Vm}^*\cos(\theta_{m_n}\theta_m^*)\cos(\psi_{Vm_n}\psi_{Vm}^*)}{z_m^*}\right]^T$$

$$\frac{\partial f_k}{\partial x_{m_n}}=[0\ \ 0\ \ 0\ \ 0\ \ 0\ \ 0]^T$$
$$\frac{\partial f_k}{\partial y_{m_n}}=[0\ \ 0\ \ 0\ \ 0\ \ 0\ \ 0]^T$$
$$\frac{\partial f_k}{\partial z_{m_n}}=[0\ \ 0\ \ 0\ \ 0\ \ 0\ \ 0]^T$$

$\boldsymbol{F}_k$ 对 $\boldsymbol{U}_k$ 的偏导数为

$$\left[\frac{\partial \boldsymbol{F}_k}{\partial \boldsymbol{U}_k}\right]=h\left[\frac{\partial f_k}{\partial a_{y_{nk}}}\ \ \frac{\partial f_k}{\partial a_{z_{nk}}}\right]_{6\times 2} \tag{10-37}$$

式中，

$$\frac{\partial f_k}{\partial a_{y_{nk}}} = \begin{bmatrix} 0 & \dfrac{a_y^*}{V_{m_n} V_m^* \theta_m^*} & 0 & 0 & 0 & 0 \end{bmatrix}^{\mathrm{T}}$$

$$\frac{\partial f_k}{\partial a_{z_{nk}}} = \begin{bmatrix} 0 & 0 & -\dfrac{a_z^*}{V_{m_n} V_m^* \psi_{Vm}^* \cos(\theta_{m_n} \theta_m^*)} & 0 & 0 & 0 \end{bmatrix}^{\mathrm{T}}$$

综上，基于 MPSP 的三维协同制导律的实现流程如下：

第 1 步，综合考虑弹群中各弹的初始位置及速度，为虚拟领弹设置合适的初始位置及速度。设虚拟领弹采用增强比例导引飞行，虚拟领弹攻击目标的时间即协同攻击时间 t^*。设定步长 h，根据 t^* 和 h 就可得到终端时刻步数 N。

第 2 步，从弹俯仰通道采用式（10－27）所示的三维增强比例导引指令，侧向采用能够实现对虚拟领弹弹目距离进行跟踪的指令（式（10－31）），此时两个通道的指令就作为 MPSP 算法的初始猜测控制量。

第 3 步，基于猜测控制量，采用某数值积分方法对导弹运动方程组进行积分，即进行预测。

第 4 步，计算末端输出状态 $\boldsymbol{Y}_N$，根据指定的末端约束 $\boldsymbol{Y}_{N_d}$，求出偏差 $\mathrm{d}\boldsymbol{Y}_N$，如果大于设定的门限值则进入第 5 步，否则退出循环，将此刻的控制量作为最终的控制量输出。

第 5 步，计算敏感矩阵 $\boldsymbol{B}_k$，$k = N-1, N-2, \cdots, 1$。

第 6 步，计算 $\boldsymbol{A}_\lambda$ 和 $\boldsymbol{b}_\lambda$。

第 7 步，计算 $\mathrm{d}\boldsymbol{U}_k$ 并更新控制变量 $\boldsymbol{U}_k$，将此时的 $\boldsymbol{U}_k$ 作为猜测控制量，返回第 3 步。

例 10－1　假设 4 枚常速导弹（导弹 a、导弹 b、导弹 c、导弹 d）协同攻击位于水平面内的目标，所设计的虚拟领弹及四枚从弹的初始参数见表 10－1。

表 10－1　虚拟领弹和从弹的初始参数

导弹编号	$(x_{m0}, y_{m0}, z_{m0})/(\mathrm{m,m,m})$	$V/(\mathrm{m\cdot s^{-1}})$	$\theta_0/(°)$	$\psi_{V0}/(°)$
虚拟领弹	(4 890, 6 725, 5 556)	200	－25	146
导弹 a	(4 036, 7 641, －7 280)	250	－30	－100
导弹 b	(－5 501, 6 199, －7 900)	280	－30	－30
导弹 c	(7 560, 3 768, 6 237)	260	－10	120
导弹 d	(－6 841, 7 670, 3 522)	260	－30	35

以米（m）为度量单位，假设目标的初始位置为（0, 0, 0），令目标分别为静止目标、匀速直线运动目标和蛇形机动目标，具体情况见表 10－2。设制导系数 $K=3$，各导弹采用 APN 攻击不同目标时的攻击时间见表 10－3。

表 10-2　目标运动情况

目标编号	运动情况
目标 1	静止目标
目标 2	$V_t=20$ m/s，$a_t=0$ m/s^2，$\psi_{Vt}=45°$
目标 3	$V_t=20$ m/s，$a_t=10\sin(0.6t)$ m/s^2，$\psi_{Vt0}=0°$

表 10-3　APN 制导时的攻击时间　　s

目标编号	虚拟领弹	导弹 a	导弹 b	导弹 c	导弹 d
目标 1	26.12	25.89	25.26	25.92	24.18
目标 2	26.28	25.03	25.04	25.75	24.97
目标 3	26.02	25.16	25.02	25.95	24.84

由表 10-3 可见，虚拟领弹采用 APN 制导时的攻击时间大于各枚从弹采用 APN 制导时的攻击时间，因此为从弹提供了调整飞行时间的裕度。

虚拟领弹攻击目标的时间 t^* 即弹群的理想攻击时间。为了增强多弹对目标的攻击能力和毁伤效果，指定导弹 a、导弹 b、导弹 c、导弹 d 的理想攻击角度（θ_m^*,ψ_{Vm}^*）分别为（$-30°,-140°$）、（$-20°,-80°$）、（$-45°,90°$）、（$-75°,-90°$）。

协同策略中 $k=10$、$\eta_{\psi\max}=\pi/4$，低通滤波器时间常数 $\tau_\eta=0.01$，仿真步长为 0.01 s，4 枚导弹采用基于弹目距离跟踪的攻击时间协同制导律（本章中的初始猜测解）和采用本章设计的 MPSP 制导律时的弹道如图 10-2 ~ 图 10-4 所示。

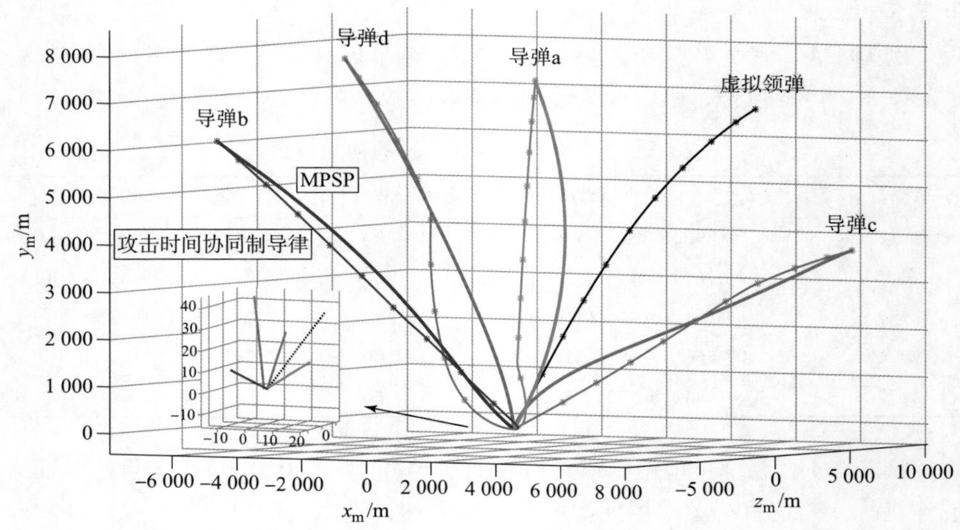

图 10-2　协同攻击静止目标 1 时的弹道图

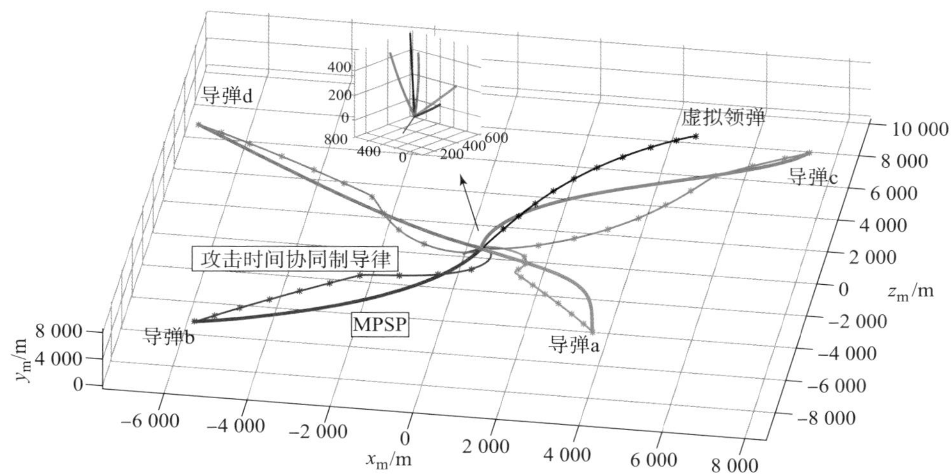

图 10-3　协同攻击目标 2 时的弹道图

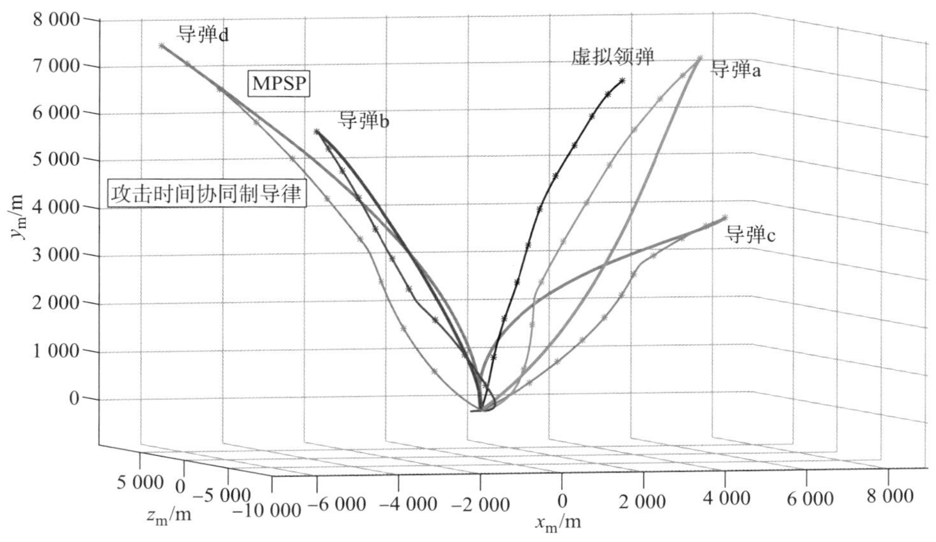

图 10-4　协同攻击目标 3 时的弹道图

在攻击目标 1、目标 2 和目标 3 时，虚拟领弹的时间分别为 26.12 s、26.28 s 和 26.02 s，在这 3 种情况下，4 枚从弹均实现对虚拟领弹弹目距离的跟踪，与虚拟领弹同时到达目标，即 4 枚从弹实现了在同一时间对目标的攻击。由图 10-2 ~ 图 10-4 可知，各弹采用基于弹目距离跟踪的攻击时间协同制导律时，并不能满足攻击角度的约束。采用 MPSP 制导律则在原具有攻击时间约束的弹道基础上对其进行了调整，从而实现对攻击角度的约束。

表 10－4～表 10－6 给出了 4 枚从弹分别采用基于弹目距离跟踪的攻击时间协同的制导律（以下简称“攻击时间协同制导律”）和本章提出的同时具有攻击时间约束和攻击角度约束的 MPSP 制导律时，各导弹的攻击角度情况。

表 10－4　协同攻击目标 1 的攻击角度　　[(°),(°)]

导弹编号	理想攻击角度	攻击时间协同制导律	MPSP 协同制导律
导弹 a	(－30，－140)	(－15.8，－172.0)	(－30.0，－140.0)
导弹 b	(－20，－80)	(－5.1，－137.6)	(－20.0，－80.0)
导弹 c	(－45,90)	(－23.1，－161.7)	(－45.0，－90.0)
导弹 d	(－75，－90)	(－1.6，－71.4)	(－75.0，－89.8)

表 10－5　协同攻击目标 2 的攻击角度　　[(°),(°)]

导弹编号	理想攻击角度	攻击时间协同制导律	MPSP 协同制导律
导弹 a	(－30，－140)	(－0.5，－205.5)	(－30.0，－139.9)
导弹 b	(－20，－80)	(－1.7，－138.5)	(－20.0，－80.0)
导弹 c	(－45,90)	(－21.1,174.9)	(－45.0，－90.1)
导弹 d	(－75，－90)	(－6.0，－55.5)	(－75.0，－90.0)

表 10－6　协同攻击目标 3 的攻击角度　　[(°),(°)]

导弹编号	理想攻击角度	攻击时间协同制导律	MPSP 协同制导律
导弹 a	(－30，－140)	(－5.4，－164.1)	(－30.0，－140.0)
导弹 b	(－20，－80)	(－6.0，－131)	(－20.0，－79.9)
导弹 c	(－45,90)	(－20.2，－157.6)	(－45.0，－90.0)
导弹 d	(－75，－90)	(－10.7，－52.2)	(－75.0，－89.9)

不失一般性，接下来以导弹 c 为例，给出两种制导律下的弹道倾角、弹道偏角以及控制量变化曲线。

由图 10－5、图 10－6 可见，导弹 c 在两种制导律下的攻击时间相同。攻击时间协同制导律情况下的攻击角度没有达到指定的攻击角度，以图 10－7、图 10－8 中虚线表示的攻击时间协同制导律的控制量为初始控制量，基于

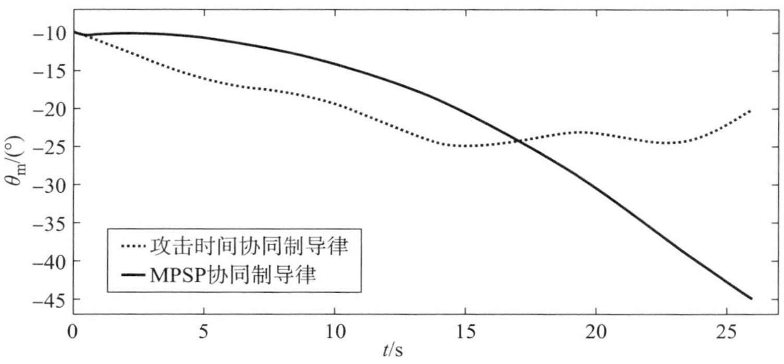

图 10－5　弹道倾角 $\boldsymbol{\theta}_m$ 的变化曲线

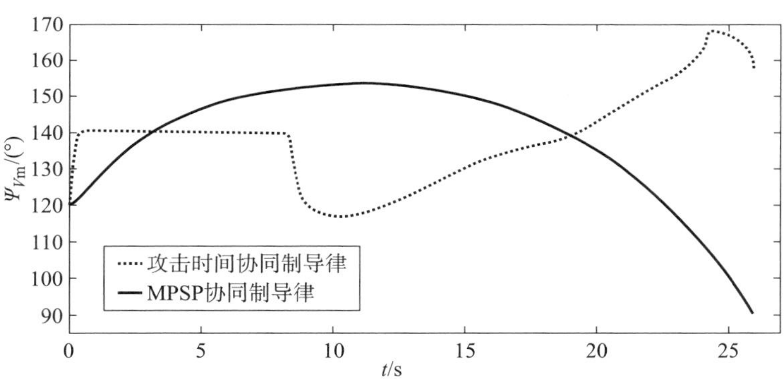

图 10－6　弹道偏角 $\boldsymbol{\psi}_{Vm}$ 的变化曲线

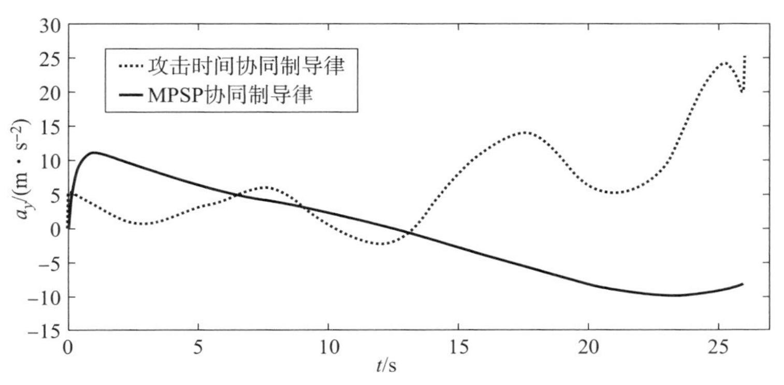

图 10－7　控制量 a_y 的变化曲线

MPSP 理论对初始控制量不断调整，最后实现了对末端攻击角度的约束。而且，MPSP 理论的思路就是要满足末端约束且控制能量最小，所以图 10－7、图 10－8 中 MPSP 协同制导律下的控制量变化比较平缓，更易于工程实现。

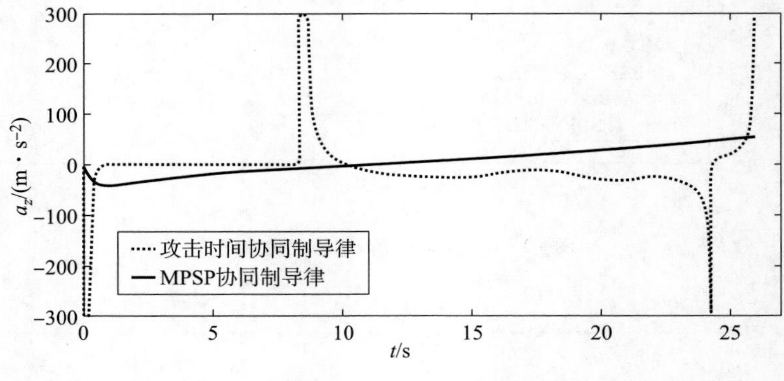

图 10－8　控制量 a_z 的变化曲线

第 11 章

基于虚拟导引点的多弹协同作战导引方法

不同于第 9 章和第 10 章，本章基于几何图形的思路来设计既能满足攻击时间、攻击角度、攻击速度的约束，又能在飞行过程中实现飞行位置协同的协同制导与控制方法。假设导弹采用“领-从”模式，首先为领弹和从弹设计各自的虚拟导引点轨迹，然后设计各导弹与对应虚拟点之间相对距离随时间的变化规律，最后设计控制器使各导弹能够实现以指定的相对距离跟随虚拟导引点飞行。通过对虚拟导引点轨迹和相对距离变化规律进行综合设计，以满足协同作战的多种约束。

本章协同制导与控制方法的设计思路借鉴了多飞行器编队控制的思路，虚拟导引点相当于编队飞行时的领弹，跟随虚拟导引点飞行的导弹相当于编队飞行时的从弹，导弹与虚拟导引点的相对距离相当于编队飞行时的队形参数，控制器的设计思路也类似于编队控制器的设计思路。也就是说，本章的制导控制方法相当于首先根据相关约束来设计虚拟导引点的轨迹，然后不断变换导弹与虚拟导引点形成的队形，最后实现对目标的协同攻击。

11.1　导弹与虚拟导引点的相对运动模型

导弹与虚拟导引点（简称“导引点”）的相对运动关系如图 11－1 所示。图中，Oxy 为地面坐标系；$M(X_m, Y_m)$、$G(X_g, Y_g)$ 分别为导弹和导引点及它们在地面坐标系中的位置；V_m、V_g 分别为导弹和导引点的速度；ψ_m、ψ_g 为导弹和导引点的航向角；Mx_1y_1 为固连在导弹上的运动坐标系（称为参考坐标系），其原点为导弹的质心，Mx_1 轴与导弹的速度矢量重合，My_1 轴垂直于 Mx_1 轴，按右手坐标系确定；(x_r, y_r) 为导引点在参考坐标系中的坐标，x_r、y_r 表征导弹与导引点之间的相对距离。

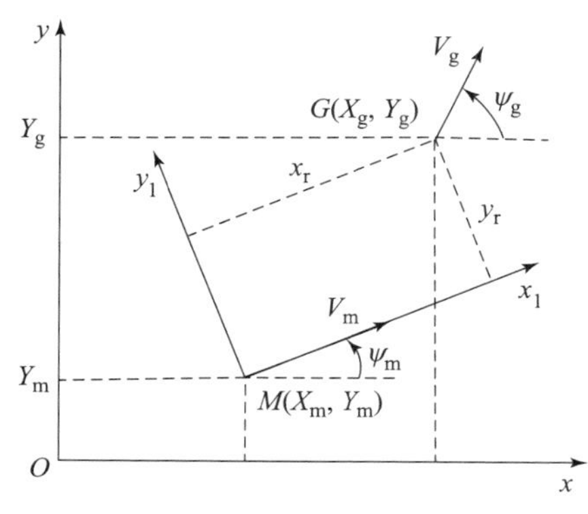

图 11－1　导弹与导引点的相对运动关系

在地面坐标系中，导弹和导引点的运动学方程为

$$\dot{X}_m = V_m \cos\psi_m \tag{11-1}$$

$$\dot{Y}_m = V_m \sin\psi_m \tag{11-2}$$

$$\dot{X}_g = V_g \cos\psi_g \tag{11-3}$$

$$\dot{Y}_g = V_g \sin\psi_g \tag{11-4}$$

基于参考坐标系与地面坐标系之间的变换关系，可得导弹和导引点之间的相对运动关系为

$$X_g = X_m + x_r\cos\psi_m - y_r\sin\psi_m \tag{11-5}$$

$$Y_g = Y_m + x_r\sin\psi_m + y_r\cos\psi_m \tag{11-6}$$

假设导弹具有一阶自动驾驶仪，则有

$$\dot{V}_m = \frac{1}{\tau_V}(V_{mc} - V_m) \tag{11-7}$$

$$\dot{\psi}_m = \frac{1}{\tau_{\psi_m}}(\psi_{mc} - \psi_m) \tag{11-8}$$

式中，τ_V, τ_{ψ_m}——导弹马赫数自动驾驶仪和航向角自动驾驶仪的时间常数；

V_{mc}, ψ_{mc}——导弹的速度指令和航向角指令。

在上述模型的基础上，首先为多枚导弹设计各自的导引点运动轨迹和导弹相对于导引点的距离 x_r、y_r，然后设计控制器，使控制器输出导弹的速度指令 V_{mc} 和航向角指令 ψ_{mc}，以控制导弹以相对距离 x_r、y_r 跟随导引点飞行。在此过程中，通过对 x_r、y_r 的合理设计来实现多导弹之间的位置协同、攻击时间协同，同时满足末端攻击角度的约束和攻击速度的约束，从而有效增强导弹的突防能力和攻击能力。

11.2 导引点轨迹及相对距离设计

11.2.1 导引点轨迹设计

综合考虑导弹的弹道特性、协同飞行和协同攻击的要求，提出导引点轨迹设计准则如下：

（1）导引点轨迹的末端必须与目标点重合，即导引点的“脱靶量”应为零。

（2）导引点轨迹方程应由尽量少的独立变量确定。

（3）考虑到应尽量使导弹的需用法向过载小且变化平稳，导引点轨迹应连续光滑。

基于以上设计准则，本节设计了一种导引点圆弧轨迹，如图 11－2 所示。

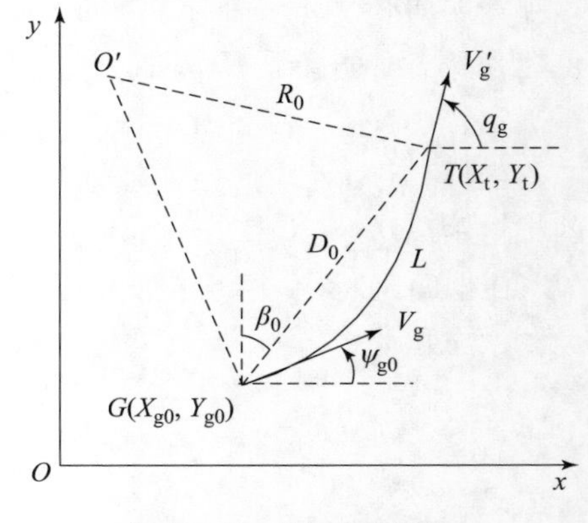

图 11－2　导引点圆弧轨迹

图中，目标为静止目标，$T(X_t, Y_t)$ 为目标的位置；$G(X_{g0}, Y_{g0})$ 为导引点的初始位置。假设导引点作等速运动，则当给定 V_g（等于要求的导弹攻击速度 V_m^*）和初始航向角 ψ_{g0}后，就可以唯一确定导引点与目标之间的圆弧轨迹。D_0 为导引点与目标之间的初始直线距离；O'和 R_0 分别为圆弧所在圆的圆心和半径；L 为导引点与目标之间的弧长；q_g 为导引点末端速度 V'_g与 Ox 轴方向的夹角；β_0 为直线 GT 与 Oy 轴的夹角。根据图中的几何关系，可得

$$D_0 = \sqrt{(X_t - X_{g0})^2 + (Y_t - Y_{g0})^2} \tag{11-9}$$

$$\beta_0 = \arctan^{-1}\left(\frac{X_t - X_{g0}}{Y_t - Y_{g0}}\right) \tag{11-10}$$

$$R_0 = \frac{D_0}{2\cos(\psi_{g0} + \beta_0)} \tag{11-11}$$

$$L = \frac{D_0[\pi - 2(\psi_{g0} + \beta_0)]}{2\cos(\psi_{g0} + \beta_0)} \tag{11-12}$$

$$q_g = \pi - \psi_{g0} - 2\beta_0 \tag{11-13}$$

基于导引点圆弧轨迹的长度和导引点的速度，可计算导引点到达目标的时间为

$$T_g = \frac{L}{V_g} \tag{11-14}$$

由以上分析可知，导引点将以速度 V_g 沿着圆弧从 $G(X_{g0}, Y_{g0})$ 点开始运动，经时间 T_g 后到达 $T(X_t, Y_t)$ 点。

11.2.2 导弹-导引点相对距离设计

在确定导引点轨迹后，通过设计随时间变化的导弹与导引点之间的相对距离 $x_r(t)$、$y_r(t)$，可实现多导弹之间的位置协同和攻击时间协同，同时满足末端攻击角度的约束和攻击速度的约束。

此处，与第9章类似，为了提高导弹的突防概率，令几枚导弹在某一时间段内从不同的方向同步靠近目标，即使几枚导弹在每一时刻都处于一个以目标为球心的球面上（如果是平面，则是以目标为圆心的圆上），逐渐飞向目标。选多枚导弹中的一枚导弹作为领弹（参考弹），假设其距目标的距离为 r_c，其他导弹（称作从弹）根据领弹发送的位置信息来调节与导引点的相对距离 x_r、y_r，使其与目标之间的距离也为 r_c，从而实现多枚导弹从不同的方向同时逼近目标。

令从弹 i 的弹目距离等于领弹的弹目距离 r_c，即

$$r_c = \sqrt{(X_{mi} - X_t)^2 + (Y_{mi} - Y_t)^2} \tag{11-15}$$

将式（11－5）和式（11－6）变形，得到以虚拟点位置、相对距离和航向角 ψ_{mi} 表示的从弹的位置 X_{mi} 和 Y_{mi}，将其代入式（11－15），假设 $x_r = y_r = u$，且令

$$c_1 = 2(X_{gi} - X_t)(\sin\psi_{mi} - \cos\psi_{mi}) - 2(Y_{gi} - Y_t)(\sin\psi_{mi} + \cos\psi_{mi}),$$

$$c_2 = (X_{gi} - X_t)^2 + (Y_{gi} - Y_t)^2$$

则式（11－15）变换为

$$2u^2 + c_1 u + c_2 - r_c = 0 \tag{11-16}$$

求解式（11－16），得

$$x_r = y_r = \frac{-c_1 \pm \sqrt{c_1^2 - 8(c_2 - r_c^2)}}{4} \tag{11-17}$$

只要 $c_2 \leqslant r_c^2$，即从弹导引点距目标的距离小于等于领弹距目标的距离，式（11－17）中的 x_r、y_r 就一定有解。由式（11－17）解得的 $x_r = y_r$ 有两个值，可根据实际情况选择其中之一。

11.2.2.1 攻击角度控制

在地面坐标系中，有

$$\boldsymbol{V}_g = \boldsymbol{V}_m + \boldsymbol{V}_r \tag{11-18}$$

式中，$\boldsymbol{V}_r$——导引点与导弹的相对速度。

将式（11－18）投影到地面坐标系的 Ox 轴和 Oy 轴，得

$$V_g\cos\psi_g = V_m\cos\psi_m + \dot{x}_r\cos\psi_m - \dot{y}_r\sin\psi_m \tag{11-19}$$

$$V_g\sin\psi_g = V_m\sin\psi_m + \dot{x}_r\sin\psi_m + \dot{y}_r\cos\psi_m \tag{11-20}$$

当导弹以固定的相对距离（x_r、y_r 为常数）跟随导引点飞行时，有 $\dot{x}_r = 0$、$\dot{y}_r = 0$，代入式（11－19）、式（11－20），可得

$$V_g\cos\psi_g = V_m\cos\psi_m \tag{11-21}$$

$$V_g\sin\psi_g = V_m\sin\psi_m \tag{11-22}$$

将式（11－21）、式（11－22）两边平方再相加，可得

$$V_g^2 = V_m^2 \tag{11-23}$$

即

$$V_g = V_m \tag{11-24}$$

将式（11－24）代入式（11－21）、式（11－22），结合实际情况，可得

$$\psi_g = \psi_m \tag{11-25}$$

由式（11－24）、式（11－25）可知，当导弹以固定的相对距离跟随导引点飞行时，导弹和导引点的速度大小和方向均相同。

当导引点运动至目标时，点 G 与点 T 重合。此时，导弹与导引点（目标）之间的相对位置如图 11－3 所示。

图中的χ为由导弹与导引点之间的相对距离x_r、y_r决定的相对方位角，有

$$\chi = \arctan \frac{y_r}{x_r} \qquad (11-26)$$

本章导弹的攻击角定义为末端的视线与 Ox 轴之间的夹角，即图 11 - 3 中的 q_m，其表达式为

$$q_m = q_g + \chi \qquad (11-27)$$

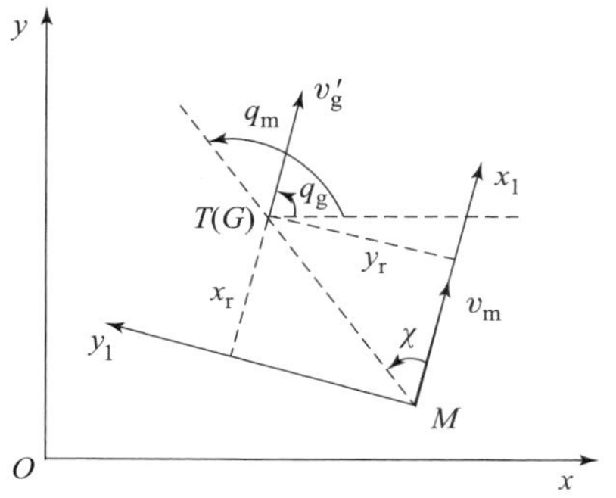

图 11 - 3　导弹 - 导引点 - 目标之间的关系图

当确定导引点的运动规律后，就可以根据式（11 - 13）确定 q_g。综合式（11 - 26）、式（11 - 27）可知，通过设定 x_r 和 y_r 来设定相对方位角χ，最终可实现对导弹攻击角度的控制，即可使导弹以理想的攻击角 q_m^* 攻击目标。此时，x_r 和 y_r 之间的关系可根据式（11 - 26）和式（11 - 27）确定：

$$y_r = x_r \tan(q_m^* - q_g) \qquad (11-28)$$

假设战斗部的威力半径为 r_z，可认为当弹目距离 $r \leqslant r_z$ 时，可通过引爆战斗部导弹来击中目标。假设在 $r = r_e(r_e \leqslant r_z)$ 时引爆战斗部，此时有

$$r_e = \sqrt{x_r^2 + y_r^2} \qquad (11-29)$$

由上可知，根据式（11 - 28）、式（11 - 29）即可确定在飞行末段导弹与导引点之间的相对距离 x_r 和 y_r。也就是说，在飞行末段，如果导弹与导引点的相对距离保持为由式（11 - 28）、式（11 - 29）确定的值，那么可使导弹以理想攻击角 q_m^* 击中目标。

11.2.2.2　攻击速度及攻击时间控制

由式（11 - 25）可知，在飞行末段，当导弹以固定的相对距离跟踪虚拟点飞行时，导弹的速度等于虚拟点的运动速度。因此，在确定虚拟点的运动速度时，可假设其等于导弹的理想攻击速度，即可满足导弹末端攻击速度的要求。

在已知领弹理想攻击速度 V_{ml}^*和对应虚拟点的初始位置、初始航向角的基础上，根据式（11 - 12）、式（11 - 14）可计算得到其跟随导引点到达目标的时间 T_m^*，将此时间作为多弹协同攻击目标的理想攻击时间 $T_d = T_m^*$。其他从弹则可根据 T_m^* 和给定的理想攻击速度 V_{mf}^*来确定其对应导引点的运动轨迹长度，在已知导引点初始位置的基础上，可根据式（11 - 12）求得初始航向角。此

时，从弹的导引点运动规律确定，控制从弹跟随导引点飞行即可实现攻击时间的协同。

11.2.2.3 过渡段相对距离设计

导弹发射后即开始位置协同，其与导引点间的相对距离 x_r、y_r 可根据式（11-17）确定；为了实现攻击角度协同，在飞行末段，x_r、y_r 需要按照式（11-28）、式（11-29）来确定；在位置协同结束后，x_r、y_r 需按照一定的规律过渡至末段的值。为了避免导弹控制指令变化过于剧烈，可令 x_r、$\dot{x}_r$、$\ddot{x}_r$和 y_r、$\dot{y}_r$、$\ddot{y}_r$在过渡段连续变化。假设多弹位置协同在 t_1 时刻结束、在 t_2 时刻进入末段攻击，为保证在 t_1、t_2 时刻 x_r、y_r 以及其一阶、二阶导数连续变化，以 x_r 为例，设

$$x_r(t) = at^5 + bt^4 + ct^3 + dt^2 + et + f \tag{11-30}$$

根据已知的 t_1 和 t_2 时刻的值 $x_r(t_1)$、$\dot{x}_r(t_1)$、$\ddot{x}_r(t_1)$、$x_r(t_2)$、$\dot{x}_r(t_2)$、$\ddot{x}_r(t_2)$，即可确定式（11-30）中的系数 a、b、c、d、e、f，从而确定过渡段 x_r 的变化规律。过渡段 y_r 的确定类似于 x_r，在此不再赘述。

11.3 跟踪导引点控制器

为了使导弹以设计的相对距离跟踪导引点飞行，需设计跟踪控制器。由式（11-5）、式（11-6），可得

$$\begin{bmatrix} X_g - X_m \\ Y_g - Y_m \end{bmatrix} = \begin{bmatrix} \cos\psi_m & -\sin\psi_m \\ \sin\psi_m & \cos\psi_m \end{bmatrix} \begin{bmatrix} x_r \\ y_r \end{bmatrix} \tag{11-31}$$

假设所设计的理想的相对距离为 x_r^* 和 y_r^*，令

$$\boldsymbol{A} = \begin{bmatrix} X_g - X_m \\ Y_g - Y_m \end{bmatrix}, \quad \boldsymbol{R}_1 = \begin{bmatrix} \cos\psi_m & -\sin\psi_m \\ \sin\psi_m & \cos\psi_m \end{bmatrix}, \quad \boldsymbol{B} = \begin{bmatrix} x_r^* \\ y_r^* \end{bmatrix}$$

定义相对位置误差为

$$\boldsymbol{E} = \boldsymbol{A} - \boldsymbol{R}_1\boldsymbol{B} = \boldsymbol{R}_1 \begin{bmatrix} x_r - x_r^* \\ y_r - y_r^* \end{bmatrix} \tag{11-32}$$

对式（11-32）求导，可得

$$\dot{\boldsymbol{E}} = \dot{\boldsymbol{A}} - \boldsymbol{R}_2\dot{\psi}_m\boldsymbol{B} - \boldsymbol{R}_1\dot{\boldsymbol{B}} \tag{11-33}$$

式中，

$$R_2=\begin{bmatrix}-\sin\psi_m & -\cos\psi_m\\ \cos\psi_m & -\sin\psi_m\end{bmatrix}$$

进一步求导，得

$$\ddot{E}=\ddot{A}-R_3\dot{\psi}_m^2B-R_2\ddot{\psi}_mB-2R_2\dot{\psi}_m\dot{B}-R_1\ddot{B} \tag{11-34}$$

式中，

$$R_3=\begin{bmatrix}-\cos\psi_m & \sin\psi_m\\ -\sin\psi_m & -\cos\psi_m\end{bmatrix}$$

对式（11－1）、式（11－2）求导，并将式（11－7）代入，可求得$\ddot{X}_m$、$\ddot{Y}_m$，对式（11－8）求导得到$\ddot{\psi}_m$，将$\ddot{X}_m$、$\ddot{Y}_m$和$\ddot{\psi}_m$的表达式代入式（11－34），整理后可得

$$\ddot{E}=D+G\begin{bmatrix}V_{mc}\\ \dot{\psi}_{mc}\end{bmatrix} \tag{11-35}$$

式中，

$$D=\begin{bmatrix}\ddot{X}_g\\ \ddot{Y}_g\end{bmatrix}+C-2\dot{\psi}_mR_2\dot{B}-R_1\ddot{B}+\frac{1}{\tau_{\psi_m}}\dot{\psi}_mR_2B-\dot{\psi}_m^2R_3B$$

$$C=\begin{bmatrix}\dfrac{1}{\tau_V}V_m\cos\psi_m+V_m\dot{\psi}_m\sin\psi_m\\ \dfrac{1}{\tau_V}V_m\sin\psi_m-V_m\dot{\psi}_m\cos\psi_m\end{bmatrix}$$

$$G=\begin{bmatrix}g_{11}(t) & g_{12}(t)\\ g_{21}(t) & g_{22}(t)\end{bmatrix}$$

$$g_{11}(t)=-\frac{1}{\tau_V}\cos\psi_m,\quad g_{21}(t)=-\frac{1}{\tau_V}\sin\psi_m$$

$$g_{12}(t)=\frac{1}{\tau_{\psi_m}}(x_r^*\sin\psi_m+y_r^*\cos\psi_m)$$

$$g_{22}(t)=\frac{1}{\tau_{\psi_m}}(-x_r^*\cos\psi_m+y_r^*\sin\psi_m)$$

令

$$\begin{bmatrix}V_{mc}\\ \dot{\psi}_{mc}\end{bmatrix}=G^{-1}(-D-k_{e_1}\dot{E}-k_{e_2}E) \tag{11-36}$$

式中，k_{e_1}、k_{e_2}为系数矩阵，$k_{e_1}=\mathrm{diag}(k_{11},k_{12})$，$k_{e_2}=\mathrm{diag}(k_{21},k_{22})$。

则可得到相对误差动力学闭环方程：

$$\ddot{\boldsymbol{E}}+\boldsymbol{k}_{e_1}\dot{\boldsymbol{E}}+\boldsymbol{k}_{e_2}\boldsymbol{E}=0 \tag{11-37}$$

如式（11－36）所示的导弹的跟踪控制律满足渐近稳定性质，使误差 $\boldsymbol{E}$ 趋于零，即实现导弹对导引点按设定相对距离的跟踪飞行。

综上，基于虚拟导引点的多弹协同制导控制方法的设计步骤如下：

第 1 步，给定目标位置、领弹的理想攻击速度 V_{ml}^{*}、领弹虚拟点的初始位置、初始航向角，令虚拟点的速度等于理想攻击速度，即 $V_{\mathrm{g}}=V_{\mathrm{m}}^{*}$，根据式（11－12）～式（11－15）计算出领弹虚拟点的长度 L、q_{g} 以及导引点到达目标的时间 T_{g}，将此 T_{g} 作为弹群的理想飞行时间 T_{m}^{*}。

第 2 步，令从弹虚拟点的速度等于从弹理想的攻击速度 V_{mf}^{*}，再根据理想飞行时间 T_{m}^{*}，可求得从弹虚拟点的圆弧轨迹长度。在给定从弹导引点初始位置的基础上，根据式（11－13）求得虚拟点的初始航向角。此时，从弹导引点的运动规律唯一确定。

第 3 步，给定领弹在位置协同段与虚拟点间的理想相对距离 $x_{r_1}^{*}$、$y_{r_1}^{*}$；给定领弹的理想攻击角以及 r_{e}，根据式（11－28）、式（11－29）确定在飞行末段领弹的理想相对距离；设定飞行位置协同结束的条件，获得当时时间 t_1，设定末段开始时间 t_2，根据式（11－30）求解过渡段的理想相对距离。

第 4 步，在飞行位置协同段，根据领弹的弹目距离 r_{c} 和式（11－17）确定出从弹的理想相对距离；给定从弹的理想攻击角，结合 r_{e}，计算出在飞行末段从弹的理想相对距离；类似于领弹，根据式（11－30）计算出过渡段的理想相对距离。

第 5 步，设计控制器，控制领弹和从弹以前述设计出的理想相对距离跟踪各自虚拟点的飞行。

例 11－1 假设 3 枚导弹协同攻击一艘静止的舰艇，舰艇的位置（以千米（km）为度量单位）为（40,40）。导弹 M_i（$i=1,2,3$，下同）及相应的导引点 G_i 的初始位置（X_0,Y_0）、初始速度 V_0、初始航向角 ψ_0 及导弹 M_i 的理想攻击角 q^* 见表 11－1。以导弹 1 作为领弹，以导弹 2、导弹 3 作为从弹，领弹和从弹的理想攻击速度均为 $V_{\mathrm{m}}^{*}=200$ m/s。

表 11－1　导弹和导引点的初始参数及攻击参数

导弹编号	$(X_0,Y_0)/(\mathrm{km},\mathrm{km})$	$V_0/(\mathrm{m}\cdot\mathrm{s}^{-1})$	$\psi_0/(°)$	$q^*/(°)$
M_1	(10,10)	200	20	90
G_1	(10.3,10.6)	200	20	—
M_2	(31,－1.6)	220	30	135
G_2	(30,2)	200	33.1	—
M_3	(66,6)	220	90	180
G_3	(65.5,6.5)	200	106	—

表 11－1 中 G_2 和 G_3 的初始航向角是在已知 G_1 运动规律的前提下根据攻击时间和攻击速度要求计算得到的。导弹发射后即开始飞行位置协同，在领弹的弹目距离 $r_c \leqslant 30$ km 时结束位置协同飞行，记录此时的时间为 t_1，在 $t_2 = 160$ s 时进入末段飞行，$r = r_e = 2$ m 时引爆战斗部，实现对目标的攻击。位置协同段，领弹按照 $x_r = y_r = 500$ m 飞行。3 枚导弹的时间常数设为 $\tau_V = 1$ s，$\tau_{\psi V} = 0.3$ s，相对误差动力学方程参数为 $\boldsymbol{k}_{e_1} = \mathrm{diag}(32, 32)$，$\boldsymbol{k}_{e_2} = \mathrm{diag}(15, 15)$。仿真结果如图 11－4 ~ 图 11－10 所示。

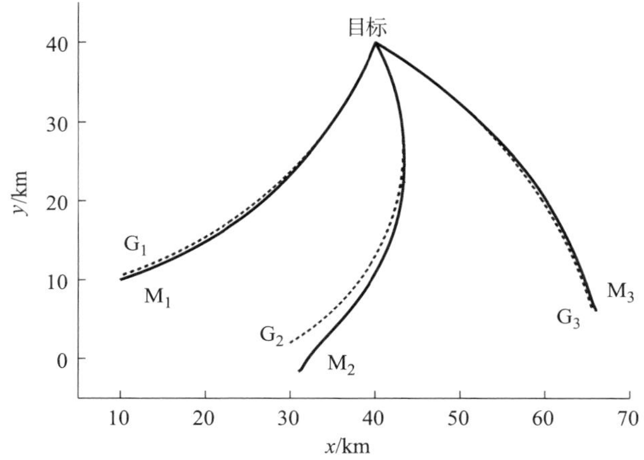

图 11－4　导弹弹道及相应虚拟点轨迹

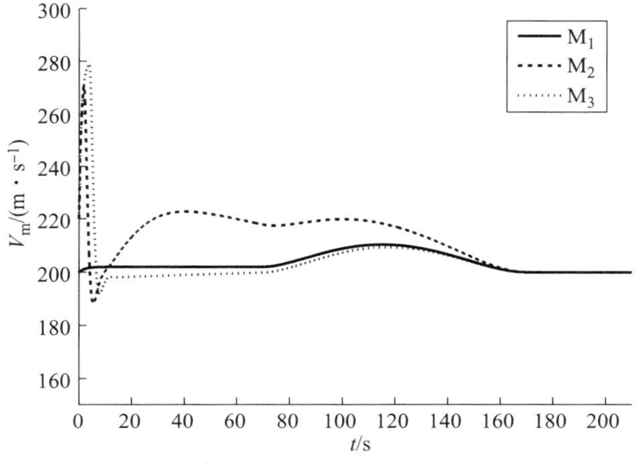

图 11－5　飞行速度的变化曲线

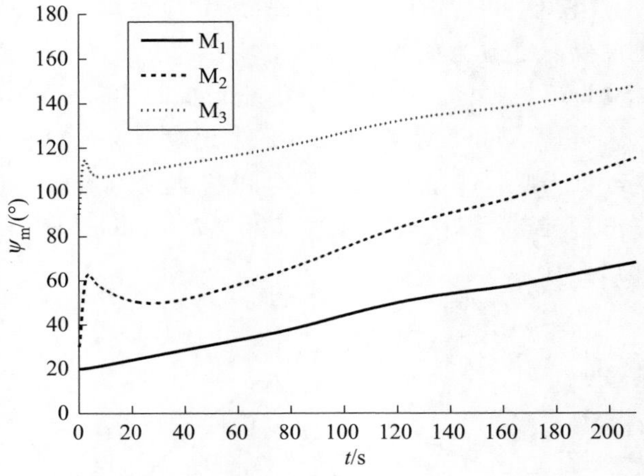

图 11-6 航向角的变化曲线

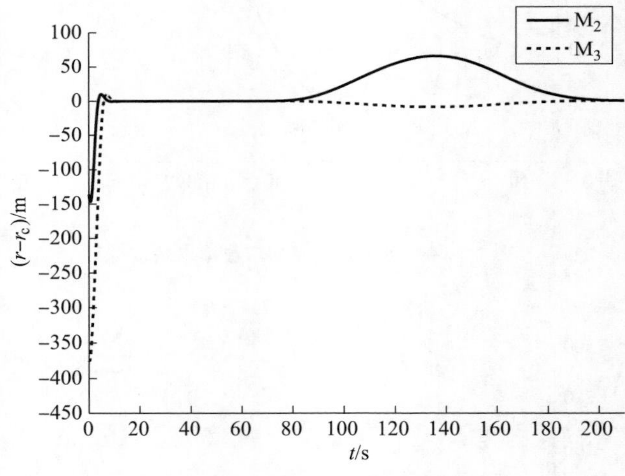

图 11-7 弹目距离差的变化曲线

对仿真结果进行分析可知，在飞行时间为 215.4 s 时，3 枚导弹与目标之间的距离均为 1.97 m，其攻击速度均为 200.0 m/s，攻击角度分别为 90.3°、135.3°和 179.6°。由此可知，3 枚导弹在战斗部威力半径范围内同时到达目标，且实际攻击速度等于理想攻击速度，实际攻击角与理想攻击角之差均小于 0.5°。因此，可认为 3 枚导弹以要求的速度和攻击角度同时命中了目标。由图 11-4 可见，各导弹虚拟点的轨迹均为圆弧段，各导弹跟随虚拟点飞行。

M_1 发射后，M_2 和 M_3 经过几秒钟的调整，其弹目距离等于领弹的弹目距离，实现了飞行过程中的位置协同，提高了导弹的突防概率，位置协同在 80 s

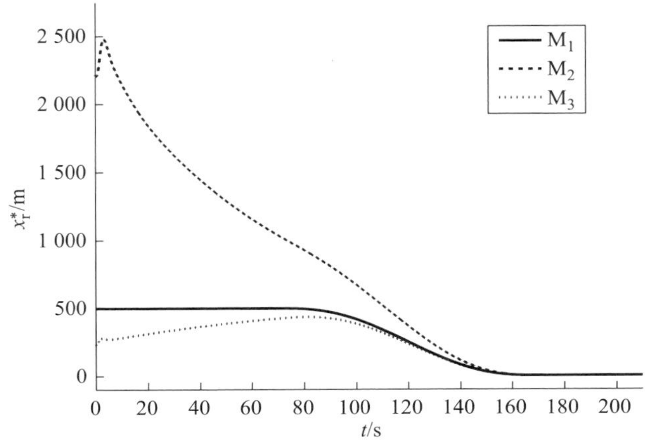

图 11 - 8　x_r^* 的变化曲线

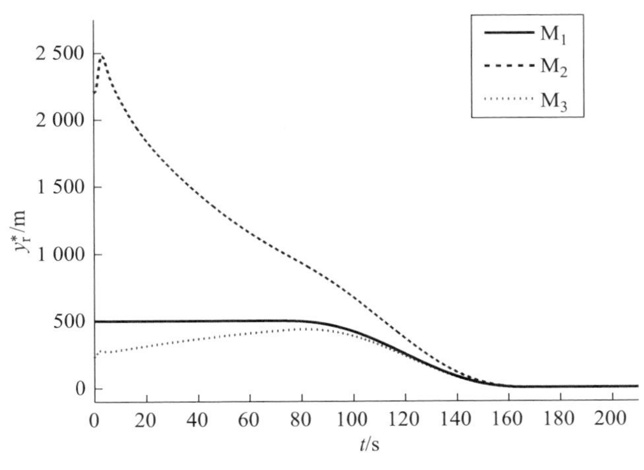

图 11 - 9　y_r^* 的变化曲线

左右结束（由图 11 - 7 可见）。在实现位置协同时，M_1 为领弹，因此，其速度变化较 M_2、M_3 平稳。在起控后 20 s 内，M_2 和 M_3 的速度变化比较大，之后变化相对平稳，由数据知，导弹 2 和导弹 3 的最大切向过载均为 6.11，M_1 的最大切向过载为 0.08。导弹航向角的变化也比较平稳，由数据可知 3 枚导弹的最大法向过载分别为 0.12、0.91 和 1.35。因此，无论是需用切向过载还是需用法向过载，都比较小，有利于工程实现。

在进行位置协同时，3 枚导弹的 x_r 等于 y_r，之后进入光滑过渡段，最后一段时间保持在一定的常值上。x_r 和 y_r 的设计至关重要，它直接关系到导弹在

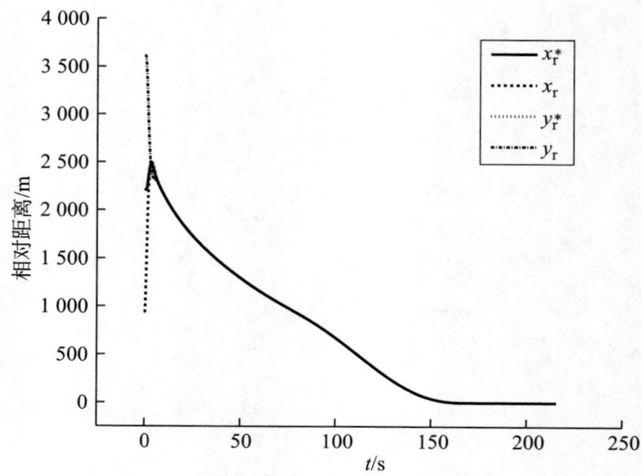

图 11－10　导弹 2 的 x_r、y_r 跟随 x_r^*、y_r^* 的变化曲线

完成协同攻击时的需用切向过载和需用法向过载。在本实例中，x_r 和 y_r 的变化比较平稳，因此各导弹的需用切向过载和需用法向过载均不大。

控制器工作状态良好，它控制导弹与虚拟点的相对距离 x_r、y_r 快速、稳定地跟踪设计的理想相对距离 x_r^*、y_r^*。从弹导引点初始位置的选择对从弹的需用过载也有影响，当初始的 x_r、y_r 与 x_r^*、y_r^* 相差不大时，从弹的需用过载会比较小。

在本制导控制律中，还可通过对虚拟点初始位置、相对距离的设计来对协同飞行中的避撞问题进一步考虑，设计既能够实现协同飞行又能够避免飞行过程中多飞行器避免碰撞的制导控制方法。

第 12 章

助推滑翔高超声速飞行器三维协同制导律

高超声速飞行器一般指能以超过马赫数 5 的速度飞行的航空航天器，可以实现在大气层和跨大气层中的远程高速飞行，具有速度快、射程远、精度高、突防能力强等优点，在军事上具有重要的战略威慑作用，近年来受到各国的广泛关注。与此同时，针对高超声速飞行器，各国相继研发了近迫武器系统、“宙斯盾”、末段高空区域防御等一系列防空反导武器系统，随着网络化、信息化防御系统的快速发展，单个高超声速飞行器成功突防完成攻击的能力受到极大挑战。这种情况下，多个高超声速飞行器通过信息共享从而实现攻击时间的一致，则会大大扩展战场空间，提高对防空反导武器系统的突防概率，增强对高价值目标的打击能力。多高超声速飞行器协同作战是打击拥有强大防御火力的高价值目标的最有效手段，是未来体系化、信息化、智能化战争发展的必然趋势。对于多高超声速飞行器协同作战来讲，具有攻击时间约束的协同制导与控制方法是其关键技术之一。

高超声速飞行器主要分为吸气式高超声速飞行器和助推滑翔高超声速飞行器，受吸气式发动机技术的制约，前者的技术实现难度很大，目前更接近实用化的是无动力助推滑翔高超声速飞行器，本章即研究多助推滑翔高超声速飞行器的协同制导律问题。

相比速度可控的亚声速巡航导弹和无人机，助推滑翔高超声速飞行器的飞行速度大小不可控且变化范围大，这给协同末制导律的设计带来了很大困难和挑战。本章将介绍两种可实现多高超声速飞行器对目标进行协同攻击的末制导律。

12.1　三维空间高超声速飞行器运动模型

对高超声速导弹而言，目标的运动速度近似可以忽略，因此可将目标视为静止目标。以一枚导弹为例，它在三维空间攻击静止目标的相对运动关系如图 12－1 所示。在末制导段，高超声速飞行器距离目标较近，此时可忽略地球的曲率和自转来研究问题。因此，图 12－1 与图 10－1 类似，只是在研究高超声

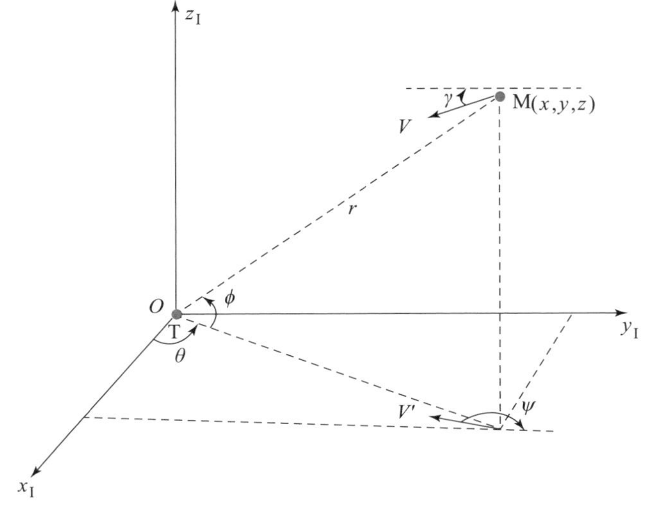

图 12－1　高超声速导弹－目标的相对运动关系

速飞行器运动时，习惯采用的坐标系和变量定义有所不同。

图中，$Ox_Iy_Iz_I$ 为地面坐标系，此时可视为惯性坐标系；M 和 T 分别代表导弹和目标；(x,y,z) 为导弹的质心坐标；r 为弹目距离；ϕ、θ 分别为俯仰方向、偏航方向的视线角，$\phi>0$，$\theta>0$；V、γ 和 ψ 分别为导弹速度、弹道倾角和弹道偏角，$\gamma<0$，$\psi<0$；V' 为 V 在 Ox_Iy_I 平面的投影。

由图 12－1 可得表征导弹和目标相对运动的方程组为

$$\begin{cases} \dot{r}=V(\sin\phi\sin\gamma-\cos\eta\cos\phi\cos\gamma) \\ \dot{\phi}=\dfrac{V(\sin\gamma\cos\phi+\cos\gamma\sin\phi\cos\eta)}{r} \\ \dot{\theta}=\dfrac{V\cos\gamma\cos(\psi+\theta)}{r\cos\phi} \end{cases} \tag{12-1}$$

式中，η——偏航方向的速度前置角，$\eta=\theta+\psi+\dfrac{\pi}{2}$。

表征导弹运动的非线性倾斜转弯模型为

$$\begin{cases} \dot{V}=-\dfrac{D}{m}-g\sin\gamma \\ \dot{\gamma}=\dfrac{L\cos\sigma}{mV}-\dfrac{g}{V}\cos\gamma \\ \dot{\psi}=\dfrac{L\sin\sigma}{mV\cos\gamma} \\ \dot{x}=V\cos\gamma\sin\psi \\ \dot{y}=V\cos\gamma\cos\psi \\ \dot{z}=V\sin\gamma \end{cases} \tag{12-2}$$

式中，L,D——导弹的升力与阻力；

m——导弹的质量；

g——重力加速度；

σ——导弹的倾侧角，由于采用 BTT－90 模式，因此有 $-90°\leqslant\sigma\leqslant90°$。

多导弹要想在指定的时间 T_d 以指定的落角 γ^* 对目标进行饱和攻击，需满足

$$\begin{bmatrix} x(T_d) \\ y(T_d) \\ z(T_d) \\ \gamma(T_d) \end{bmatrix}=\begin{bmatrix} 0 \\ 0 \\ 0 \\ \gamma^* \end{bmatrix} \tag{12-3}$$

12.2　指定攻击时间的三维协同末制导律

12.2.1　同时具有攻击时间约束和攻击角度约束的三维制导律

高超声速导弹的速度在不断变化且不可控，这为多导弹协同末制导律的设计带来了很大的挑战。文献［58］以导弹每个时刻的状态量为基础，对终端时刻的弹目距离和弹目距离变化率进行预测，通过预测值来计算剩余飞行时间，将其与给定剩余攻击时间的差作为反馈来得到制导指令，从而实现攻击时间的控制。本章在此基础上，考虑攻击角度的约束，给出能够同时实现攻击时间约束和攻击角度约束的末制导律。

对于速度时变的高超声速导弹，其剩余飞行时间的高精度估计是一个难题，文献［58］采用数值计算的方法对其进行在线估计。具体过程如下：

第 1 步，导弹采用三维比例导引律攻击目标，实际剩余飞行时间与剩余飞行时间预测值分别为 t_{PNG} 和 $\hat{t}_{\text{PNG}}$，当前飞行时间为 t，则 $T_{\text{PNG}}=t+t_{\text{PNG}}$ 和 $\hat{T}_{\text{PNG}}=t+\hat{t}_{\text{PNG}}$ 分别为导弹实际飞行时间与导弹飞行时间预测值。在此基础上，剩余弹目距离预测值可表示为

$$\hat{r}(t_{\text{p}}) = r(t) + \int_{t}^{t_{\text{p}}} \hat{w}(\tau)\,\mathrm{d}\tau \tag{12-4}$$

式中，t_{p}——预测时刻；

$\hat{w}$——预测距离变化率。

由于在命中时刻的弹目距离为 0，因此有

$$\hat{r}(T_{\text{PNG}}) = 0 \tag{12-5}$$

第 2 步，为了得到剩余飞行时间预测值，建立性能指标函数为

$$J(\hat{T}_{\text{PNG}}) = \frac{1}{2}(\hat{r}(\hat{T}_{\text{PNG}}))^{2} \tag{12-6}$$

采用梯度下降法对式（12-6）所示的无约束优化问题求解，得到

$$\dot{\hat{T}}_{\text{PNG}} = -\kappa\hat{r}(\hat{T}_{\text{PNG}})\hat{w}(\hat{T}_{\text{PNG}}) \tag{12-7}$$

式中，κ——预测系数，$\kappa>0$。

由于 $\hat{T}_{\text{PNG}}=t+\hat{t}_{\text{PNG}}$，因此式（12-7）可写为

$$\dot{\hat{t}}_{\text{PNG}} = -\kappa\hat{r}(t+\hat{t}_{\text{PNG}})\hat{w}(t+\hat{t}_{\text{PNG}}) - 1 \tag{12-8}$$

基于式（12-8），可对剩余飞行时间进行在线估计。

文献［58］中，在采用数值方法对 $\hat{r}(\hat{T}_{\mathrm{PNG}})$、$\hat{w}(\hat{T}_{\mathrm{PNG}})$ 进行预估时，假设导弹在纵侧向均采用常规比例导引律，本章为了进一步考虑攻击角度的约束，在对这两个值进行预估时，假设导弹在侧向仍然采用常规比例导引律，而在纵向采用文献［59］中带落角约束的偏置比例导引律，其表达式为

$$\dot{\gamma}_{\mathrm{d}} = -N_1\dot{\phi} + KV\frac{\gamma - N_1\phi + (N_1 - 1)\gamma^*}{r} \tag{12-9}$$

式中，γ^*——理想落角；

N_1——比例系数；

K——制导参数，$K>0$。

因此，导弹在预测时采用三维制导律表达式为

$$\begin{bmatrix}\dot{\gamma}_{\mathrm{d}}\\ \dot{\psi}_{\mathrm{d}}\end{bmatrix} = \begin{bmatrix} -N_1\dot{\phi} + KV\dfrac{\gamma - N_1\phi + (N-1)\gamma^*}{r}\\ -N_2\dot{\theta}\end{bmatrix} \tag{12-10}$$

不同于文献［58］中通过纵向弹道的调整来实现攻击时间约束，本章通过在侧向制导指令中加入理想攻击时间与预测攻击时间的误差作为反馈项来实现对攻击时间的控制，而在纵向采用式（12-9）所示的偏置比例导引律来实现对攻击落角的控制。

考虑攻击时间约束，令攻击时间误差为

$$e_{\mathrm{t}} = \hat{t}_{\mathrm{PNG}} - (T_{\mathrm{r}} - t) \tag{12-11}$$

式中，T_{r}——为使导弹的指令较平滑而设计的理想攻击时间函数，其表达式为

$$T_{\mathrm{r}}(t) = \begin{cases} T_{\mathrm{d}} - (T_{\mathrm{d}} - T_0)\dfrac{(t - T_{\mathrm{p}})^2}{T_{\mathrm{p}}^2}, & t \leqslant T_{\mathrm{p}}\\ T_{\mathrm{d}}, & t > T_{\mathrm{p}}\end{cases} \tag{12-12}$$

式中，T_0——基于运动初始状态采用常规比例导引律的攻击时间；

T_{p}——控制 T_0 到 T_{d} 变化速度的时间参数。

将式（12-11）所示的时间误差作为反馈项引入侧向比例导引律指令，有

$$\dot{\psi}_{\mathrm{d}} = -(N_2 + k_{\mathrm{u}}(N_2 - 1)e_{\mathrm{t}})\dot{\theta} \tag{12-13}$$

式中，N_2——比例系数；

k_{u}——设计参数。

侧向攻击时间控制思路：在每个制导周期，基于常规比例导引律进行预测，通过预测结果对剩余飞行时间进行计算估计，将计算得到的剩余飞行时间与理想剩余飞行时间的差 e_{t} 作为反馈项引入侧向制导律，此制导律作用于弹体后，导弹在下一周期的运动状态已经与预测弹道在下一周期的运动状态不同，将新的运动状态作为初始条件继续预测，同时继续通过 e_{t} 对导弹进行控制，直

至最终实现在理想攻击时间击中目标。

三维空间的同时具有攻击时间约束和攻击角度约束的制导律为

$$\begin{bmatrix} \dot{\gamma}_d \\ \dot{\psi}_d \end{bmatrix} = \begin{bmatrix} -N_1\dot{\phi} + KV\dfrac{\gamma - N_1\phi + (N_1 - 1)\gamma^*}{r} \\ -(N_2 + k_u(N_2 - 1)e_t)\dot{\theta} \end{bmatrix} \tag{12-14}$$

当得到制导指令 $\dot{\gamma}_d$ 和 $\dot{\psi}_d$ 后，将式（12－2）中的 $\dot{\gamma}$ 与 $\dot{\psi}$ 替换为 $\dot{\gamma}_d$ 与 $\dot{\psi}_d$，则可得到升力指令 L_d 的表达式，又由于在 $\dot{\gamma} = \dfrac{L\cos\sigma}{mV} - \dfrac{g}{V}\cos\gamma$ 中，$\sigma \in \left[-\dfrac{\pi}{2}, \dfrac{\pi}{2}\right]$，即 $\cos\sigma \geqslant 0$，故升力指令的符号与 $V\dot{\gamma}_d + g\cos\gamma$ 一致，即

$$L_d = m\operatorname{sign}(V\dot{\gamma}_d + g\cos\gamma)\sqrt{(V\dot{\gamma}_d + g\cos\gamma)^2 + (V\dot{\psi}_d\cos\gamma)^2} \tag{12-15}$$

在 MATLAB 环境中调用 fmincon 函数寻优得到攻角指令，有

$$\alpha_d = \arg\min |L - L_d| \tag{12-16}$$

式中，L——实际升力。

将式（12－2）中 $\dot{\psi} = \dfrac{L\sin\sigma}{mV\cos\gamma}$ 中的 $\dot{\psi}$ 与 L 替换为 $\dot{\psi}_d$ 与 L_d，可得倾侧角指令的表达式为

$$\sigma_d = \arcsin\frac{mV\dot{\psi}_d\cos\gamma}{L_d} \tag{12-17}$$

在本章中，由于重点是制导律的设计，故此处假设导弹具有理想控制系统（即实际攻角与倾侧角能够理想跟踪攻角指令与倾侧角指令），即

$$\begin{cases} \alpha = \alpha_d \\ \sigma = \sigma_d \end{cases} \tag{12-18}$$

至此，得到了导弹的控制量，再代入运动方程组，即可实现对导弹的控制。

例 12－1　假设目标位于原点，导弹 A、B 的初始位置（以千米（km）为度量单位）分别为 $(x_{0A}, y_{0A}, z_{0A}) = (25, 5, 20)$，$(x_{0B}, y_{0B}, z_{0B}) = (28, -10, 20)$。两枚导弹的初始速度均为 $V_0 = 1\ 600$ m/s，初始弹道倾角均为 $\gamma_0 = -10°$，初始弹道偏角均为 $\psi_0 = -80°$。升力系数和阻力系数为

$$\begin{cases} C_l = 0.417\ 2 + 19.41\alpha + 10.17\alpha^2 - Ma(0.100\ 4 + 0.753\ 6\alpha) \\ C_d = 0.304\ 2 + 0.029\ 88Cl^2 \end{cases} \tag{12-19}$$

导弹的质量为 $m = 1\ 600$ kg，参考面积为 $S = 0.502\ 6\ \text{m}^2$。攻角和倾侧角的允许范围分别为 $[-15°, 15°]$ 和 $[-90°, 90°]$。在制导律中，$N_1 = N_2 = 3$，$\kappa = 8 \times 10^{-6}$，$k_u = 10$，$K = -1.5$。理想攻击时间 $T_d = 30$ s，理想落角 $\gamma^* = -80°$。仿真结果如图 12－2 ~ 图 12－7 所示。

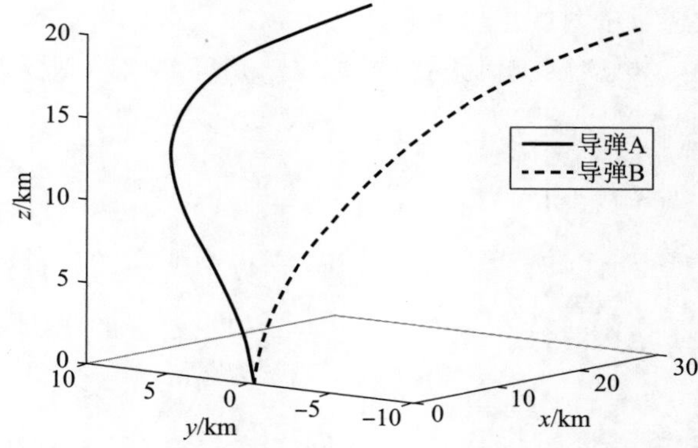

图 12－2　两枚导弹的弹道曲线

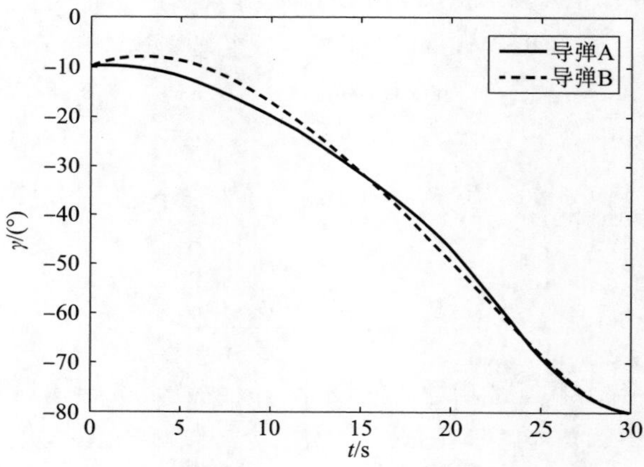

图 12－3　两枚导弹弹道倾角的变化曲线

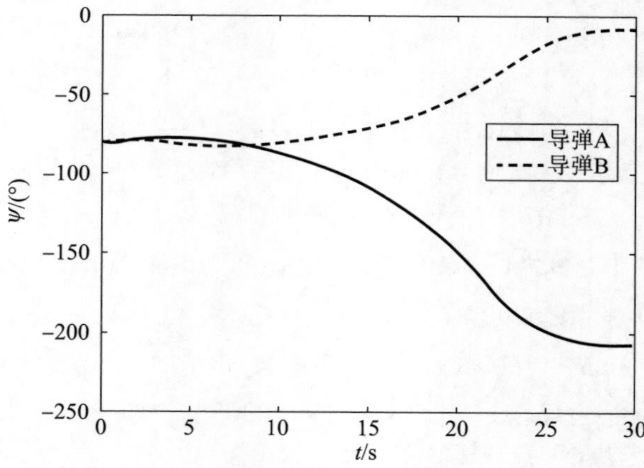

图 12－4　两枚导弹弹道偏角的变化曲线

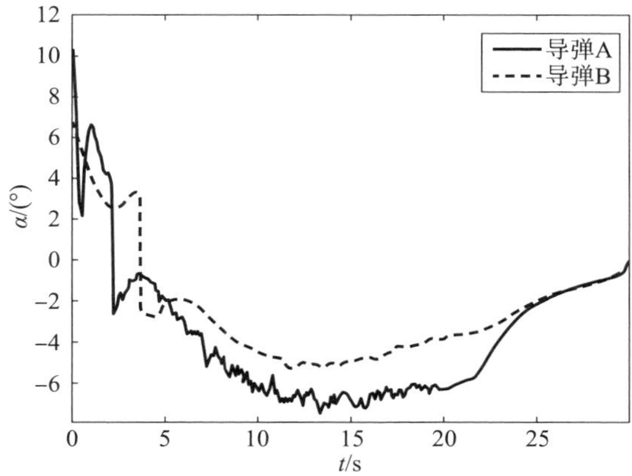

图 12-5　两枚导弹攻角的变化曲线

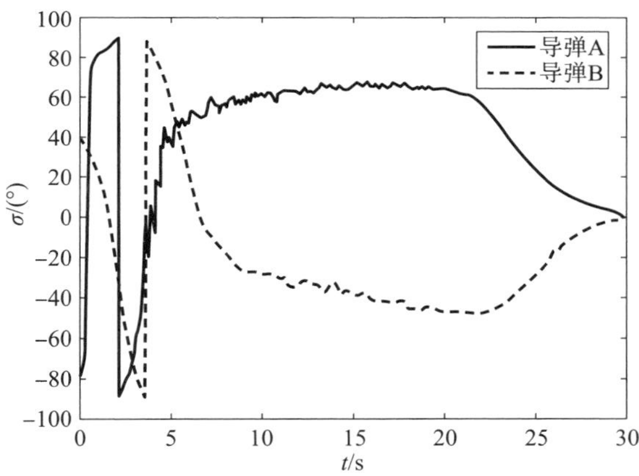

图 12-6　两枚导弹倾侧角的变化曲线

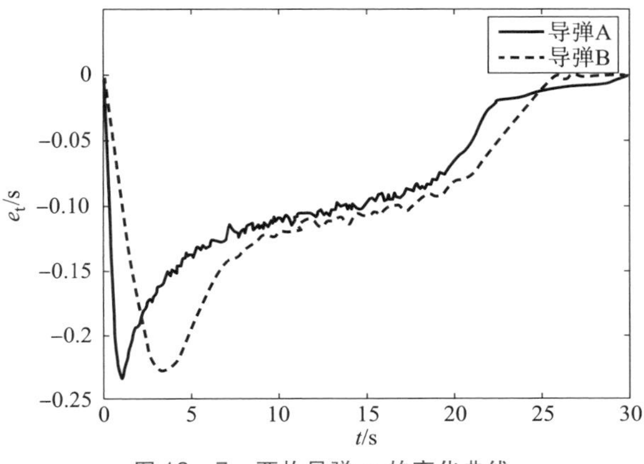

图 12-7　两枚导弹 e_t 的变化曲线

由图 12-2、图 12-3 可知，两枚导弹均在指定的攻击时间 30 s 以指定落角 -80°命中了目标，实现了对目标的协同攻击。由图 12-5、图 12-6 可知，导弹的控制量均在给定的范围内变化。以导弹 A 为例进行分析，由图 12-7 可见，$|e_t|$由初值 0 快速增加，由于导弹通过侧向运动实现攻击时间的调整，且在开始一段时间升力较小（飞行高度高），因此导弹在初始时的倾侧角较快增大，如图 12-6 所示。随着$|e_t|$减小，当 $V\dot{\gamma}_d + g\cos\gamma < 0$ 时，升力指令随之改变符号，攻角与倾侧角均发生翻转。为了实现要求的较大落角，在末制导开始后的一段时间（如 10~20 s）内，导弹以较大的负攻角飞行，使弹道下压，最终实现落角约束。由于导弹在纵侧向运动存在着耦合，因此，为了实现指定的攻击时间，倾侧角就较大，导弹绕弯（由图 12-6 可见）。综合纵侧向指令的耦合变化，最终实现了在三维空间内，导弹以指定的攻击时间和落角命中目标。导弹 B 的情况可类似分析。

12.2.2 末制导可行初始位置域

由于各高超声速导弹的机动能力有限，且通常对其末速也有要求，而本章通过控制多导弹攻击时间一致来实现协同，因此其并不是从任何位置开始末制导都能以同一时间实现协同的，有必要在考虑导弹有限机动能力和末速约束的前提下研究各自在不同协同攻击时间对应的末制导可行初始位置域。在本章，当导弹滑翔至 $z_0 = h_0$ 的高度时，转入末制导，且假设进入末制导时导弹的速度大小和方向已确定。接下来，首先，选定合适的理想攻击时间；然后，在 $y = y_0$ 的前提下求解理想攻击时间对应的 x 方向的一维可行位置域；最后，求解 x、y 方向的二维可行位置域。

12.2.2.1 攻击时间范围求解

当目标信息和末制导初期导弹的位置及速度确定后，受可用过载 n_p 和要求的最小末速 V_{fmin}的约束，导弹能够实现的飞行时间是有限的，即存在最小攻击时间和最大攻击时间。

由于高超声速导弹速度时变且不可控，其攻击时间范围 $[t_{min}, t_{max}]$ 无法采用解析方法进行求解，因此本章采用数值计算方法对其求解。当导弹采用如式（12-10）所示的带落角约束的三维比例导引律时，其攻击时间 T_0 为最小攻击时间，即 $t_{min} = T_0$。在最小时间的基础上，令 $T_d = T_0 + i\Delta t$（$i = 1, 2, 3, \cdots$，Δt 为时间间隔）。从 $i = 1$ 开始计算 T_d，通过仿真来判断导弹采用式（12-14）所示的协同末制导律时是否满足过载 $n \leqslant n_p$ 及末速 $V_f \geqslant V_{fmin}$ 的约束。若满足，则增加 i 从而增大 T_d 进行再次仿真；若不满足，则输出上一步的满足约束的

T_d，将其作为最大攻击时间 t_{max}。通过以上方法，即可求得在某个末制导初始位置下导弹的攻击时间范围。

12.2.2.2　一维可行初始位置域求解

本小节给出导弹末制导一维可行初始位置域的求解方法。假定导弹进入末制导时的位置 y_0、z_0 已确定，选取合理的理想协同攻击时间 T_{d1}，之后求解能够以 T_{d1} 实现协同的 x_0 的范围，即一维可行初始位置域。

接下来，分析导弹位于不同末制导初始位置时的协同可行性。假设两枚导弹分别位于位置 $M_1(x_{011},y_0,z_0)$ 和 $M_2(x_{012},y_0,z_0)$，且 $0<x_{011}<x_{012}$，由于目标位于原点，因此其初始弹目距离 $r_{011}<r_{012}$。通过 12.2.2.1 节介绍的方法可以分别计算得到其攻击时间范围 $[t_{11min},t_{11max}]$ 和 $[t_{12min},t_{12max}]$，而对于采用式（12-14）所示制导律的导弹来说，有 $t_{11min}<t_{12min}$、$t_{11max}<t_{12max}$。当 $t_{11max}<t_{12min}$时，这两个位置对应的攻击时间范围无交集，则 M_1 与 M_2 的导弹无法实现协同；当 $t_{11max}>t_{12min}$时，导弹可以在 $[t_{12min},t_{11max}]$ 中的任一时间实现协同；当 $t_{11max}=t_{12min}=T_{d1}$时，位于 M_1 与 M_2 的导弹仅能以 T_{d1} 实现协同。考虑多弹协同，由上述分析可知，当 $t_{11max}=t_{12min}=T_{d1}$ 且多弹初始位置在 M_1 与 M_2 之间时，其均能以 T_{d1} 实现协同，此时 M_1 与 M_2 在 x 方向的坐标范围 $[x_{011},x_{012}]$ 即最大可行末制导初始位置域。

综上所述，求解一维可行位置域即求解最大攻击时间等于 T_{d1} 的 x_{011} 与最小攻击时间等于 T_{d1} 的 x_{012}。以导弹 x 方向初始位置 x_0 为设计变量，即

$$X=x_0 \tag{12-20}$$

考虑导弹的可用过载与末速约束，有

$$\begin{cases}V_f\geqslant V_{fmin}\\ n\leqslant n_p\end{cases} \tag{12-21}$$

导弹实现协同的条件为以相同攻击时间 T_{d1} 击中目标，则性能指标函数可设为

$$\min F_1(X)=|t_1-T_{d1}| \tag{12-22}$$

式中，t_1——实际飞行时间。

由式（12-20）~式（12-22）构成了优化模型，可采用优化算法（如文化算法）对其求解。在每次优化过程中，计算此时（第 j 次迭代）的设计变量对应的攻击时间范围 $[t_{1jmin},t_{1jmax}]$（$j=1,2,\cdots,q$，q 为最大迭代次数）。令性能指标函数中的 $t=t_{1jmin}$，则优化计算可得到 x_{01max}；令 $t=t_{1jmax}$，则优化计算可得到 x_{01min}。此时，得到攻击时间 T_{d1} 所对应的一维末制导可行初始位置域 $[x_{01min},x_{01max}]$。改变期望协同攻击时间 T_{d1}，即可分别计算其对应的初始位置域。

12.2.2.3 二维可行初始位置域求解

仍然假设末制导初始时刻导弹的飞行高度 $z_0 = h_0$ 确定。考虑导引头的作用距离、开始末制导时的高度、导弹侧向机动能力等因素，设定 x 方向的初始位置范围 $[x_{021}, x_{02h}]$，在此基础上，将二维可行域的求解问题转化为一维可行域的求解，即取 $x_{02k} \in [x_{021}, x_{02h}]$ $(k = 1, 2, \cdots, q,\ q > 0)$，基于 12.2.2.2 节的方法可求解导弹的末制导初始 $x_0 = x_{02k}$、$z_0 = h_0$ 时，对应于理想攻击时间 T_{d2} 的 y 方向坐标范围 $[y_{02k\min}, y_{02k\max}]$。考虑在整个 $[x_{021}, x_{02h}]$ 范围内对应的 $[y_{02k\min}, y_{02k\max}]$，则可获得二维末制导可行初始位置域。

例 12－2 假设高超声速导弹滑翔至 $h_0 = 20$ km 时转入末制导，令初始侧向坐标 $y_0 = 0$。分别设导弹 C 与导弹 D 的初始速度为 $V_{C0} = 1\ 600$ m/s 与 $V_{D0} = 1\ 500$ m/s。其他初始条件与例 12－1 相同。为了研究方便，令理想攻击时间 T_{d1}(s) 在 [26,34] 中每隔 1 s 取值。约束条件 $V_{f\min} = 700$ m/s，$n_P = 30$。计算结果如表 12－1 和图 12－8 所示。

表 12－1 一维可行初始位置域

T_{d1}/s	$V_{C0} = 1\ 600$ m/s		$V_{D0} = 1\ 500$ m/s	
	$x_{D0\max}$/m	$x_{C0\min}$/m	$x_{C0\max}$/m	$x_{D0\min}$/m
26	19 440	25 834	17 264	23 650
27	20 124	27 219	18 375	25 041
28	20 986	28 564	19 482	26 381
29	22 032	29 882	20 565	27 673
30	23 089	31 154	21 213	28 934
31	24 106	32 413	22 043	30 152
32	25 197	33 636	23 014	31 349
33	26 185	34 853	24 038	32 528
34	27 191	36 053	25 026	33 683

由表 12－1 与图 12－8 可知，对应着不同的理想攻击时间，两个导弹均具有各自的可行初始位置域。由表 12－1 可知，由于导弹 C 的初始速度大于导弹 D 的初始速度，因此有 $x_{C0\min} > x_{D0\min}$，$x_{C0\max} > x_{D0\max}$。由于导弹 D 的初始速度较小，但其也必须满足末速要求，因此其初始位置域较小。例如，当 $T_{d1} = 30$ s 时，导弹 C 的可行位置域范围为 8.065 km，导弹 D 只有 7.721 km。另一方面，理想攻击时间越大，导弹可调整的范围就越大，其可行初始位置域也越大。

以导弹 C 为例，求解其二维可行位置域。同样假设其在高度为 20 km 处转

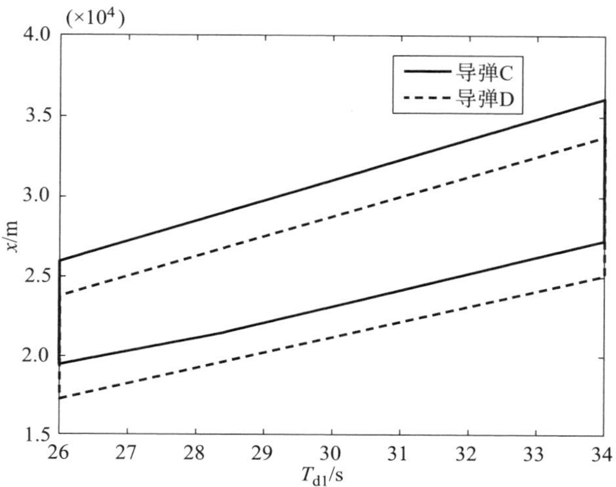

图 12－8　两枚导弹的一维可行初始位置域

入末制导。参考上述求得的一维可行位置域，同时为了计算方便，设导弹 C 在 x 方向的初始坐标 $x_{C0} \in [x_{C01}, x_{C0h}] = [20, 30]$。令 x_{C0} 在 $[x_{C01}, x_{C0h}]$ 中每隔 1 km 取值，其他初始条件与例 12－1 中相同，求对应的侧向坐标范围。设定理想攻击时间 T_{d2} 分别为 28 s、30 s 和 32 s，得到二维可行初始位置域如图 12－9 所示。

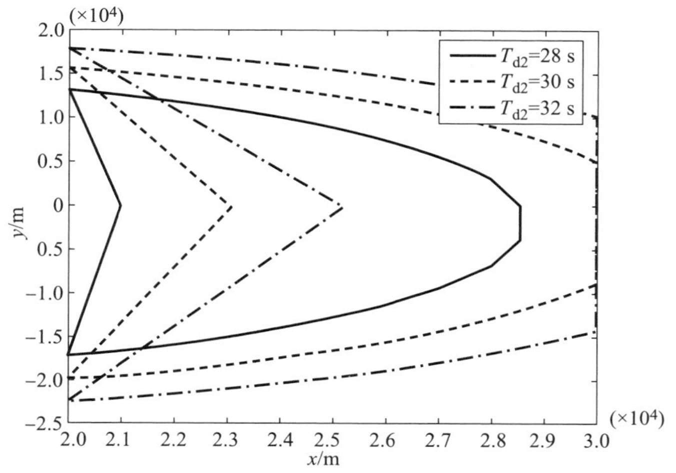

图 12－9　不同 T_{d2} 时的二维可行初始位置域

当 $T_{d2} = 28$ s 时，由表 12－1 可知，在 $y_{C0} = 0$ 前提下，x_{C0}(km) 范围为 [20.986, 28.564]；当没有 $y_{C0} = 0$ 的约束，求取二维可行初始位置域时，在

20 km≤x_{C0}<20.986 km 也存在可行位置域，但由图 12－9 可知，此时的可行 y_{C0} 是不连续的。较小的 x_{C0} 对应的可行 $|y_{C0}|$ 较大，随着 x_{C0} 的减小，可行 y_{C0} 的范围减小，这是因为小的 x_{C0} 和大的 $|y_{C0}|$ 对应着相差不大的初始距离，才有可能实现同一攻击时间。当 20.986 km≤x_{C0}≤28.564 km 时，其对应着连续可行 y_{C0}，随着 x_{C0} 的增大，可行 y_{C0} 的范围减小，同样是因为相差不大的初始弹目距离才有可能达到相同的攻击时间。而当 x_{C0}>28.564 km 时，初始弹目距离较大，导弹不做机动时的攻击时间已经大于理想攻击时间，故而无可行初始位置域。当 T_{d2}=30 s，32 s 时，与上述分析类似。

由表 12－1 可知，T_{d2}=28 s，30 s，32 s 时，其一维可行初始位置域（km）的交集为［25.197，28.564］，在此范围内，T_{d2} 越大，同一 x_{C0} 对应的 y_{C0} 范围就越大，这是因为理想攻击时间越长，导弹能进行调节的时间和余地就大，因此其可行初始位置域也大。

由于本制导律需要在每个制导周期对飞行末端的弹目距离以及弹目距离变化率进行预测，基于此预测值进行剩余飞行时间的估算，因此考虑弹上在线实施，算法的计算速度就是一个需要重点考虑的问题。算法的计算速度可从软件和硬件两个方面考虑：从软件的角度，可对软件结构和程序编码进行优化；从硬件的角度，就是提升硬件的计算和存储能力。总之，科学技术的不断发展、软硬件水平的不断提高及人工智能技术的应用，都为此算法的在线实现提供了光明的前景。

12.3 基于弹间通信的协同末制导律

当应用 12.2 节中的协同末制导律时，在进入末制导前，各导弹可通过信息共享来确定共同的理想飞行时间。但在飞行过程中，导弹间并不存在通信，每枚导弹只要实现指定的理想攻击时间，即可实现协同打击。本节介绍在飞行过程中弹间存在通信的协同制导律。高超声速飞行器的速度大小不可控且不断变化，因此对于多高超声速飞行器来讲，只能通过控制速度的方向来实现协同，与第 9 章和第 10 章的思路类似，可通过弹目距离协同的方法来实现高超声速飞行器的协同飞行。影响弹目距离变化的因素有飞行速度的大小、飞行速度与视线之间的夹角（速度前置角），虽然高超声速飞行器的飞行速度大小不可控，但是可通过调整速度前置角来实现弹目距离的控制和跟踪。因此，本章同样采用弹目距离跟踪的思路来设计高超声速飞行器的协同制导律，与第 9 章和第 10 章的不同之处在于，各导弹跟踪的理想弹目距离设计方法不同。

为了实现对纵向攻击角度的约束，导弹在纵向采用具有攻击角度约束的制导律（式（12-9）），在纵向制导律已定的情况下，通过调整侧向速度前置角来实现对弹目距离的调整和跟踪。假定 n 枚助推滑翔高超声速导弹协同飞行，其中第 i 枚导弹的弹目距离表示为 r_i，则 n 枚导弹的平均弹目距离 $\bar{r}$ 为

$$\bar{r} = \frac{\sum_{i=1}^{n} r_i}{n} \tag{12-23}$$

如果 $r_i(i=1,2,\cdots,n)$ 与 $\bar{r}$ 相等，就意味着 n 枚导弹的弹目距离相等，多导弹同步接近目标，实现了飞行位置协同。当距离目标很近时，在某一弹目距离 r^*，为了确保攻击目标的精度，令导弹转入比例导引律。此处各导弹跟踪的理想弹目距离是所有导弹弹目距离的平均值，既不同于第 9 章中的基于理想攻击时间设计的理想弹目距离，也不同于第 10 章中的从弹以领弹的弹目距离作为理想弹目距离。在第 10 章中，由于领弹采用比例导引律攻击目标，所以其弹目距离一定趋于零，各从弹只要能跟踪领弹的弹目距离，就一定能同时命中目标，因此临近目标时没有进行切换。在本章，各导弹的理想弹目距离为平均弹目距离。需要注意的是，当攻击静止目标时，只要各导弹的速度前置角 $|\eta|<90°$，导弹的相对速度就一定小于零，弹目距离一定是减小的，则平均弹目距离也一定是减小的，最终会趋于零。但是，如果某几枚导弹的 $|\eta|$ 虽然小于 90°但是比较大（如 80°），则这几枚导弹的弹目距离减小得很慢，平均弹目距离趋于零的速度也就很慢，这几枚导弹为了实现弹目距离协同就会进行大的侧向绕飞，当距离目标比较近时，这是不利的，因此此时就转入比例导引律，以确保对目标的有效攻击。类似于第 8 章，末段切换为比例导引律后，各弹之间不再存在协同，因此不能保证 n 枚导弹在精确同一时间到达目标。但是，由于转入比例导引律时的弹目距离比较近，高超声速导弹的速度又很快，因此末段比例导引引起的攻击时间差比较小，各弹还是能够实现几乎在同一时间到达目标，实现对目标的协同攻击。在飞行位置协同段，也不能将 $|\eta|$ 的最大值设置得太小，否则各飞行器的调整能力很小，很难实现飞行位置协同。设置 $|\eta|$ 的最大值时，要综合考虑框架角约束、导弹的攻角等因素。

在确定理想弹目距离后，就可通过设计偏航方向速度前置角来实现 r_i 对 $\bar{r}$ 的跟踪，设计方法同前。本节导弹目标的相对运动关系以及变量定义如图 10-1 所示。为了内容的完整性，这里给出结果（为了表述方便，以下省略导弹下标 i）：

$$
\begin{cases}
e_{\mathrm{r}} = r - \bar{r} \\
\dot{e}_{\mathrm{r}} = \dot{r} - \dot{\bar{r}} \\
\dot{e}_{\mathrm{r}} = -V_{\mathrm{m}}\cos\theta_{\mathrm{m}}\cos q_{\theta}\cos\eta_{\psi\mathrm{c}} + \sin\theta_{\mathrm{m}}\sin q_{\theta} - \dot{\bar{r}} \\
S = (k_{\mathrm{r}}e_{\mathrm{r}} - V_{\mathrm{m}}\sin\theta\sin q_{\theta} - \dot{\bar{r}})/(V_{\mathrm{m}}\cos\theta\cos q_{\theta}) \\
\eta_{\psi\mathrm{c}} = \begin{cases} \mathrm{sign}(\eta_{\psi 0})\eta_{\psi\max}, & S < \cos\eta_{\psi\max} \\ \mathrm{sign}(\eta_{\psi 0})\arccos S, & \cos\eta_{\psi\max} \leqslant S \leqslant 1 \\ 0, & S > 1 \end{cases}
\end{cases}
\tag{12-24}
$$

式中，q_{θ}——纵向的视线角；

$\eta_{\psi 0}$——初始侧向速度前置角；

其余符号意义同前。

采用低通滤波器对 $\eta_{\psi\mathrm{c}}$进行滤波，有

$$
\begin{cases}
\tau_{\eta}\dot{\eta}_{\psi\mathrm{d}} + \eta_{\psi\mathrm{d}} = \eta_{\psi\mathrm{c}} \\
\eta_{\psi\mathrm{d}}(0) = \eta_{\psi\mathrm{c}}(0)
\end{cases}
\tag{12-25}
$$

式中，$\eta_{\psi\mathrm{d}}$——滤波器的输出，也是 η_{ψ} 的期望值；

τ_{η}——滤波器时间常数，$\tau_{\eta} > 0$，考虑到滤波器跟踪性能，τ_{η} 应足够小。

假设协同作战的导弹为动力学特性、速度特性相差比较大的异构导弹，则将多弹的平均弹目距离作为每个导弹需跟踪的理想弹目距离时的制导律，性能可能会下降。因为各导弹的速度差异较大，对于实现攻击时间协同来讲，在某一时刻，合理的方案是速度快的导弹离目标较远、速度慢的导弹离目标较近，而不是所有导弹的弹目距离相等。如果各导弹在同一时刻、同一弹目距离 r^* 转入比例导引，由于各导弹的速度差别较大，就可能造成攻击时间差较大的情况，也就是协同性能下降。针对此种情况，设计每枚导弹的期望弹目距离指令与导弹的速度和弹目距离相关，为

$$
\bar{r}_i = \frac{V_{\mathrm{m}i}\sum_{i=1}^{n} r_i}{\sum_{i=1}^{n} V_{\mathrm{m}i}}
\tag{12-26}
$$

对其求导，得

$$
\dot{\bar{r}}_i = \frac{\dot{V}_{\mathrm{m}i}\sum_{i=1}^{n} r_i \sum_{i=1}^{n} V_{\mathrm{m}i} + V_{\mathrm{m}i}\sum_{i=1}^{n}\dot{r}_i\sum_{i=1}^{n} V_{\mathrm{m}i} - V_{\mathrm{m}i}\sum_{i=1}^{n} r_i \sum_{i=1}^{n}\dot{V}_{\mathrm{m}i}}{\left(\sum_{i=1}^{n} V_{\mathrm{m}i}\right)^2}
\tag{12-27}
$$

用式（12－26）、式（12－27）替换式（12－23）及其导数，代入式（12－24），即可得到最终的适用于异构飞行器的侧向制导指令。

例12-3　假设两枚导弹（导弹1和导弹2）协同攻击位于（50 000,0,0）（以米（m）为度量单位）处的静止目标，导弹的初始位置、速度等见表12-2（下标“0”表示末制导初始时刻）。当弹目距离 $r^* = 5\ 000$ m时转入比例导引律（比例系数为3）。在协同指令中，$k_q = 0.10$，$k_r = 0.10$。两枚导弹的理想攻击角度分别为 $-15°$ 和 $-30°$。

表12-2　两枚导弹末制导初始参数

导弹编号	x_0/m	y_0/m	z_0/m	V_0/(m·s^{-1})	θ_0/(°)	ψ_{V0}/(°)
导弹1	2 445	23 425	50 749	2 095	-23.2	89.7
导弹2	20 000	20 000	50 000	1 500	3	50

采用平均弹目距离作为理想弹目距离，仿真结果如图12-10～图12-20所示。

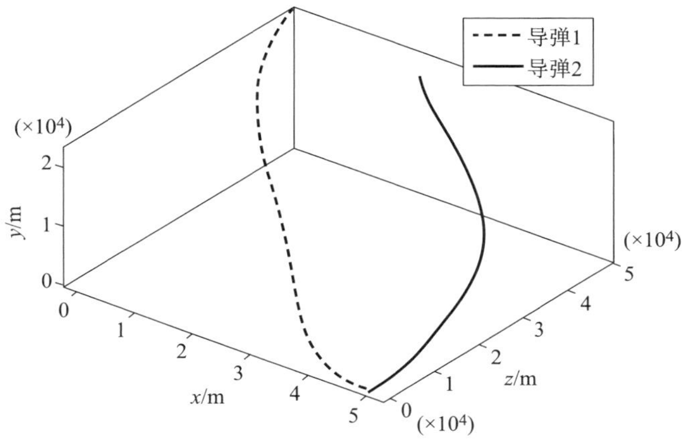

图12-10　两枚导弹的弹道

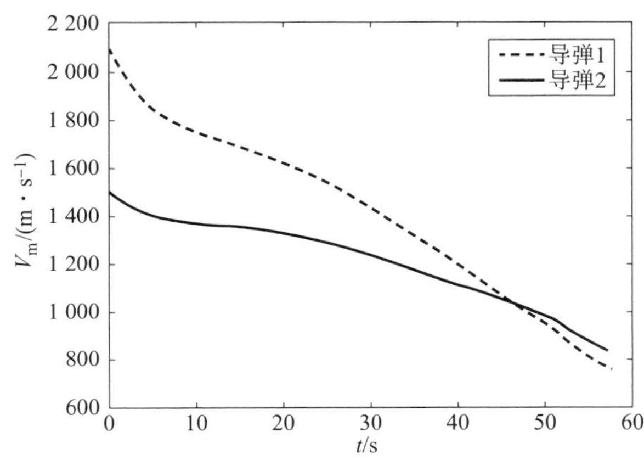

图12-11　两枚导弹的速度变化曲线

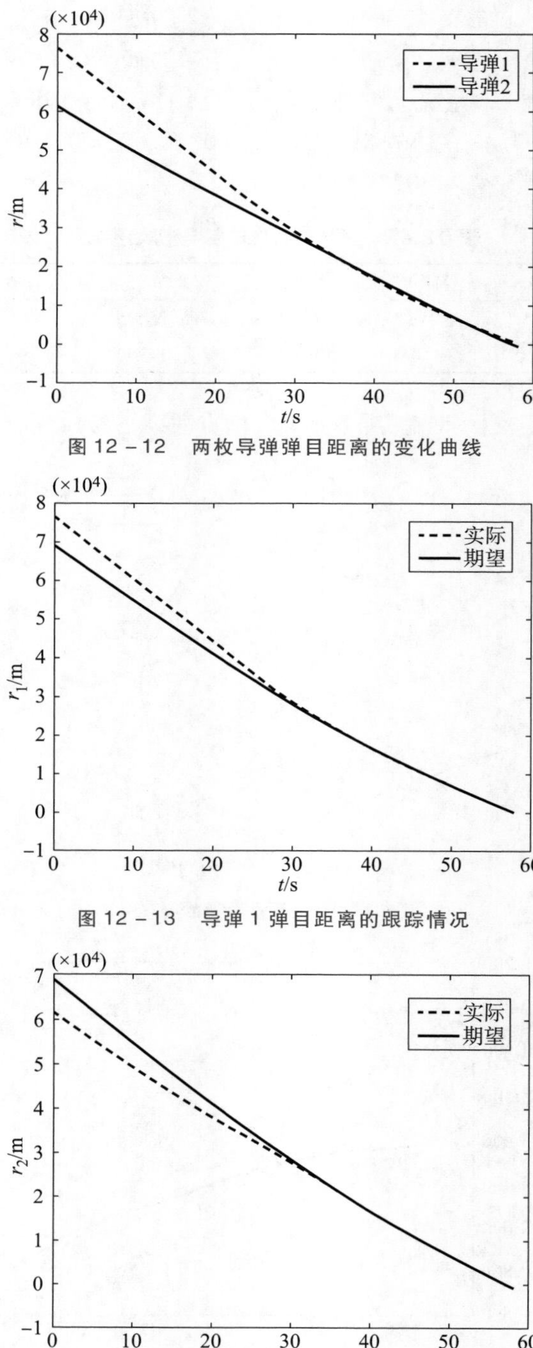

图 12－12　两枚导弹弹目距离的变化曲线

图 12－13　导弹 1 弹目距离的跟踪情况

图 12－14　导弹 2 弹目距离的跟踪情况

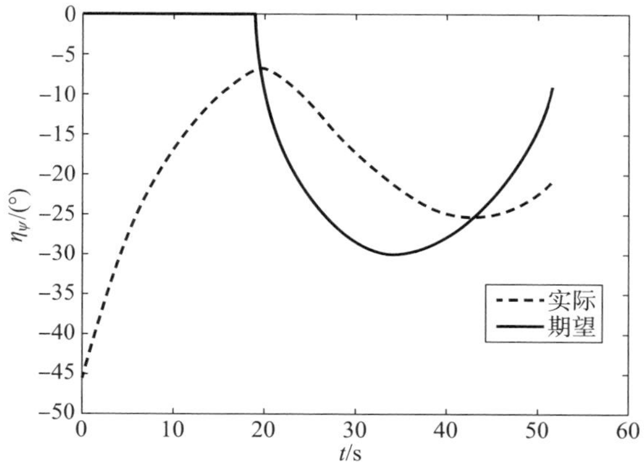

图 12－15　导弹 1 速度前置角的跟踪指令情况

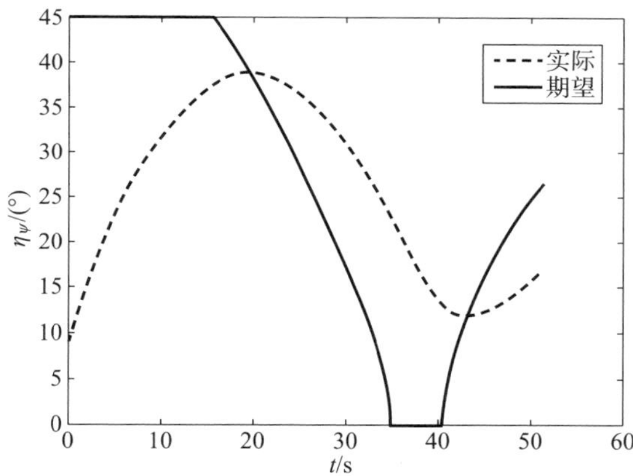

图 12－16　导弹 2 速度前置角的跟踪指令情况

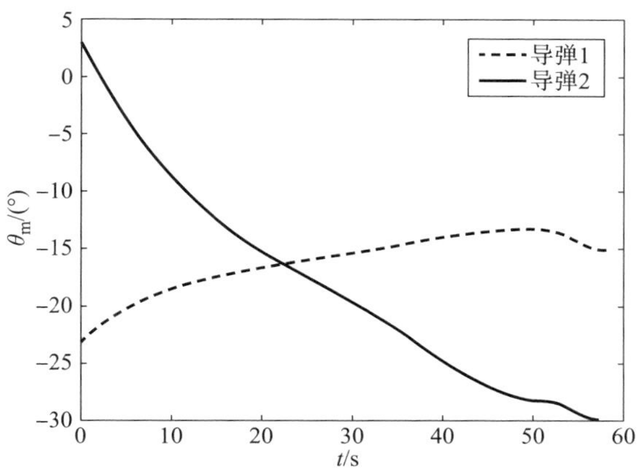

图 12－17　两枚导弹的弹道倾角的变化曲线

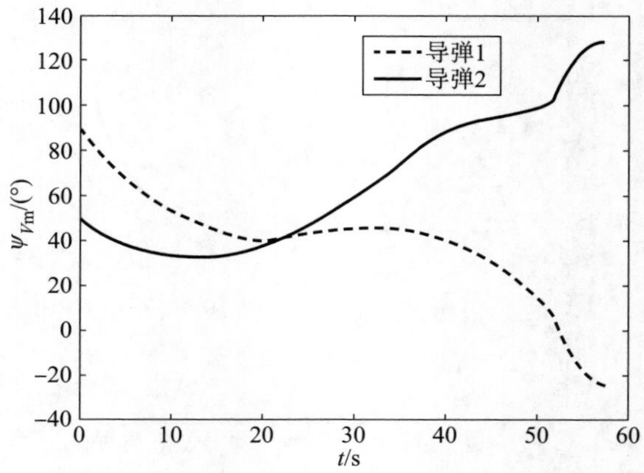

图 12－18　两枚导弹的弹道偏角的变化曲线

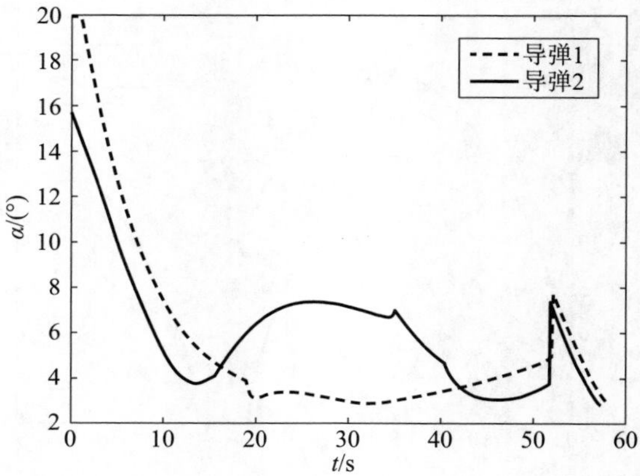

图 12－19　两枚导弹的攻角的变化曲线

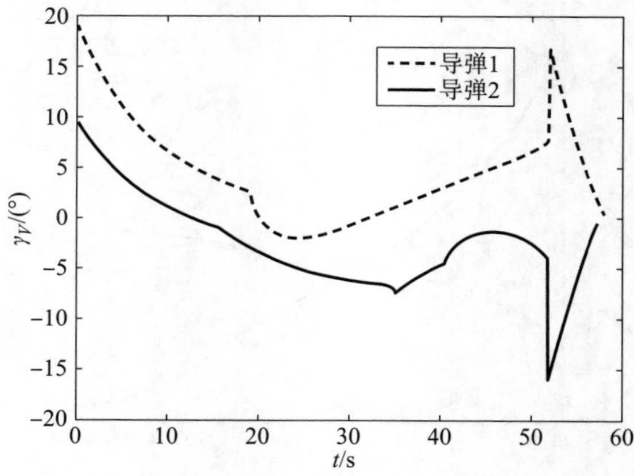

图 12－20　两枚导弹的速度倾斜角的变化曲线

假设两枚导弹不采用协同制导律，从一开始就采用比例导引律，则到达目标的时间差为 $\Delta t = 6.7$ s。当采用本章中的协同策略时，由图可见，两枚导弹的攻击时间差为 0.8 s，并且均实现了纵向攻击角度的约束。在飞行过程中，两枚高超声速导弹的飞行速度不断变化，命中目标时的速度分别为 750 m/s 和 829 m/s。在飞行过程中，导弹 1 和导弹 2 的弹目距离均实现了对平均弹目距离较好的跟踪，实现了飞行位置的协同（由图 12－10 ~ 图 12－14 可见）。图 12－15 、图 12－16 显示了导弹实际速度前置角对理想速度前置角的跟踪情况，由图可见，跟踪的精度并不是特别高。这是因为，高超声速飞行器开始末制导时，处于 20 km 左右的高度，大气密度稀薄，因此控制能力较弱，但是从趋势上看，高超声速导弹在尽力实现对指令的跟踪，最后的协同效果也是在可接受范围内。由图 12－19、图 12－20 可见，高超声速导弹的控制量变化较平缓，有利于控制系统的实现。

例 12－4　在例 12－3 中，由于两枚导弹开始末制导时的初始速度大小及方向差别较大，可认为是异构飞行器，因此采用式（12－26）所示的理想弹目距离设计思路，其他仿真条件同例 12－3，仿真结果如图 12－21 ~ 图 12－25 所示。

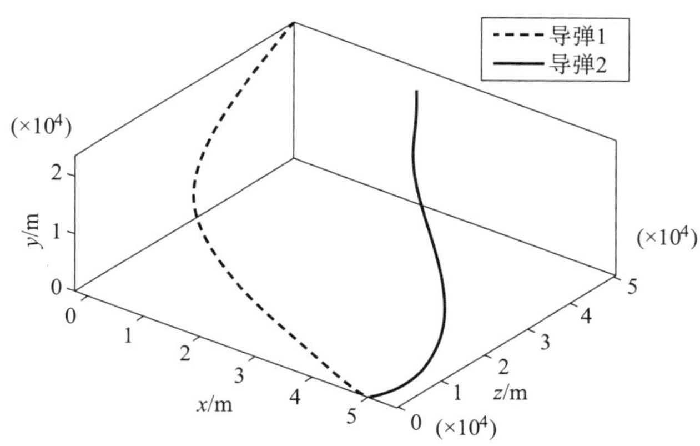

图 12－21　两枚导弹的弹道

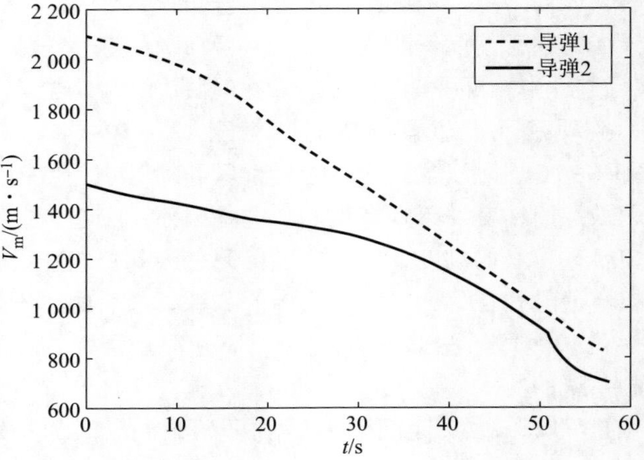

图 12－22　两枚导弹速度的变化曲线

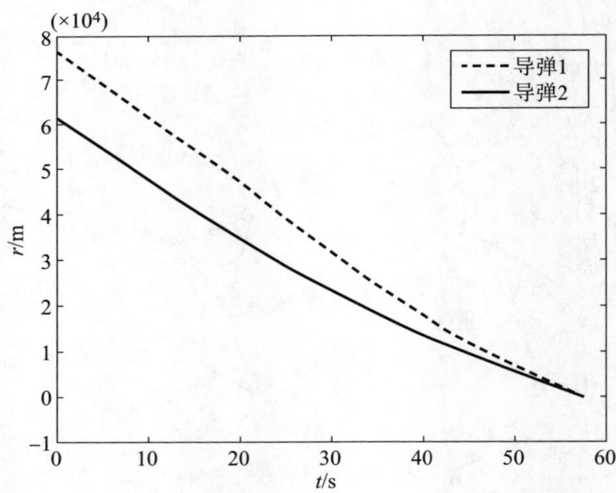

图 12－23　两枚导弹弹目距离的变化曲线

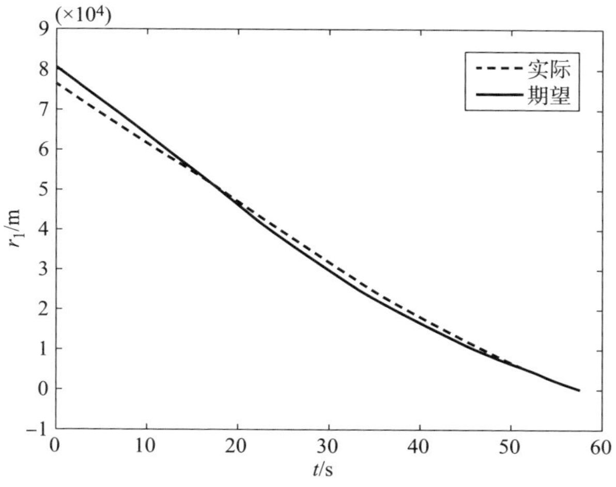

图 12－24　导弹 1 弹目距离的跟踪情况

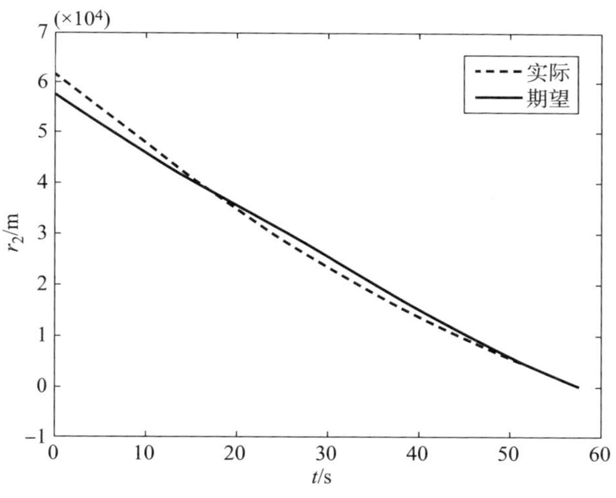

图 12－25　导弹 2 弹目距离的跟踪情况

由仿真结果可知，此时两枚导弹的攻击时间相差 0.1 s，相对于例 12－3 中两枚导弹采用平均弹目距离作为理想弹目距离时的情况，精度提高了 87.5%。由图 12－23 可见，在飞行过程中，两枚导弹的弹目距离不再存在相等的情况，导弹 1 的弹目距离大于导弹 2 的弹目距离，而导弹 1 的飞行速度大于导弹 2 的飞行速度，因此这种情形更有利于飞行时间的协同，结果也证明了这一点。其他分析与例 12－3 类似，在此不再赘述。

第 13 章

目标–防御弹双向协同拦截制导律

无人战机是一种既能够携带攻击武器对敌方目标实施打击、压制或摧毁，又具备完成情报收集、目标监视以及目标捕获等任务的无人作战平台。由于无人战机具备零生命风险、维护保障费用低、续航时间长、隐身性能好、对目标持久打击能力强和可在复杂空域作战的优势，因此各国都加大了对无人战机的研发力度。21 世纪以来，随着无人战机性能的大幅度提高和航空电子设备技术的飞速发展，无人战机在空战中的作用越来越重要，逐渐成为夺取制空权的关键。

为了应对高性能无人战机的攻击以及占据战争的优势地位，战争另一方往往发射导弹对无人战机进行袭击。通常情况下，无人战机（以下称“目标”）发射信号弹、箔条等作为诱饵诱骗来袭攻击导弹（以下简称“攻击弹”），同时采用特定的机动策略进行逃逸。但随着攻击弹性能的增强，这种被动防御措施的局限性越来越凸显出来，目标发射防御导弹（以下简称“防御弹”）对攻击弹进行主动拦截成为未来空战的必然形式。

针对目标–攻击弹–防御弹三者之间的攻防对抗问题，常见的形式是：攻击弹攻击目标，目标在采用一定的逃逸策略进行逃逸的同时发射防御弹，防御弹采用比例导引律等对攻击弹进行拦截。在上述场景中，三个飞行器的运动是两个攻击对抗过程，即攻击弹和目标之间的攻防过程和防御弹对攻击弹的拦截过程。此时，目标的主要目的是逃逸，防御弹的主要目的是拦截攻击弹，它们的运动是独立的。受无人战机载荷能力以及其所携带防御弹的成本限制，防御弹的速度和机动能力往往弱于攻击弹，此时，防御弹往往很难满足制导精度要求甚至脱靶。但同时注意到，目标和防御弹的目的是一致的——防止目标被攻击弹击中，因此两个飞行器可以组成一个团队协同飞行，即目标可作为诱饵“引诱”攻击弹飞行，从而协助防御弹以较平直的弹道拦截攻击弹。此时，目标和防御弹的协同拦截制导律就至关重要。有些情况下，除了希望防御弹成功拦截攻击弹以外，为了发挥战斗部的最大效能取得最大毁伤效果，还希望防御弹能以某个指定的角度对攻击弹进行拦截，此时就需要设计具有攻击角度（在第 13 ~ 15 章的场景中，实际上是拦截角）约束的协同制导律。本章即给出在目标和防御弹双方信息可以互传前提下的具有攻击角度（拦截角）约束的协同拦截制导律。需要注意的是，第 13 ~ 15 章中的攻击角度（拦截角）均指末端视线角。

13.1　目标 – 攻击弹 – 防御弹相对运动模型

考虑到目标、攻击弹和防御弹的对抗过程持续时间较短，可将其近似认为发生在某一平面内，为了研究问题方便，假设三者在铅垂平面内运动，且速度保持不变，三者之间的相对运动关系如图 13 – 1 所示。

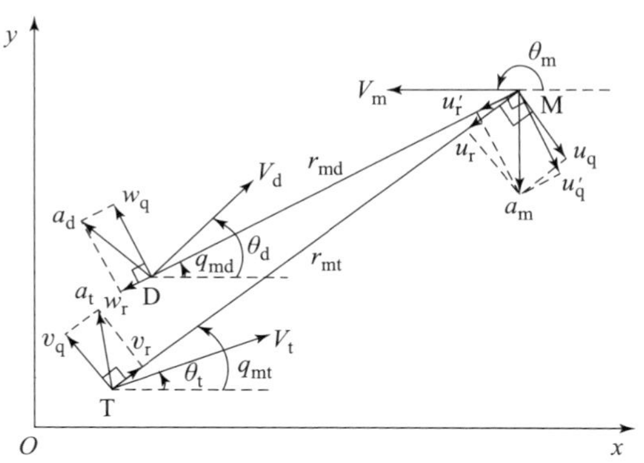

图 13 – 1　目标 – 攻击弹 – 防御弹的相对运动关系

图中，V_i、θ_i、a_i($i = \mathrm{t,m,d}$，表示目标、攻击弹、防御弹）分别为 3 个飞行器的速度、弹道倾角以及法向加速度；r_{mt}和 q_{mt}分别为攻击弹和目标之间的相对距离和视线角；r_{md}和 q_{md}分别为防御弹和攻击弹之间的相对距离和视线角；u_q 和 v_q 分别表示攻击弹和目标垂直于攻击弹 – 目标视线方向（$\mathrm{LOS_{mt}}$）的加速度；w_{q} 和 u'_{q}分别表示防御弹和攻击弹垂直于防御弹 - 攻击弹视线方向（LOS_{dm}）的加速度。

攻击弹与目标之间的相对运动方程可表示为

$$\begin{cases} r_{mt}\dot{q}_{mt} = V_{m}\sin(q_{mt}-\theta_{m}) - V_{t}\sin(q_{mt}-\theta_{t}) \\ \dot{r}_{mt} = V_{t}\cos(q_{mt}-\theta_{t}) - V_{m}\cos(q_{mt}-\theta_{t}) \end{cases} \tag{13-1}$$

防御弹与攻击弹之间的相对运动方程可表示为

$$\begin{cases} r_{md}\dot{q}_{md} = V_{d}\sin(q_{md}-\theta_{d}) - V_{m}\sin(q_{md}-\theta_{m}) \\ \dot{r}_{md} = V_{m}\cos(q_{md}-\theta_{m}) - V_{d}\cos(q_{md}-\theta_{d}) \end{cases} \tag{13-2}$$

对式（13-1）中的$\dot{q}_{mt}$和式（13-2）中的$\dot{q}_{md}$进一步求导，可得$\ddot{q}_{mt}$和$\ddot{q}_{md}$的表达式为

$$\begin{cases} \ddot{q}_{mt} = -\dfrac{2\dot{r}_{mt}}{r_{mt}}\dot{q}_{mt} - \dfrac{1}{r_{mt}}u_{q} + \dfrac{1}{r_{mt}}v_{q} \\ \ddot{q}_{md} = -\dfrac{2\dot{r}_{md}}{r_{md}}\dot{q}_{md} - \dfrac{1}{r_{md}}w_{q} + \dfrac{1}{r_{md}}u'_{q} \end{cases} \tag{13-3}$$

式中，u_{q}、v_{q}、w_{q} 和 u'_{q}的表达式为

$$\begin{cases} u_{q} = V_{m}\dot{\theta}_{m}\cos(q_{mt}-\theta_{m}) - \dot{V}_{m}\sin(q_{mt}-\theta_{m}) \\ v_{q} = V_{t}\dot{\theta}_{t}\cos(q_{mt}-\theta_{m}) - \dot{V}_{t}\sin(q_{mt}-\theta_{m}) \\ w_{q} = V_{d}\dot{\theta}_{d}\cos(q_{md}-\theta_{d}) - \dot{V}_{d}\sin(q_{md}-\theta_{d}) \\ u'_{q} = V_{m}\dot{\theta}_{m}\cos(q_{md}-\theta_{m}) - \dot{V}_{m}\sin(q_{md}-\theta_{m}) \end{cases} \tag{13-4}$$

由于假设三个飞行器速度大小不变，因而由式（13-4）可知u'_{q}与u_{q}之间的关系为

$$u'_{q} = u_{q}\frac{\cos(q_{md}-\theta_{m})}{\cos(q_{mt}-\theta_{m})} \tag{13-5}$$

假设攻击弹制导律可基于测得的信息辨识得到，为文献［62］中的增强比例导引律（APN），则攻击弹加速度 u_{q} 的表达式为

$$u_{q} = -N_{m}\dot{r}_{mt}\dot{q}_{mt} + 0.5N_{m}v_{q} \tag{13-6}$$

式中，N_{m}——导引系数。

将式（13-5）和式（13-6）代入式（13-2），可得

$$\ddot{q}_{md} = -\frac{2\dot{r}_{md}}{r_{md}}\dot{q}_{md} - \frac{1}{r_{md}}w_{q} - \frac{N_{m}\cos(q_{md}-\theta_{m})}{r_{md}\cos(q_{mt}-\theta_{m})}\dot{r}_{mt}\dot{q}_{mt} + \frac{N_{m}\cos(q_{md}-\theta_{m})}{2r_{md}\cos(q_{mt}-\theta_{m})}v_{q} \tag{13-7}$$

由式（13-7）可知，当攻击弹采用 APN 时，防御弹 - 攻击弹视线角的二阶导数$\ddot{q}_{md}$主要与目标及防御弹的控制量v_{q}和w_{q}相关。因此，设计带攻击角

度约束的协同拦截制导律的关键在于如何设计 v_q 和 w_q，以实现防御弹 – 攻击弹的视线角速度 $\dot{q}_{md}$ 趋于零，且防御弹 – 攻击弹的视线角 q_{md} 趋于期望的攻击角度 q_{md}^*。

13.2　目标 – 防御弹双向通信非线性协同拦截制导律

假设目标和防御弹可将各自的运动信息传输给对方，本节基于最优控制理论来设计目标和防御弹的非线性协同拦截制导律。

13.2.1　协同拦截最优控制模型

首先选取状态量为

$$\begin{cases} x_{11} = q_{md} - q_{md}^* \\ x_{12} = \dot{q}_{md} \end{cases} \tag{13-8}$$

式中，q_{md}^*——期望的攻击角度，为一固定值。

根据式（13 – 7）、式（13 – 8），有

$$\begin{cases} \dot{x}_{11} = x_{12} \\ \dot{x}_{12} = -\dfrac{2\dot{r}_{md}}{r_{md}}x_{12} - \dfrac{1}{r_{md}}w_q + \dfrac{M_1}{r_{md}}v_q - P_1 \end{cases} \tag{13-9}$$

式中，$M_1 = \dfrac{N_m\cos(q_{md} - \theta_m)}{2\cos(q_{mt} - \theta_m)}$；$P_1 = \dfrac{N_m\cos(q_{md} - \theta_m)\dot{r}_{mt}\dot{q}_{mt}}{\cos(q_{mt} - \theta_m)r_{md}}$。

目标和防御弹通过协同应达到以下几个目的：①防御弹 – 攻击弹的视线角速度 $\dot{q}_{md}$ 在拦截末端趋于零；②防御弹 – 攻击弹的视线角 q_{md} 在拦截末端趋于期望的攻击角度 q_{md}^*；③目标和防御弹的控制能量最小。因此，选取性能指标函数为

$$J_1 = \frac{a_1}{2}x_{11}^2(t_f) + \frac{b_1}{2}x_{12}^2(t_f) + \frac{1}{2}\int_{t_0}^{t_f}(c_1w_q^2 + d_1v_q^2)\,\mathrm{d}\tau \tag{13-10}$$

式中，t_0, t_f——防御弹拦截的初始和终止时刻；

a_1, b_1, c_1, d_1——惩罚系数，$a_1 \geqslant 0$，$b_1 \geqslant 0$，$c_1 > 0$，$d_1 > 0$。

当 a_1 趋于无穷大时，可使得 x_{11} 在末端时刻趋于零，即 $q_{md} \to q_{md}^*$，从而实现终端攻击角度约束。当 b_1 趋于无穷大时，可使得 x_{12} 在末端时刻趋于零，即 $\dot{q}_{md} \to 0$，此时防御弹以准平行接近法接近攻击弹，从而实现防御弹对攻击弹的拦截。系数 c_1 取值较大时，防御弹的控制量将比较小；系数 c_1 趋于无穷大时，

防御弹将近似做直线运动。同样地，系数 d_1 取值比较大时，目标的控制量将比较小；系数 d_1 趋于无穷大时，目标将近似做直线运动。

由于式（13－9）的变量 r_{md}、$\dot{r}_{\mathrm{md}}$、$\dot{r}_{\mathrm{mt}}$、q_{md}、q_{mt}、θ_{m} 以及 $\dot{q}_{\mathrm{mt}}$ 是随时间变化的，因此由式（13－9）所描述的系统是线性时变系统。通常来说，求解得到线性时变系统的解析解是十分困难的，特别是对于变量随时间的变化规律是未知情况时。但对于当前时刻 $t_1(t_0 \leqslant t_1 < t_{\mathrm{f}})$ 来说，在很小的时间间隔 Δt 内，变量的变化可忽略不计，此时可将式（13－9）所描述的系统近似为线性定常系统，并采用最优控制理论进行求解。需要注意的是，由于在 $t = t_1$ 时将系统近似为线性定常系统，此时求解得到的控制量并不能使得最终的状态量 $x_{11}(t_{\mathrm{f}})$ 和 $x_{12}(t_{\mathrm{f}})$ 趋于零。也就是说，由当前时刻所求得的协同拦截制导律并不能使防御弹最终以某一期望的攻击角度成功拦截攻击弹。因此，在不同的飞行时刻需要重新计算，以得到新的控制指令，随着时间推移，这种在每一时刻都将系统近似为线性定常系统所带来的误差将会越来越小，并最终使得状态量 $x_{11}(t_{\mathrm{f}})$ 和 $x_{12}(t_{\mathrm{f}})$ 趋于零，实现防御弹以某一期望的攻击角度成功拦截攻击弹。尽管对于整个飞行过程来说，所求解得到的协同拦截制导指令并不是最优的，但由于在每一时刻进行制导律设计时都将目标以及防御弹的控制量考虑到了性能指标函数中，因此在整个飞行过程中，目标以及防御弹的控制量仍将比较小。

13.2.2　协同拦截制导律求解

由式（13－9）、式（13－10）可知，哈密顿函数为

$$H_1 = \frac{c_1}{2}w_{\mathrm{q}}^2 + \frac{d_1}{2}v_{\mathrm{q}}^2 + \lambda_{11}x_2 + \lambda_{12}\left(-\frac{2\dot{r}_{\mathrm{md}}}{r_{\mathrm{md}}}x_{12} - \frac{w_{\mathrm{q}}}{r_{\mathrm{md}}} + \frac{M_1 v_{\mathrm{q}}}{r_{\mathrm{md}}} - P_1\right) \tag{13-11}$$

式中，λ_{11} 和 λ_{12} 为协态量，其正则方程为

$$\begin{cases} \dot{\lambda}_{11} = -\dfrac{\partial H_1}{\partial x_{11}} = 0 \\ \dot{\lambda}_{12} = -\dfrac{\partial H_1}{\partial x_{12}} = -\lambda_{11} + \dfrac{2\dot{r}_{\mathrm{md}}}{r_{\mathrm{md}}}\lambda_{12} \end{cases} \tag{13-12}$$

λ_{11} 和 λ_{12} 在末端时刻满足的横截条件为

$$\begin{cases} \lambda_{11}(t_{\mathrm{f}}) = \dfrac{\partial \phi_1}{\partial x_{11}(t_{\mathrm{f}})} = a_1 x_{11}(t_{\mathrm{f}}) \\ \lambda_{12}(t_{\mathrm{f}}) = \dfrac{\partial \phi_1}{\partial x_{12}(t_{\mathrm{f}})} = b_1 x_{12}(t_{\mathrm{f}}) \end{cases} \tag{13-13}$$

式中，$\phi_1 = \frac{a_1}{2}x_{11}^2(t_f) + \frac{b_1}{2}x_{12}^2(t_f)$。

由式（13 - 12）和式（13 - 13），可解得协态量 $\boldsymbol{\lambda}_{11}$ 和 $\boldsymbol{\lambda}_{12}$ 为

$$\begin{cases}\lambda_{11} = a_1 x_{11}(t_f) \\ \lambda_{12} = a_1 x_{11}(t_f)\frac{r_{md}}{2\dot{r}_{md}}(1 - e^{-2\chi}) + b_1 x_{12}(t_f)e^{-2\chi}\end{cases} \tag{13-14}$$

式中，$\chi = \dot{r}_{md}(t_f - t)/r_{md} \approx -1$。

由极小值原理可知

$$\frac{\partial H_1}{\partial w_q} = 0,\ \frac{\partial H_1}{\partial v_q} = 0 \tag{13-15}$$

联立式（13 - 11）和式（13 - 15），可解得

$$\begin{cases}w_q^* = \frac{\boldsymbol{\lambda}_{12}}{c_1 r_{md}} \\ v_q^* = -\frac{M_1\boldsymbol{\lambda}_{12}}{d_1 r_{md}}\end{cases} \tag{13-16}$$

式中，w_q^*, v_q^*——防御弹和目标的开环解。

由于 $\boldsymbol{\lambda}_{12}$ 包含 $x_{11}(t_f)$ 和 $x_{12}(t_f)$ 项，因此 w_q^* 和 v_q^* 不能由当前时刻的状态进行求解，需要求解 $x_{11}(t_f)$ 和 $x_{12}(t_f)$ 的表达式，将式（13 - 16）代入式（13 - 9）的第二个方程，并由 t 到 t_f 进行积分，可得 $x_{12}(t_f)$ 的表达式为

$$\begin{aligned}x_{12}(t_f) &= \boldsymbol{\Phi}_1(t_f,t)x_{12}(t) + \int_t^{t_f}\boldsymbol{\Phi}_1(t_f,s)\left(-\frac{1}{r_{md}}w_q + \frac{M_1}{r_{md}}v_q - P_1\right)ds \\ &= e^{-2\chi}x_{12}(t) - \frac{P_1 r_{md}}{2\dot{r}_{md}}(1 - e^{-2\chi}) - \\ &\quad \left(\frac{1}{c_1} + \frac{M_1^2}{d_1}\right)\left[a_1 x_{11}(t_f)\frac{(1 - 2e^{-2\chi} + e^{-4\chi})}{8\dot{r}_{md}^2} + b_1 x_{12}(t_f)\frac{(1 - e^{-4\chi})}{4r_{md}\dot{r}_{md}}\right]\end{aligned} \tag{13-17}$$

式中，$\boldsymbol{\Phi}_1(\cdot)$——状态转移矩阵。

同时，由式（13 - 17）可知 $x_{12}(t)$ 的表达式为

$$\begin{aligned}x_{12}(t) = &e^{2\chi}x_{12}(t_f) + \frac{P_1 r_{md}}{2\dot{r}_{md}}(e^{2\chi} - 1) + \\ &\left(\frac{1}{c_1} + \frac{M_1^2}{d_1}\right)\left(a_1 x_{11}(t_f)\frac{e^{2\chi} - 2 + e^{-2\chi}}{8\dot{r}_{md}^2} + b_1 x_{12}(t_f)\frac{e^{2\chi} - e^{-2\chi}}{4r_{md}\dot{r}_{md}}\right)\end{aligned} \tag{13-18}$$

将式（13 - 18）代入式（13 - 9）的第一个方程，同样由 t 到 t_f 进行积分，可得

$$
\begin{aligned}
x_{11}(t_f)-x_{11}(t) &= \int_t^{t_f} x_{12}(t)\,\mathrm{d}s \\
&= x_{12}(t_f)\frac{r_{md}}{2\dot{r}_{md}}(e^{2\chi}-1)+\frac{P_1 r_{md}^2}{4\dot{r}_{md}^2}(e^{2\chi}+1)+ \\
&\quad \left(\frac{1}{c_1}+\frac{M_1^2}{d_1}\right)\left[a_1 x_{11}(t_f)\frac{(e^{2\chi}+4-e^{-2\chi})r_{md}}{16\dot{r}_{md}^3}+b_1 x_{12}(t_f)\frac{(e^{2\chi}+e^{-2\chi}-2)}{8\dot{r}_{md}^2}\right]
\end{aligned}
\tag{13-19}
$$

进一步将式（13－17）、式（13－19）整理为 $x_{11}(t_f)$ 和 $x_{12}(t)$ 的二元一次方程为

$$
\begin{cases}
A_1 x_{11}(t_f)+B_1 x_{12}(t_f)=C_1 \\
D_1 x_{11}(t_f)+E_1 x_{12}(t_f)=F_1
\end{cases}
\tag{13-20}
$$

式中，系数 A_1、B_1、C_1、D_1、E_1和F_1的表达式分别为

$$
\begin{cases}
A_1=\dfrac{L_1 a_1}{8\dot{r}_{md}^2}(1-2e^2+e^4) \\
B_1=\dfrac{L_1 b_1}{4 r_{md}\dot{r}_{md}}(1-e^4)+1 \\
C_1=e^2 x_{12}(t)-\dfrac{r_{md}P_1(1-e^2)}{2\dot{r}_{md}} \\
D_1=\dfrac{L_1 a_1 r_{md}}{16\dot{r}_{md}^3}(4+e^{-2}-e^2)-1 \\
E_1=\dfrac{\dot{r}_{md}}{2\dot{r}_{md}}(e^{-2}-1)+\dfrac{L_1 b_1}{8\dot{r}_{md}^2}(e^2+e^{-2}-2) \\
F_1=-x_{11}(t)-\dfrac{r_{md}^2 P_1(1+e^2)}{4\dot{r}_{md}^2}
\end{cases}
\tag{13-21}
$$

式中，$L_1=\dfrac{1}{c_1}+\dfrac{M_1^2}{d_1}$。

通过求解式（13－20），可得 $x_{11}(t_f)$ 和 $x_{12}(t_f)$ 的表达式为

$$
\begin{cases}
x_{11}(t_f)=\dfrac{B_1F_1-C_1E_1}{B_1D_1-A_1E_1} \\
x_{12}(t_f)=\dfrac{C_1D_1-A_1F_1}{B_1D_1-A_1E_1}
\end{cases}
\tag{13-22}
$$

将式（13－21）代入式（13－22），可得 $x_{11}(t_f)$ 和 $x_{12}(t_f)$ 的最终表达式；将得到的 $x_{11}(t_f)$ 和 $x_{12}(t_f)$ 的表达式代入式（13－14），可得 λ_{12} 的表达式；将 λ_{12} 代入式（13－16），即可得到防御弹和目标加速度的闭环解。

13.2.3　特殊情况分析

以上基于最优控制理论所解得的防御弹和目标加速度的闭环解是惩罚系数 a_1 和 b_1 的函数，其中惩罚系数 a_1 和 b_1 分别代表对防御弹的攻击角度误差以及防御弹 - 攻击弹视线角速度的惩罚大小。为了实现防御弹对攻击弹的精确拦截，惩罚系数 b_1 一般选为无穷大；同样，为了实现防御弹以指定攻击角对攻击弹的拦截，惩罚系数 a_1 一般也选为无穷大；若对防御弹的攻击角度无约束，则惩罚系数 a_1 选为 0。在以上几种特殊情况下，目标 - 防御弹非线性协同拦截制导律可化简为更加简洁的形式。

1. a_1 和 b_1 同时趋于无穷

当 a_1 和 b_1 同时趋于无穷时，可将式（13 - 21）中系数 B_1、D_1 和 E_1 中的小量省略，此时系数 B_1、D_1 和 E_1 可简化为

$$\begin{cases} B_1 = \dfrac{L_1 b_1}{4 r_{\mathrm{md}} \dot{r}_{\mathrm{md}}}(1 - \mathrm{e}^4) \\ D_1 = \dfrac{L_1 a_1 r_{\mathrm{md}}}{16 \dot{r}_{\mathrm{md}}^3}(4 + \mathrm{e}^{-2} - \mathrm{e}^2) \\ E_1 = \dfrac{L_1 b_1}{8 \dot{r}_{\mathrm{md}}^2}(\mathrm{e}^2 + \mathrm{e}^{-2} - 2) \end{cases} \tag{13-23}$$

将简化后的系数表达式代入式（13 - 22），可得 $x_{11}(t_{\mathrm{f}})$ 和 $x_{12}(t_{\mathrm{f}})$ 的表达式为

$$\begin{cases} x_{11}(t_{\mathrm{f}}) = -\dfrac{16.778\,1 \dot{r}_{\mathrm{md}}^3}{L_1 a_1 r_{\mathrm{md}}} x_{11}(t) + \dfrac{6.389\,1 \dot{r}_{\mathrm{md}}^2}{L_1 a_1} x_{12}(t) - \dfrac{2 P_1 r_{\mathrm{md}} \dot{r}_{\mathrm{md}}}{L_1 a_1} \\ x_{12}(t_{\mathrm{f}}) = -\dfrac{6.389\,1 \dot{r}_{\mathrm{md}}^2}{L_1 b_1} x_{11}(t) + \dfrac{1.881\,5 r_{\mathrm{md}} \dot{r}_{\mathrm{md}}}{L_1 b_1} x_{12}(t) - \dfrac{P_1 r_{\mathrm{md}}^2}{L_1 b_1} \end{cases} \tag{13-24}$$

接着，将式（13 - 24）代入式（13 - 14），可得 λ_{12} 的表达式为

$$\lambda_{12} = \frac{6.388\,7 \dot{r}_{\mathrm{md}}^2}{L_1} x_{11}(t) - \frac{6.507\,7 r_{\mathrm{md}} \dot{r}_{\mathrm{md}}}{L_1} x_{12}(t) - \frac{P_1 r_{\mathrm{md}}^2}{L_1} \tag{13-25}$$

最后，将式（13 - 25）代入式（13 - 16），可得防御弹和目标在惩罚系数 a_1 和 b_1 同时趋于零下的闭环解 w_{q} 和 v_{q}，分别为

$$\begin{cases} w_{\mathrm{q}} = \dfrac{1}{c_1 r_{\mathrm{md}} L_1} \cdot [6.388\,7 \dot{r}_{\mathrm{md}}^2 (q_{\mathrm{md}} - q_{\mathrm{md}}^*) - 6.507\,7 r_{\mathrm{md}} \dot{r}_{\mathrm{md}} \dot{q}_{\mathrm{md}} - P_1 r_{\mathrm{md}}^2] \\ v_{\mathrm{q}} = -\dfrac{M_1}{d_1 r_{\mathrm{md}}} \cdot [6.388\,7 \dot{r}_{\mathrm{md}}^2 (q_{\mathrm{md}} - q_{\mathrm{md}}^*) - 6.507\,7 r_{\mathrm{md}} \dot{r}_{\mathrm{md}} \dot{q}_{\mathrm{md}} - P_1 r_{\mathrm{md}}^2] \end{cases} \tag{13-26}$$

由式（13 - 26）可知，目标的加速度表达式与防御弹类似。右端括号中的第 1

项体现了对拦截角度的约束；第 2 项类似于比例导引律，体现了成功拦截的要求；第 3 项则是拦截对象（攻击弹）在垂直于防御弹 - 攻击弹视线（$\mathrm{LOS_{dm}}$）方向上的加速度。

2. a_1等于零以及b_1趋于无穷

当 $a_1=0$ 同时 $b_1\to\infty$时，目标与防御弹协同对攻击弹进行精确拦截但对攻击角度没有约束，此时式（13 - 14）可化简为

$$\begin{cases}\lambda_{11}=0\\ \lambda_{12}=b_1x_{12}(t_{\mathrm{f}})\mathrm{e}^{-2\chi}\end{cases}\tag{13-27}$$

同样省略系数 A_1、B_1、D_1和 E_1中的小量，将其简化为

$$\begin{cases}A_1=0\\ B_1=\dfrac{L_1b_1}{4r_{\mathrm{md}}\dot r_{\mathrm{md}}}(1-\mathrm{e}^4)\\ D_1=1\\ E_1=\dfrac{L_1b_1}{8\dot r_{\mathrm{md}}^2}(\mathrm{e}^2+\mathrm{e}^{-2}-2)\end{cases}\tag{13-28}$$

将式（13 - 28）代入式（13 - 22），可得 $x_{12}(t_{\mathrm{f}})$ 的表达式为

$$x_{12}(t_{\mathrm{f}})=\frac{C_1}{B_1}=\frac{4r_{\mathrm{md}}\dot r_{\mathrm{md}}\mathrm{e}^2}{L_1b_1(1-\mathrm{e}^4)}\cdot x_{12}(t)-\frac{2P_1r_{\mathrm{md}}^2(1-\mathrm{e}^2)}{L_1b_1(1-\mathrm{e}^4)}\tag{13-29}$$

进一步将式（13 - 29）代入式（13 - 27），可得 λ_{12} 为

$$\lambda_{12}=-\frac{4.074\,6r_{\mathrm{md}}\dot r_{\mathrm{md}}}{L_1}\cdot x_{12}(t)-\frac{1.761\,6P_1r_{\mathrm{md}}^2}{L_1}\tag{13-30}$$

最后，将式（13 - 30）代入式（13 - 16），即可得到防御弹和目标的闭环解为

$$\begin{cases}w_{\mathrm{q}}=-\dfrac{1}{c_1r_{\mathrm{md}}L_1}(4.074\,6r_{\mathrm{md}}\dot r_{\mathrm{md}}\dot q_{\mathrm{md}}+1.761\,6P_1r_{\mathrm{md}}^2)\\ v_{\mathrm{q}}=\dfrac{M_1}{c_1r_{\mathrm{md}}L_1}(4.074\,6r_{\mathrm{md}}\dot r_{\mathrm{md}}\dot q_{\mathrm{md}}+1.761\,6P_1r_{\mathrm{md}}^2)\end{cases}\tag{13-31}$$

与式（13 - 26）中带攻击角度约束的协同拦截制导律相比，式（13 - 31）中目标与防御弹的加速度表达式中无角度约束项。

13.3 多约束条件下防御弹的可行域

13.2 节得到的协同拦截制导律可使防御弹在付出较小控制能量的同时以

某一期望的攻击角度对攻击弹进行拦截，但防御弹与目标协同对攻击弹进行拦截的同时需要注意以下几个问题：

（1）在某一发射角下，受目标和防御弹的可用过载约束，防御弹不可能实现任意给定的期望攻击角度。

（2）在期望攻击角度给定情况下，受目标和防御弹的可用过载约束，防御弹只有在某些特定发射角范围内才能成功拦截攻击弹。

（3）目标与防御弹协同的目的是拦截攻击弹，从而保护目标不被攻击弹所攻击，这要求防御弹应在攻击弹击中目标之前对其进行拦截，也就是需要满足条件 $t_{\text{fmd}} < t_{\text{fmt}}$（$t_{\text{fmd}}$和 t_{fmt}分别表示防御弹拦截攻击弹以及攻击弹攻击目标的末端时刻）。因此，本节重点研究防御弹在目标和防御弹可用过载约束以及拦截时间约束条件下（$t_{\text{fmd}} < t_{\text{fmt}}$）的可行攻击角区域及可行发射域。

13.3.1　防御弹可行攻击角区域

1. 可用过载约束下的可行攻击角区域

首先对防御弹可用过载约束下的可行攻击角区域进行分析。假设防御弹的可用过载为 u_{dmax}，则防御弹需在整个飞行过程中满足

$$|a_{\text{d}}| \leqslant u_{\text{dmax}} g \tag{13-32}$$

式中，g——重力加速度；

a_{d}——防御弹在当前时刻的加速度，由图 13 – 1 可知 a_{d} 的表达式为

$$a_{\text{d}} = \frac{w_{\text{q}}}{\cos(q_{\text{md}} - \theta_{\text{m}})} \tag{13-33}$$

将式（13 – 26）所示的能使防御弹以期望攻击角度对攻击弹进行精确拦截的协同拦截制导指令代入式（13 – 33），可得

$$a_{\text{d}} = \frac{6.388\,7\dot{r}_{\text{md}}^{2}(q_{\text{md}} - q_{\text{md}}^{*}) - 6.507\,7 r_{\text{md}}\dot{r}_{\text{md}}\dot{q}_{\text{md}} - P_1 r_{\text{md}}^{2}}{c_1 r_{\text{md}} L_1 \cos(q_{\text{md}} - \theta_{\text{d}})} \tag{13-34}$$

联立式（13 – 32）和式（13 – 34），可解得防御弹期望攻击角 q_{md}^{*}的取值范围为

$$\begin{cases} q_{\text{md}}^{*} \leqslant q_{\text{md}} - \dfrac{-u_{\text{dmax}} g c_1 r_{\text{md}} L_1 \cos(q_{\text{md}} - \theta_{\text{d}}) + 6.507\,7 r_{\text{md}}\dot{r}_{\text{md}}\dot{q}_{\text{md}} + r_{\text{md}}^{2} P_1}{6.388\,7\dot{r}_{\text{md}}^{2}} \\ q_{\text{md}}^{*} \geqslant q_{\text{md}} - \dfrac{u_{\text{dmax}} g c_1 r_{\text{md}} L_1 \cos(q_{\text{md}} - \theta_{\text{d}}) + 6.507\,7 r_{\text{md}}\dot{r}_{\text{md}}\dot{q}_{\text{md}} + r_{\text{md}}^{2} P_1}{6.388\,7\dot{r}_{\text{md}}^{2}} \end{cases} \tag{13-35}$$

由式（13 – 35）可求解防御弹在飞行过程中每一时刻所对应的可行攻击角度区域，但在实际应用中，防御弹的期望攻击角度往往在发射之前就应进行确定，并且在飞行过程中始终保持不变。一般情况下，在防御弹的初始发射时

刻，防御弹-攻击弹的初始视线角 q_{md0} 与期望的攻击角 q_{md}^* 相差较大，且初始的防御弹-攻击弹视线角速度 $\dot{q}_{\mathrm{md0}}$ 比较大，因此防御弹的最大需用过载往往出现在初始发射位置。

本节假设防御弹最大需用过载出现在防御弹的初始发射时刻，由防御弹、目标以及攻击弹的初始状态量 r_{md0}、q_{md0}、$\dot{r}_{\mathrm{md0}}$、$\dot{q}_{\mathrm{md0}}$ 和 θ_{m0}（下标"0"表示防御弹发射时刻）即可求解得到防御弹的初始加速度 a_{d0}。进一步考虑防御弹安全系数 K_{d1}，满足式（13-32）的防御弹可用过载约束为

$$|K_{\mathrm{d1}}a_{\mathrm{d0}}|\leqslant u_{\mathrm{dmax}}\cdot g \tag{13-36}$$

式中，$K_{\mathrm{d1}}\geqslant 1$。安全系数 K_{d1} 的引入是为了保证当防御弹的最大需用过载不出现在初始时刻时，仍然满足可用过载约束。

将防御弹、目标和攻击弹的初始状态代入式（13-34），得到防御弹的初始加速度 a_{d0}，接着将 a_{d0} 代入式（13-36），即可得到防御弹期望攻击角 q_{md}^* 的取值范围为

$$\begin{cases} q_{\mathrm{md}}^*\leqslant q_{\mathrm{md0}}-\dfrac{-u_{\mathrm{dmax}}gc_1r_{\mathrm{md0}}L_1\cos(q_{\mathrm{md0}}-\theta_{\mathrm{d0}})/K_{\mathrm{d1}}+6.507\,7r_{\mathrm{md0}}\dot{r}_{\mathrm{md0}}\dot{q}_{\mathrm{md0}}+r_{\mathrm{md0}}^2P_1}{6.388\,7\dot{r}_{\mathrm{md0}}^2} \\ q_{\mathrm{md}}^*\geqslant q_{\mathrm{md0}}-\dfrac{u_{\mathrm{dmax}}gc_1r_{\mathrm{md0}}L_1\cos(q_{\mathrm{md0}}-\theta_{\mathrm{d0}})/K_{\mathrm{d1}}+6.507\,7r_{\mathrm{md0}}\dot{r}_{\mathrm{md0}}\dot{q}_{\mathrm{md0}}+r_{\mathrm{md0}}^2P_1}{6.388\,7\dot{r}_{\mathrm{md0}}^2} \end{cases} \tag{13-37}$$

由式（13-37）可知，在确定防御弹与目标的初始相对位置、防御弹初始发射角、防御弹安全系数 K_{d1} 以及防御弹的可用过载后，就可以求解得到防御弹的可行攻击角区域。

接下来，考虑目标可用过载 u_{tmax} 约束下的可行攻击角区域，类似于式（13-32）~式（13-37）的推导过程，得到目标可用过载约束下的可行攻击角 q_{md}^* 的取值范围为

$$\begin{cases} q_{\mathrm{md}}^*\leqslant q_{\mathrm{md0}}-\dfrac{-u_{\mathrm{tmax}}gd_1r_{\mathrm{md0}}L_1\cos(q_{\mathrm{md0}}-\theta_{\mathrm{d0}})/(K_{\mathrm{t1}}M_1)+6.507\,7r_{\mathrm{md0}}\dot{r}_{\mathrm{md0}}\dot{q}_{\mathrm{md0}}+r_{\mathrm{md0}}^2P_1}{6.388\,7\dot{r}_{\mathrm{md0}}^2} \\ q_{\mathrm{md}}^*\geqslant q_{\mathrm{md0}}-\dfrac{u_{\mathrm{tmax}}gd_1r_{\mathrm{md0}}L_1\cos(q_{\mathrm{md0}}-\theta_{\mathrm{d0}})/(K_{\mathrm{t1}}M_1)+6.507\,7r_{\mathrm{md0}}\dot{r}_{\mathrm{md0}}\dot{q}_{\mathrm{md0}}+r_{\mathrm{md0}}^2P_1}{6.388\,7\dot{r}_{\mathrm{md0}}^2} \end{cases} \tag{13-38}$$

式中，K_{t1}——目标安全系数，$K_{\mathrm{t1}}\geqslant 1$。

联立式（13-37）和式（13-38），即可得到防御弹以及目标可用过载约束下的可行攻击角区域。

2. 拦截时间约束下的可行攻击角区域

防御弹在飞行过程中还应满足拦截时间约束，以保证防御弹在攻击弹击中

目标之前对其进行拦截。与可用过载约束下的可行攻击角区域类似，拦截时间约束下的可行攻击角区域同样应在防御弹发射前确定。

令 t_{gomd0} 和 t_{gomt0} 分别表示防御弹和攻击弹的初始剩余飞行时间估计，一般情况下当初始剩余飞行时间的估计精度比较高时，t_{gomd0} 与 t_{fmd} 往往相差不大，即满足 $t_{gomd0}=t_{fmd}$。同样考虑 $t_{fmt}=t_{gomt0}$，则拦截时间约束可被表示为

$$t_{gomd0} < t_{gomt0} - t_{er} \tag{13-39}$$

式中，t_{er}——防御弹的拦截时间裕度，一般可根据剩余飞行时间估计误差和安全拦截时间间隔（防御弹应在攻击弹距离目标一定距离前对其进行拦截）合理取值。

为保证防御弹在攻击弹攻击目标之前能对其进行拦截，式（13-39）右端可选 t_{gomt0} 的最小值。防御弹、目标和攻击弹在整个飞行过程中的速度保持不变，此时 t_{gomt0} 的最小值为

$$t_{gomt0} = \frac{r_{mt0}}{V_{m0}+V_{t0}} \tag{13-40}$$

当目标、防御弹以及攻击弹初始状态确定时，t_{gomd0} 与期望的可行攻击角 q_{md}^{*} 密切相关。同时，t_{gomd0} 的解析表达式不易求得，因此本书采用仿真和拟合相结合的方法得到与 q_{md}^{*} 相关的 t_{gomd0} 表达式。首先选取不同的 $q_{mdi}^{*}(i=1,2,\cdots,n)$ 进行仿真分析，得到相对应的剩余飞行时间估计值 $t_{gomd0\,i}(i=1,2,\cdots,n)$，然后选取二次函数对相对应的 t_{gomd0} 和 q_{md}^{*} 进行拟合为

$$t_{gomd0} = \alpha_1 (q_{md}^{*})^2 + \beta_1 q_{md}^{*} + \gamma_1 \tag{13-41}$$

式中，$\alpha_1,\beta_1,\gamma_1$——二次函数系数。

联立式（13-39）~式（13-41），可得

$$\alpha_1 (q_{md}^{*})^2 + \beta_1 q_{md}^{*} + \gamma_1 < \frac{r_{mt0}}{V_{m0}+V_{t0}} - t_{er} \tag{13-42}$$

求解式（13-42），即可得到拦截时间约束下的可行攻击角区域。综合式（13-37）、式（13-38）、式（13-42）得到的可行攻击角区域，求其交集，即最终可用过载约束和拦截时间约束下的可行攻击角区域。

13.3.2　防御弹可行发射角区域

虽然在 13.3.1 节中得到了防御弹在初始发射角给定情况下的可行攻击角区域，但当防御弹攻击角度给定时，不同的防御弹发射角度将对防御弹飞行弹道产生较大影响，进而对防御弹需用过载以及拦截时间产生影响。因此，在防御弹和目标的可用过载约束以及拦截时间约束下，为实现给定的攻击角度，防御弹的发射角也应限定在某一可行区域，本节将给出多约束条件下的防御弹可

行发射角区域。

1. 可用过载约束下的防御弹可行发射域

当防御弹攻击角度给定时，同样假设防御弹的最大需用过载出现在防御弹发射时刻，联立式（13－32）、式（13－34），并将攻击弹、目标和防御弹的初始状态代入，得到以下不等式：

$$\begin{cases}\omega - u_{\mathrm{dmax}} g c_1 r_{\mathrm{md0}} L_1 \cos(q_{\mathrm{md0}} - \theta_{\mathrm{d0}})/K_{\mathrm{d1}} \leqslant 0 \\ \omega + u_{\mathrm{dmax}} g c_1 r_{\mathrm{md0}} L_1 \cos(q_{\mathrm{md0}} - \theta_{\mathrm{d0}})/K_{\mathrm{d1}} \geqslant 0\end{cases} \tag{13-43}$$

式中，$\omega = 6.388\,7\dot{r}_{\mathrm{md0}}^2(q_{\mathrm{md0}} - q_{\mathrm{md}}^*) - 6.507\,7 r_{\mathrm{md0}}\dot{r}_{\mathrm{md0}}\dot{q}_{\mathrm{md0}} - r_{\mathrm{md0}}^2 P_1$，其中 $\dot{r}_{\mathrm{md0}}$和 $\dot{q}_{\mathrm{md0}}$分别表示在防御弹初始发射时刻防御弹和攻击弹之间的相对距离以及视线角的一阶导数，其表达式为

$$\begin{cases}\dot{r}_{\mathrm{md0}} = V_{\mathrm{m0}}\cos(q_{\mathrm{md0}} - \theta_{\mathrm{m0}}) - V_{\mathrm{d0}}\cos(q_{\mathrm{md0}} - \theta_{\mathrm{d0}}) \\ \dot{q}_{\mathrm{md0}} = [V_{\mathrm{d0}}\sin(q_{\mathrm{md0}} - \theta_{\mathrm{d0}}) - V_{\mathrm{m0}}\sin(q_{\mathrm{md0}} - \theta_{\mathrm{m0}})]/r_{\mathrm{md0}}\end{cases} \tag{13-44}$$

联立式（13－43）、式（13－44）可知，当目标、防御弹和攻击弹的初始位置、初始速度、期望的攻击角度 q_{md}^*、目标和攻击弹的初始发射角度以及防御弹的安全系数 K_{d1}确定时，求解不等式（13－43）即可得到防御弹可用过载约束下的防御弹可行发射角区域。

同理，在目标可用过载约束下，可得到以下不等式：

$$\begin{cases}K_{\mathrm{t1}} M_1 \omega + u_{\mathrm{tmax}} g d_1 r_{\mathrm{md0}} L_1 \cos(q_{\mathrm{mt0}} - \theta_{\mathrm{t0}}) \leqslant 0 \\ K_{\mathrm{t1}} M_1 \omega - u_{\mathrm{tmax}} g d_1 r_{\mathrm{md0}} L_1 \cos(q_{\mathrm{mt0}} - \theta_{\mathrm{t0}}) \geqslant 0\end{cases} \tag{13-45}$$

式中，除了防御弹初始发射角 θ_{d0}未知，其他变量都是已知的。

联立式（13－44）、式（13－45）求解不等式，即可得到目标可用过载约束下的防御弹可行发射角区域。

2. 拦截时间约束下的可行发射域

采用与拦截时间约束下的可行攻击角区域求解同样的方法，对拦截时间约束下的防御弹可行发射域进行研究。当期望攻击角 q_{md}^*给定时，同样假设 t_{gomd0}为 θ_{d0}的二次函数表达式为

$$t_{\mathrm{gomd0}} = \alpha_2\theta_{\mathrm{d0}}^2 + \beta_2\theta_{\mathrm{d0}} + \gamma_2 \tag{13-46}$$

式中，$\alpha_2, \beta_2, \gamma_2$——二次函数系数。

采用拟合的方法得到二次函数表达式系数的步骤如下：

第 1 步，根据目标和防御弹的可用过载约束，得到可用过载约束下的防御弹发射角区域 $[\theta_{\mathrm{d}_{N\min}}, \theta_{\mathrm{d}_{N\max}}]$。

第 2 步，在防御弹发射角区域 $[\theta_{\mathrm{d}_{N\min}}, \theta_{\mathrm{d}_{N\max}}]$ 内选取不同的发射角 $\theta_{\mathrm{d0}_i} \in [\theta_{\mathrm{d}_{N\min}}, \theta_{\mathrm{d}_{N\max}}] (i = 1, 2, \cdots, m)$ 进行仿真分析，并得到相对应的初始剩余飞行时

间估计$t_{gomd0\,i}(i=1,2,\cdots,m)$。

第 3 步，基于仿真得到的不同防御弹初始发射角 θ_{d0_i} 下的$t_{gomd0\,i}$数据，拟合得到二次函数系数 α_2、β_2和 γ_2。

第 4 步，联立式（13 - 39）、式（13 - 40）、式（13 - 46），可得

$$\alpha_2(\theta_{d0})^2+\beta_2\theta_{d0}+\gamma_2<\frac{r_{mt0}}{V_{m0}+V_{t0}}-t_{er} \tag{13-47}$$

求解式（13 - 47），即可得到防御弹在拦截时间约束下的可行发射域。综合由式（13 - 43）、式（13 - 45）、式（13 - 47）得到的防御弹可行发射域，并求其交集，即可得到满足可用过载约束和拦截时间约束的防御弹可行发射域。

例 13 - 1　目标、攻击弹和防御弹三个飞行器的初始状态及可用过载见表 13 - 1。攻击弹采用导引系数 $N_m=4$ 的增强比例导引律。仿真步长为 0. 001 s，当防御弹和攻击弹的距离 $r_{md}<1$ m 或攻击弹与目标的距离 $r_{mt}<1$ m 时，仿真终止。

表 13 - 1　三个飞行器的初始仿真条件及可用过载

参数	目标	防御弹	攻击弹
速度/$(\mathrm{m\cdot s^{-1}})$	150	250	300
初始弹道倾角/(°)	0	0	180
初始位置/(m,m)	(0, 1 000)	(0, 1 000)	(5 000, 2 000)
可用过载	6	12	15

弹道成型制导律（Trajectory Shaping Guidance，TSG）能同时满足终端位置约束和终端角度约束，且工程适用性强，因此常被用于具有终端角度约束的制导问题，根据文献［63］，其表达式为

$$a_d=-k_p\dot{r}_{md}\dot{q}_{md}(t)-k_q\dot{r}_{md}(q_{md}(t)-q_{md}^*)/t_{gomd}+k_m a_m \tag{13-48}$$

式中，k_p,k_q,k_m——制导参数，其表达式为

$$\begin{cases}k_p=2(n+2)\\k_q=(n+1)(n+2)\\k_m=0.5(n+2)(-n+1)\end{cases} \tag{13-49}$$

式中，n——制导阶次，一般可取 0、1 和 2。制导阶次 n 越大，在初始段的需用过载就越大，弹道就越弯曲，而在末端的需用过载就越小，弹道就越平直。

将防御弹采用阶次 $n=0$ 的弹道成型制导律（和目标无协同）与目标 - 防御弹采用本章的协同非线性拦截制导律（Cooperative Nonlinear Guidance Law，CNGL）的情形进行对比。CNGL 中的惩罚系数设为 $a_1=10^{10}$、$b_1=10^{10}$、$c_1=1$

和 $d_1=5$，当防御弹采用 TSG 时假设目标做匀速直线运动。期望的攻击角度 q_{md}^* 都设为 30°。仿真结果如图 13－2～图 13－5 所示，其中下标“1”和“2”分别代表 CNGL 和 TSG。

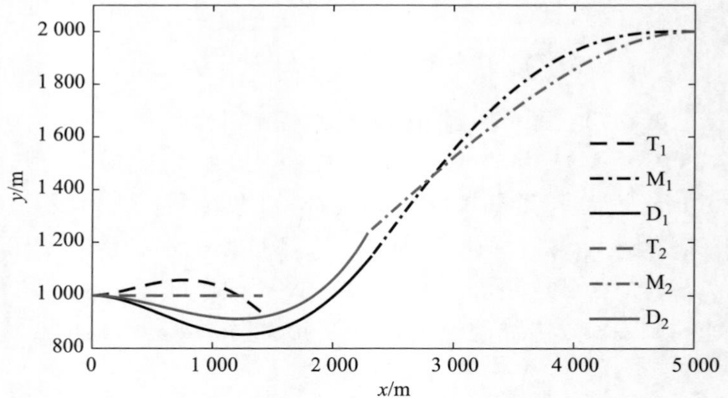

图 13－2　CNGL 和 TSG 时的飞行轨迹

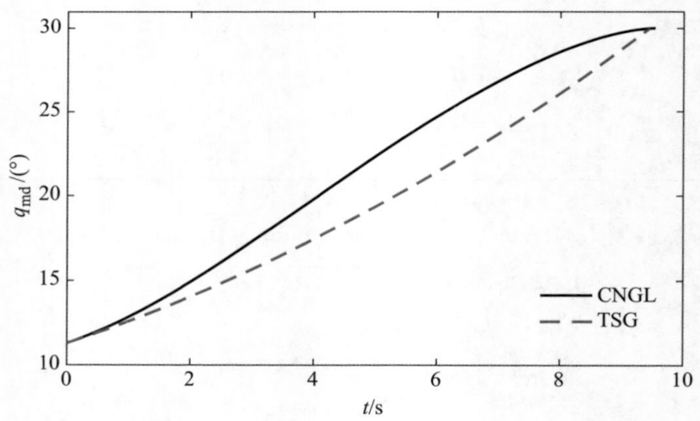

图 13－3　CNGL 和 TSG 时 q_{md} 的变化曲线

由图 13－3 可见，无论是采用 CNGL 还是 TSG，防御弹都成功地实现了以期望的攻击角度对攻击弹的拦截。当防御弹和目标采用 CNGL 时，防御弹－攻击弹视线角速度 $\dot{q}_{md}$ 趋于零，同时防御弹最大加速度为 41.5 m/s²，而当防御弹采用 TSG 时，视线角速度 $\dot{q}_{md}$ 并不趋于零，且防御弹最大加速度为 52.1 m/s²，大于 CNGL 时的最大加速度。由此可知，当防御弹与目标间存在双向信息传输时，在目标的协助下，防御弹能以较平直的弹道实现对攻击弹以期望攻击角度的拦截。这是因为，防御弹和目标可进行双向信息传输，目标可将其未来的运

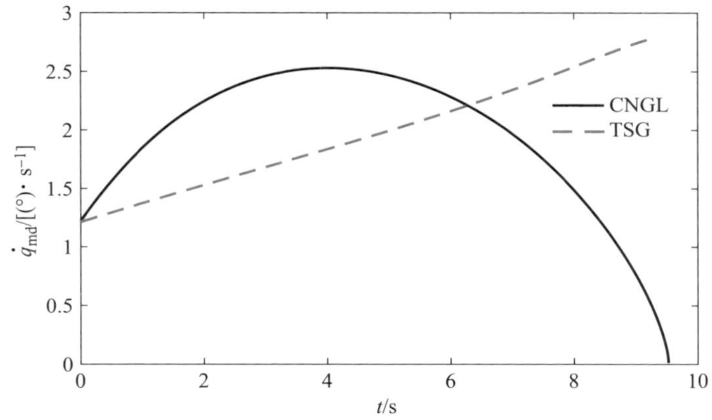

图 13 - 4　CNGL 和 TSG 时 $\dot{q}_{md}$ 的变化曲线

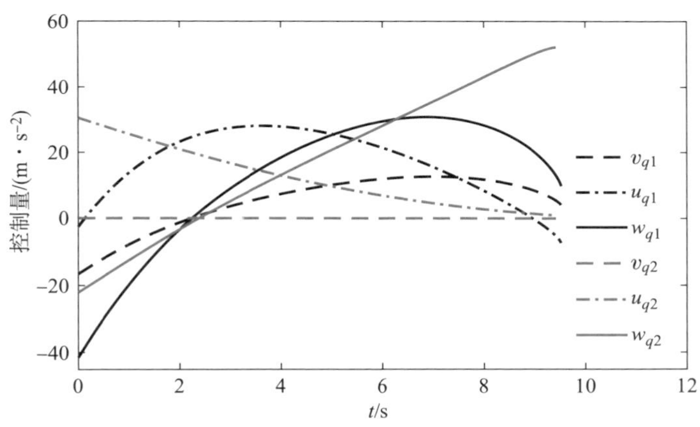

图 13 - 5　CNGL 和 TSG 时控制量的变化曲线

动信息传输给防御弹，防御弹在获取目标运动信息后可对攻击弹的未来飞行趋势进行预测并直接向攻击弹飞去；同时，防御弹将其未来的运动信息传输给目标，目标在获取防御弹运动信息后将采取更合理的机动，以协助防御弹。在整个过程中，目标作为诱饵将攻击弹引诱至防御弹附近，同时防御弹通过预测攻击弹的运动趋势直接向攻击弹飞去，最终使得目标和防御弹在付出较小控制能量的前提下成功以期望攻击角度对攻击弹进行拦截。

例 13 - 2　本实例给出可得到可行攻击角区域的算例。首先对防御弹以及目标可用过载约束下的可行攻击角区域进行研究，与例 13 - 1 类似，惩罚系数设为 $a_1 = 10^{10}$、$b_1 = 10^{10}$、$c_1 = 1$ 和 $d_1 = 5$，目标、攻击弹和防御弹的初始仿真条件同样见表 13 - 1。假设在不同作战场景的目标和防御弹的可用过载不同，

防御弹可用过载 u_{dmax} 的范围为 4 ~ 12，目标可用过载 u_{tmax} 的范围为 2 ~ 6，防御弹以及目标的安全系数分别为 $K_{dl}=1.05$ 和 $K_{tl}=1.05$，则根据式（13 - 37）和式（13 - 38）可分别得到可行攻击角区域与防御弹和目标的可用过载 u_{dmax} 以及 u_{tmax} 之间的关系，如图 13 - 6、图 13 - 7 所示。

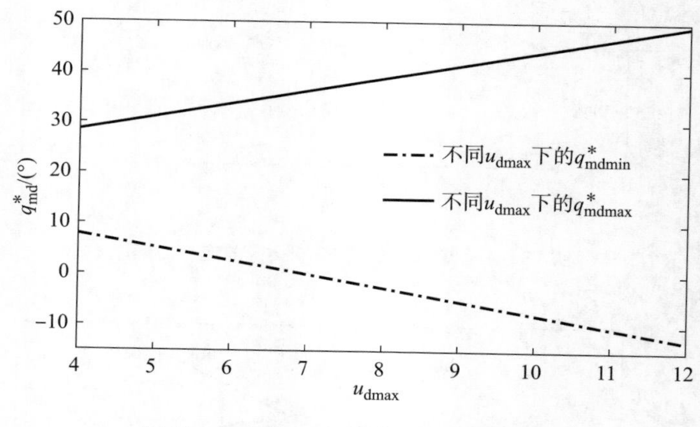

图 13 - 6　不同 u_{dmax} 时的可行攻击角区域

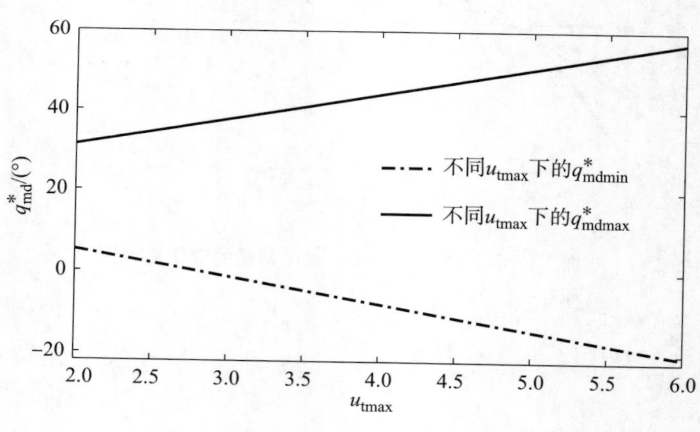

图 13 - 7　不同 u_{tmax} 时的可行攻击角区域

由图 13 - 6、图 13 - 7 可知，防御弹的可行攻击角区域随着防御弹或目标的可用过载增加而增加，这也意味着防御弹和目标的可用过载越大，可实现的攻击角区域就越大。需要注意的是，随着可行攻击角区域的不断增加，为实现跨度范围大的可行攻击角区域，某些情况下的防御弹弹道将变得更弯曲，这意味着防御弹将要花费更长的时间对攻击弹进行拦截；如果防御弹拦截攻击弹的时间过长，将导致攻击弹先于防御弹对目标进行攻击，进而导致拦截任务失败。因此，接下来进一步对拦截时间约束下的可行攻击角区域进行研究。

以防御弹和目标可用过载分别为 $u_{dmax}=12$ 和 $u_{tmax}=6$ 为例，由图 13-6、图 13-7 可知，$u_{dmax}=12$ 以及 $u_{tmax}=6$ 下的可行攻击角区域分别为 [-12.93°, 49.3°] 和 [-20.71°, 57.08°]，因此在防御弹和目标可用过载同时约束下的可行攻击角区域为 [-12.93°, 49.3°] 和 [-20.71°, 57.08°] 的交集，即 [-12.93°, 49.3°]。接下来，在 [-12.93°, 49.3°] 区间内选取不同的期望攻击角 q_{md}^{*} 进行仿真分析。选取方法：首先，在 [-12.93°, 47.07°] 区间内每隔 5°选择一个点，并同时选择区间的边界点 $q_{md}^{*}=49.3°$；然后，对所选取的不同期望攻击角 q_{md}^{*} 分别进行仿真分析，并得到相对应的 t_{gomd0}；最后，通过二次函数对 q_{md}^{*} 和 t_{gomd0} 之间的关系进行拟合，拟合结果如式 (13-50) 以及图 13-8 所示。

$$t_{gomd0}=5.58\times10^{-4}\cdot q_{md}^{*2}-1.35\times10^{-2}\cdot q_{md}^{*}+9.44 \qquad (13-50)$$

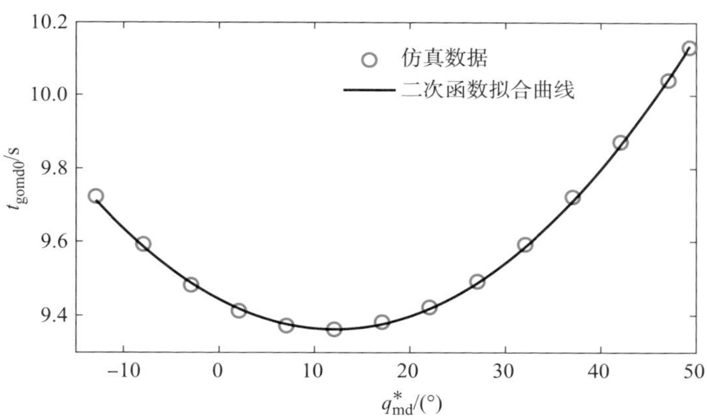

图 13-8　t_{gomd0} 与 q_{md}^{*} 的二次函数拟合曲线

将目标和攻击弹的初始参数代入式 (13-40)，求解得到攻击弹的初始剩余飞行时间 t_{gomt0} 为 11.331 2 s，同时选择拦截时间裕度 t_{er} 为 1.5 s，则根据式 (13-39) 可计算得到防御弹的初始剩余飞行时间应满足 $t_{gomd0}\leqslant9.83$ s。接着结合 $t_{gomd0}\leqslant9.83$ s 和式 (13-50)，可求解拦截时间约束下的可行攻击角区域为 [-16.92°, 41.10°]，最后求解区间 [-12.93°, 49.3°] 和 [-16.92°, 41.10°] 的交集，即可得到最终的可用过载约束 $u_{dmax}=12$、$u_{tmax}=6$ 以及拦截时间约束下的可行攻击角区域，为 [-12.93°, 41.10°]。

第 14 章

目标–防御弹单向协同拦截制导律

第13章给出了目标和防御弹在双向信息传输下带拦截角约束的协同拦截制导律，而在实际工程中，受环境和通信设备等约束，信息往往只能进行单向传输，即只能将防御弹的信息传给目标或只能将目标的信息传给防御弹。例如，防御弹（并不接收目标的信息）采用某一制导律对攻击弹进行拦截，同时将其运动信息传输给目标，目标根据接收到的防御弹信息和已知的攻击弹制导律信息，引诱攻击弹至防御弹容易拦截的地方，从而协助防御弹实现对攻击弹的拦截，这是防御弹的信息单向传输给目标的情况。另外，当目标信息单向传输给防御弹时，目标可采用某种机动进行逃逸，同时将其运动信息传输给防御弹，在已知目标运动信息以及攻击弹所采用的制导律的基础上，防御弹可以预测攻击弹的运动趋势，然后可在无须付出很大过载的前提下对攻击弹进行拦截。本章将分别介绍目标单向协同制导律和防御弹单向协同制导律的设计方法。

14.1　单向协同拦截制导问题建模

与第 13 章类似，假设目标、攻击弹和防御弹在铅垂平面内运动，同时攻击弹制导律信息可被目标和防御弹探测（或辨识）得知。由式（13 – 3）可知，防御弹 – 攻击弹视线角的二阶导数 $\ddot{q}_{md}$ 的表达式为

$$\ddot{q}_{md} = -\frac{2\dot{r}_{md}}{r_{md}}\dot{q}_{md} - \frac{1}{r_{md}}w_q + \frac{1}{r_{md}}u'_q \tag{14-1}$$

假设防御弹同样采用增强比例导引律拦截攻击弹，同时将运动信息传输给目标，则攻击弹和防御弹的制导指令为

$$\begin{cases} u_q = -N_m \dot{r}_{mt}\dot{q}_{mt} + 0.5N_m v_q \\ w_q = -N_d \dot{r}_{md}\dot{q}_{md} + 0.5N_d u'_q \end{cases} \tag{14-2}$$

式中，N_m, N_d——比例系数。

由图 13 – 1 可知，u_q 与 u'_q 为攻击弹加速度 a_m 在垂直于两个视线上的分量，两者之间的关系为

$$u'_q = u_q \frac{\cos(q_{md} - \theta_m)}{\cos(q_{mt} - \theta_m)} \tag{14-3}$$

将式（14 – 2）和式（14 – 3）代入式（14 – 1），可得

$$\ddot{q}_{md} = (N_d - 2)\left[\frac{\dot{r}_{md}}{r_{md}}\dot{q}_{md} + \frac{N_m\cos(q_{md} - \theta_m)\dot{r}_{mt}\dot{q}_{mt}}{2r_{md}\cos(q_{mt} - \theta_m)} - \frac{N_m\cos(q_{md} - \theta_m)}{4r_{md}\cos(q_{mt} - \theta_m)}v_q\right] \tag{14-4}$$

由式（14－4）可知，当攻击弹和防御弹皆采用增强比例导引律时，$\ddot{q}_{\mathrm{md}}$由目标的控制量 v_{q} 决定。因此，可通过合理设计 v_{q} 来使防御弹能以指定的角度 q_{md}^{*}成功拦截攻击弹。

当信息通信模式是目标信息向防御弹单向传递时，此时目标的控制量 v_{q} 已知，攻击弹仍然采用如式（14－2）所示的增强比例导引律攻击目标，将式（14－2）的第一式代入式（14－3），再代入式（14－1），可得

$$\ddot{q}_{\mathrm{md}}=-\frac{2\dot{r}_{\mathrm{md}}}{r_{\mathrm{md}}}\dot{q}_{\mathrm{md}}-\frac{1}{r_{\mathrm{md}}}w_{\mathrm{q}}+\left(\frac{-N_{\mathrm{m}}\dot{r}_{\mathrm{mt}}\dot{q}_{\mathrm{mt}}}{r_{\mathrm{md}}}+\frac{N_{\mathrm{m}}v_{\mathrm{q}}}{2r_{\mathrm{md}}}\right)\cdot\frac{\cos(q_{\mathrm{md}}-\theta_{\mathrm{m}})}{\cos(q_{\mathrm{mt}}-\theta_{\mathrm{m}})} \tag{14-5}$$

由式（14－5）可知，当目标信息向防御弹单向传输时，可通过合理设计 w_{q} 来实现防御弹在付出较少控制能量的前提下以指定的拦截角 q_{md}^{*}成功拦截攻击弹。

14.2 单向协同拦截制导律

14.2.1 目标单向协同制导律

针对模型（14－4），选取状态变量

$$\begin{cases}x_{21}=q_{\mathrm{md}}-q_{\mathrm{md}}^{*}\\ x_{22}=\dot{q}_{\mathrm{md}}\end{cases} \tag{14-6}$$

则式（14－4）可写为

$$\begin{cases}\dot{x}_{21}=x_{22}\\ \dot{x}_{22}=\dfrac{(N_{\mathrm{d}}-2)\dot{r}_{\mathrm{md}}}{r_{\mathrm{md}}}x_{22}+\dfrac{\dot{r}_{\mathrm{mt}}\dot{q}_{\mathrm{mt}}M_{2}}{r_{\mathrm{md}}}-\dfrac{M_{2}}{2r_{\mathrm{md}}}v_{\mathrm{q}}\end{cases} \tag{14-7}$$

式中，$M_{2}=\dfrac{(N_{\mathrm{d}}-2)N_{\mathrm{m}}\cos(q_{\mathrm{md}}-\theta_{\mathrm{m}})}{2\cos(q_{\mathrm{mt}}-\theta_{\mathrm{m}})}$。在飞行器飞行过程中，$r_{\mathrm{md}}$、$\dot{r}_{\mathrm{md}}$、$\dot{r}_{\mathrm{mt}}$和$\dot{q}_{\mathrm{mt}}$等都是随时间变化的，因此式（14－7）所示的系统为线性时变系统，但在每个瞬间 $t=t_{1}(0\leqslant t_{1}<t_{\mathrm{f}})$，这些量都是确定的。此时，将式（14－7）视为系数由 $t=t_{1}$时刻 r_{md}、$\dot{r}_{\mathrm{md}}$等量确定的线性定常系统，基于最优控制理论来设计协同制导律。考虑到防御弹的脱靶量要求、终端拦截角要求和目标、防御弹的控制能量问题，选取性能指标函数为

$$J_{2}=\frac{a_{2}}{2}x_{21}^{2}(t_{\mathrm{f}})+\frac{b_{2}}{2}x_{22}^{2}(t_{\mathrm{f}})+\int_{t_{0}}^{t_{\mathrm{f}}}\left(\frac{c_{2}}{2}v_{\mathrm{q}}^{2}+\frac{d_{2}}{2}w_{\mathrm{q}}^{2}\right)\mathrm{d}\tau \tag{14-8}$$

式中，t_0, t_f——防御弹的初始时刻和终止时刻；

a_2, b_2, c_2, d_2——惩罚系数，$a_2 \geqslant 0$，$b_2 \geqslant 0$，$c_2 > 0$，$d_2 > 0$。

当 $a_2 \to \infty$时，可使 x_{21}在末端时刻趋于零，即 $q_{md} \to q_{md}^*$，实现终端拦截角约束；当 $b_2 \to \infty$时，可使 x_{22}在末端时刻趋于零，即 $\dot{q}_{md} \to 0$，实现防御弹对攻击弹的拦截；当 c_2较大时，目标的控制量 v_q 较小；当 d_2较大时，防御弹的控制量 w_q 较小。

由式（14－2）和式（14－3）可知，防御弹控制量 w_q 与目标控制量 v_q 的关系为

$$\begin{aligned} w_q &= -N_d \dot{r}_{md} \dot{q}_{md} + \frac{N_d(-N_m \dot{r}_{mt} \dot{q}_{mt} + 0.5 N_m v_q)\cos(q_{md} - \theta_m)}{2\cos(q_{mt} - \theta_m)} \\ &= -N_d \dot{r}_{md} \dot{q}_{md} - 0.5 L_2 \dot{r}_{mt} \dot{q}_{mt} + 0.25 L_2 v_q \end{aligned} \tag{14-9}$$

式中，$L_2 = \dfrac{N_d N_m \cos(q_{md} - \theta_m)}{\cos(q_{mt} - \theta_m)}$。

将式（14－9）代入式（14－8），得

$$J_2 = \frac{a_2}{2} x_{21}^2(t_f) + \frac{b_2}{2} x_{22}^2(t_f) + \int_{t_0}^{t_f} \left(\frac{c_2}{2} v_q^2 + \frac{d_2}{32} L_2^2 v_q^2 + \frac{d_2}{4} L_2 P_2 v_q + \frac{d_2}{2} P_2^2 \right) d\tau \tag{14-10}$$

式中，$P_2 = -N_d \dot{r}_{md} \dot{q}_{md} - 0.5 L_2 \dot{r}_{mt} \dot{q}_{mt}$。

由式（14－7）和式（14－10）可得哈密顿函数为

$$\begin{aligned} H_2 = {} & \frac{c_2}{2} v_q^2 + \frac{d_2}{32} L_2^2 v_q^2 + \frac{d_2}{4} L_2 P_2 v_q + \frac{d_2}{2} P_2^2 + \\ & \lambda_{21} x_{22} + \lambda_{22} \left[\frac{(N_d - 2)\dot{r}_{md}}{r_{md}} x_{22} + \frac{\dot{r}_{mt} \dot{q}_{mt} M_2}{r_{md}} - \frac{M_2}{2 r_{md}} v_q \right] \end{aligned} \tag{14-11}$$

式中，λ_{21}和 λ_{22}为协态量，其正则方程分别为

$$\begin{cases} \dot{\lambda}_{21} = -\dfrac{\partial H_2}{\partial x_{21}} = 0 \\ \dot{\lambda}_{22} = -\dfrac{\partial H_2}{\partial x_{22}} = -\lambda_{21} - \dfrac{(N_d - 2)\dot{r}_{md}}{r_{md}} \lambda_{22} \end{cases} \tag{14-12}$$

λ_{21}和 λ_{22}在末端时刻满足的横截条件分别为

$$\begin{cases} \lambda_{21}(t_f) = \dfrac{\partial \phi_2}{\partial x_{21}(t_f)} = a_2 x_{21}(t_f) \\ \lambda_{22}(t_f) = \dfrac{\partial \phi_2}{\partial x_{22}(t_f)} = b_2 x_{22}(t_f) \end{cases} \tag{14-13}$$

式中，$\phi_2 = \dfrac{a_2}{2} x_{21}^2(t_f) + \dfrac{b_2}{2} x_{22}^2(t_f)$。

由式（14－12）和式（14－13），可解得协态量 λ_{21} 和 λ_{22} 分别为

$$\begin{cases}\lambda_{21}=a_2x_{21}(t_f)\\ \lambda_{22}=a_2x_{21}(t_f)\dfrac{r_{md}}{(N_d-2)\dot{r}_{md}}[e^{(N_d-2)\chi}-1]+b_2x_{22}(t_f)e^{(N_d-2)\chi}\end{cases}\tag{14-14}$$

式中，$\chi=\dot{r}_{md}(t_f-t)/r_{md}\approx-1$。

由极小值原理可知

$$\frac{\partial H_2}{\partial v_q}=0\tag{14-15}$$

联立式（14－11）、式（14－15），可得

$$\begin{aligned}v_q^* &= -\left(\frac{d_2}{4}L_2P_2-\frac{M_2}{2r_{md}}\lambda_{22}\right)\Big/\left(c_2+\frac{d_2}{16}L_2^2\right)\\ &= K_1+K_2\lambda_{22}\end{aligned}\tag{14-16}$$

式中，v_q^*——目标加速度的开环解；

K_1 和 K_2 的表达式为

$$\begin{cases}K_1=-\dfrac{4d_2L_2P_2}{16c_2+d_2L_2^2}\\ K_2=\dfrac{8M_2}{r_{md}(16c_2+d_2L_2^2)}\end{cases}\tag{14-17}$$

由于式（14－16）中的 λ_{22} 包含 $x_{21}(t_f)$ 和 $x_{22}(t_f)$ 项，v_q^* 不能由当前时刻的状态进行求解，因此需要求解 $x_{21}(t_f)$ 和 $x_{22}(t_f)$ 的表达式。将式（14－16）代入式（14－7）的第二个表达式，并从 t 到 t_f 进行积分，可得

$$\begin{aligned}x_{22}(t_f) &= \boldsymbol{\Phi}_2(t_f,t)x_{22}(t)+\int_t^{t_f}\boldsymbol{\Phi}_2(t_f,s)\left(\frac{\dot{r}_{mt}\dot{q}_{mt}M_2}{r_{md}}-\frac{M_2}{2r_{md}}v_q\right)ds\\ &= e^{(N_d-2)\chi}x_{22}(t)+\frac{(2\dot{r}_{mt}\dot{q}_{mt}-K_1)M_2}{2(N_d-2)\dot{r}_{md}}[e^{(N_d-2)\chi}-1]-\\ &\quad \frac{M_2K_2}{2}\left\{a_2x_{21}(t_f)\frac{r_{md}[e^{2(N_d-2)\chi}-2e^{(N_d-2)\chi}+1]}{2(N_d-2)^2\dot{r}_{md}^2}+b_2x_{22}(t_f)\frac{[e^{2(N_d-2)\chi}-1]}{2(N_d-2)\dot{r}_{md}}\right\}\end{aligned}\tag{14-18}$$

式中，$\boldsymbol{\Phi}_2(\cdot)$——状态转移矩阵。

因此，$x_{22}(t)$ 的表达式为

$$\begin{aligned}x_{22}(t) &= e^{-(N_d-2)\chi}x_{22}(t_f)-\frac{(2\dot{r}_{mt}\dot{q}_{mt}-K_1)M_2[1-e^{-(N_d-2)\chi}]}{2(N_d-2)\dot{r}_{md}}+\\ &\quad \frac{M_2K_2}{2}\left\{a_2x_{21}(t_f)\frac{[e^{(N_d-2)\chi}-2+e^{-(N_d-2)\chi}]r_{md}}{2(N_d-2)^2\dot{r}_{md}^2}+\right.\end{aligned}$$

$$\left.b_2 x_{22}(t_f)\frac{[\mathrm{e}^{(N_d-2)\chi}-\mathrm{e}^{-(N_d-2)\chi}]}{2(N_d-2)\dot{r}_{md}}\right\} \tag{14-19}$$

将式（14－19）代入式（14－7）的第一个表达式，并从 t 到 t_f 进行积分，可得

$$\begin{aligned}x_{21}(t_f)-x_{21}(t)=&x_{22}(t_f)\frac{r_{md}[1-\mathrm{e}^{-(N_d-2)\chi}]}{(N_d-2)\dot{r}_{md}}+\frac{(2\dot{r}_{mt}\dot{q}_{mt}-K_1)M_2r_{md}}{2(N_d-2)^2\dot{r}_{md}^2}[3-\mathrm{e}^{-(N_d-2)\chi}]+\\&\frac{M_2K_2}{2r_{md}}\left\{a_2x_{21}(t_f)\frac{r_{md}^3[\mathrm{e}^{(N_d-2)\chi}+4-\mathrm{e}^{-(N_d-2)\chi}]}{2(N_d-2)^3\dot{r}_{md}^3}+\right.\\&\left.b_2x_{22}(t_f)\frac{r_{md}^2[\mathrm{e}^{(N_d-2)\chi}+\mathrm{e}^{-(N_d-2)\chi}-2]}{2(N_d-2)^2\dot{r}_{md}^2}\right\}\end{aligned} \tag{14-20}$$

将式（14－18）和式（14－20）整理成关于 $x_{21}(t_f)$ 和 $x_{22}(t_f)$ 的二元一次方程：

$$\begin{cases}A_2x_{21}(t_f)+B_2x_{22}(t_f)=C_2\\D_2x_{21}(t_f)+E_2x_{22}(t_f)=F_2\end{cases} \tag{14-21}$$

式中，系数 A_2、B_2、C_2、D_2、E_2和F_2分别为

$$\begin{cases}A_2=\dfrac{K_pa_2r_{md}^2}{2(N_d-2)^2\dot{r}_{md}^2}[2\mathrm{e}^{-(N_d-2)}-1-\mathrm{e}^{-2(N_d-2)}]\\B_2=\dfrac{K_pb_2r_{md}}{2(N_d-2)\dot{r}_{md}}[1-\mathrm{e}^{-2(N_d-2)}]-1\\C_2=-\mathrm{e}^{-(N_d-2)}x_{22}(t)-\dfrac{(2\dot{r}_{mt}\dot{q}_{mt}-K_1)M_2[\mathrm{e}^{-(N_d-2)}-1]}{2(N_d-2)\dot{r}_{md}}\\D_2=\dfrac{K_pa_2r_{md}^3}{2(N_d-2)^3\dot{r}_{md}^3}[4-\mathrm{e}^{N_d-2}+\mathrm{e}^{-(N_d-2)}]-1\\E_2=\dfrac{r_{md}}{(N_d-2)\dot{r}_{md}}(1-\mathrm{e}^{N_d-2})+\dfrac{K_pb_2r_{md}^2}{2(N_d-2)^2\dot{r}_{md}^2}[\mathrm{e}^{N_d-2}+\mathrm{e}^{-(N_d-2)}-2]\\F_2=-x_{21}(t)-\dfrac{M_2r_{md}(2\dot{r}_{mt}\dot{q}_{mt}-K_1)(3-\mathrm{e}^{N_d-2})}{2(N_d-2)^2\dot{r}_{md}^2}\end{cases} \tag{14-22}$$

式中，$K_p=\dfrac{M_2K_2}{2r_{md}}$。

求解式（14－21），可得 $x_{21}(t_f)$ 和 $x_{22}(t_f)$ 为

$$\begin{cases}x_{21}(t_f)=\dfrac{B_2F_2-C_2E_2}{B_2D_2-A_2E_2}\\x_{22}(t_f)=\dfrac{C_2D_2-A_2F_2}{B_2D_2-A_2E_2}\end{cases} \tag{14-23}$$

将式（14－22）代入式（14－23），即可得到$x_{21}(t_f)$和$x_{22}(t_f)$的完整表达式；再将$x_{21}(t_f)$和$x_{22}(t_f)$代入式（14－14），即可求得λ_{22}的表达式；最后将所求得的λ_{22}代入式（13－16），即可得到目标加速度的闭环解。

类似于第13章的双向协同拦截制导律，本制导律的设计思路依然是：在某个时刻将系统看作定常线性系统进行制导律设计，随着时间的推移，将系统看作定常系统的误差越来越小，因此最后求得的制导指令能够满足要求。虽然从整个时间历程上来看制导指令并不是最优的，但由于每一制导周期在计算制导指令时都考虑了控制能量因素，因此从整体来看，防御弹和目标协同飞行时的控制能量消耗仍然是较小的。

14.2.2 防御弹单向协同制导律

针对如式（14－5）所示的目标信息单向传输时的模型，类似地设计协同拦截制导律。令$Q=\left(\frac{-N_m\dot{r}_{mt}\dot{q}_{mt}}{r_{md}}+\frac{N_m v_q}{2r_{md}}\right)\cdot\frac{\cos(q_{md}-\theta_m)}{\cos(q_{mt}-\theta_m)}$，且考虑如式（14－6）所示的状态变量定义，则式（14－5）可写为

$$\begin{cases}\dot{x}_{31}=x_{32}\\ \dot{x}_{32}=-\frac{2\dot{r}_{md}}{r_{md}}x_{32}-\frac{1}{r_{md}}w_q+Q\end{cases}\tag{14-24}$$

类似式（14－7），在每一时刻，将式（14－24）看作线性定常系统进行制导律设计。

选取性能指标函数为

$$J_3=\frac{a_3}{2}x_{31}^2(t_f)+\frac{b_3}{2}x_{32}^2(t_f)+\frac{c_3}{2}\int_{t_0}^{t_f}w_q^2\mathrm{d}\tau\tag{14-25}$$

式中，a_3、b_3、c_3为惩罚系数，$a_3\geqslant 0$，$b_3\geqslant 0$和$c_3>0$；当$a_3\to\infty$时，可使得x_{31}在末端时刻趋于零，即$q_{md}\to q_{md}^*$，实现终端拦截角约束；当$b_3\to\infty$时，可使得x_{32}在末端时刻趋于零，即$\dot{q}_{md}\to 0$，实现防御弹对攻击弹的拦截；c_3较大时，防御弹的控制能量较小。

由式（14－24）和式（14－25）可知，哈密顿函数为

$$H_3=\frac{c_3}{2}w_q^2+\lambda_{31}x_{32}+\lambda_{32}\left(-\frac{2\dot{r}_{md}}{r_{md}}x_{32}-\frac{1}{r_{md}}w_q+Q\right)\tag{14-26}$$

式中，λ_{31}和λ_{32}为协态量，其正则方程分别为

$$\begin{cases}\dot{\lambda}_{31}=-\frac{\partial H_3}{\partial x_{31}}=0\\ \dot{\lambda}_{32}=-\frac{\partial H_3}{\partial x_{32}}=-\lambda_{31}+\frac{2\dot{r}_{md}}{r_{md}}\lambda_{32}\end{cases}\tag{14-27}$$

λ_{31}和λ_{32}在末端时刻满足的横截条件分别为

$$\begin{cases}\lambda_{31}(t_f)=\dfrac{\partial\phi_3}{\partial x_{31}(t_f)}=a_3x_{31}(t_f)\\ \lambda_{32}(t_f)=\dfrac{\partial\phi_3}{\partial x_{32}(t_f)}=b_3x_{32}(t_f)\end{cases} \tag{14-28}$$

式中，$\phi_3=\dfrac{a_3}{2}x_{31}^2(t_f)+\dfrac{b_3}{2}x_{32}^2(t_f)$。

由式（14－27）和式（14－28）可解得协态量λ_{31}和λ_{32}的表达式为

$$\begin{cases}\lambda_{31}=a_3x_{31}(t_f)\\ \lambda_{32}=a_3x_{31}(t_f)\dfrac{r_{md}}{2\dot{r}_{md}}(1-e^{-2\chi})+b_3x_{32}(t_f)e^{-2\chi}\end{cases} \tag{14-29}$$

式中，$\chi=\dot{r}_{md}(t_f-t)/r_{md}\approx-1$。

由极小值原理可知

$$\frac{\partial H_3}{\partial w_q}=0 \tag{14-30}$$

联立式（14－26）、式（14－29）和式（14－30），可解得

$$w_q^*=\frac{\lambda_{32}}{c_3r_{md}}=\frac{1}{c_3r_{md}}\left[a_3x_{31}(t_f)\frac{r_{md}}{2\dot{r}_{md}}(1-e^{-2\chi})+b_3x_{32}(t_f)e^{-2\chi}\right] \tag{14-31}$$

式中，w_q^*——防御弹的开环解。

由于λ_{32}包含$x_{31}(t_f)$和$x_{32}(t_f)$项，w_q^*不能由当前时刻的状态进行求解，因此需要求解$x_{31}(t_f)$和$x_{32}(t_f)$的表达式，将式（14－31）代入式（14－24）的第二个表达式，并从t到t_f进行积分，可得

$$\begin{aligned}x_{32}(t_f)&=\Phi_3(t_f,t)x_{32}(t)+\int_t^{t_f}\Phi_3(t_f,s)\left(-\frac{2\dot{r}_{md}}{r_{md}}x_2-\frac{1}{r_{md}}w_q+Q\right)ds\\&=e^{-2\chi}x_{32}(t)-\frac{1}{c_3r_{md}}\left[\frac{a_3x_{31}(t_f)r_{md}}{8\dot{r}_{md}^2}(1-2e^{-2\chi}+e^{-4\chi})+\right.\\&\left.\frac{b_3x_{32}(t_f)}{4\dot{r}_{md}}(1-e^{-4\chi})\right]+\frac{Qr_{md}}{2\dot{r}_{md}}(1-e^{-2\chi})\end{aligned} \tag{14-32}$$

式中，$\Phi_3(\cdot)$——状态转移矩阵。

因此，$x_{32}(t)$的表达式可整理为

$$\begin{aligned}x_{32}(t)=e^{2\chi}x_{32}(t_f)+\frac{1}{c_3r_{md}}&\left[\frac{a_3x_{31}(t_f)r_{md}}{8\dot{r}_{md}^2}(e^{2\chi}-2+e^{-2\chi})+\right.\\&\left.\frac{b_3x_{32}(t_f)}{4\dot{r}_{md}}(e^{2\chi}-e^{-2\chi})\right]-\frac{Qr_{md}}{2\dot{r}_{md}}(e^{2\chi}-1)\end{aligned} \tag{14-33}$$

将式（14－33）代入式（14－24）的第一个表达式，并从 t 到 t_f 进行积分，可得

$$x_{31}(t_f)-x_{31}(t)=x_{32}(t_f)\frac{r_{md}(e^{2\chi}-1)}{2\dot{r}_{md}}+\frac{1}{c_3 r_{md}}\left[\frac{a_3 x_{31}(t_f)r_{md}^2}{16\dot{r}_{md}^3}(4+e^{2\chi}-e^{-2\chi})+\frac{b_3 r_{md}x_{32}(t_f)}{8\dot{r}_{md}^2}(e^{2\chi}+e^{-2\chi}-2)\right]-\frac{Qr_{md}^2}{4\dot{r}_{md}^2}(e^{2\chi}+1) \tag{14-34}$$

同样，将式（14－32）和式（14－34）整理成关于 $x_{31}(t_f)$ 和 $x_{32}(t_f)$ 的二元一次方程：

$$\begin{cases}A_3x_{31}(t_f)+B_3x_{32}(t_f)=C_3\\ D_3x_{31}(t_f)+E_3x_{32}(t_f)=F_3\end{cases} \tag{14-35}$$

式中，系数 A_3、B_3、C_3、D_3、E_3 和 F_3 分别为

$$\begin{cases}A_3=\dfrac{a_3}{8c_3\dot{r}_{md}^2}(1-2e^2+e^4)\\ B_3=\dfrac{b_3(1-e^4)}{4c_3r_{md}\dot{r}_{md}}+1\\ C_3=e^2x_2(t)+\dfrac{Qr_{md}}{2\dot{r}_{md}}(1-e^2)\\ D_3=\dfrac{a_3r_{md}}{16c_3\dot{r}_{md}^3}(4+e^{-2}-e^2)-1\\ E_3=\dfrac{r_{md}}{2\dot{r}_{md}}(e^{-2}-1)+\dfrac{b_3}{8c_3\dot{r}_{md}^2}(e^2+e^{-2}-2)\\ F_3=-x_{31}(t)+\dfrac{Qr_{md}^2(1+e^{-2})}{4\dot{r}_{md}^2}\end{cases} \tag{14-36}$$

求解式（14－35），可得 $x_{31}(t_f)$ 和 $x_{32}(t_f)$ 为

$$\begin{cases}x_{31}(t_f)=\dfrac{B_3F_3-C_3E_3}{B_3D_3-A_3E_3}\\ x_{32}(t_f)=\dfrac{C_3D_3-A_3F_3}{B_3D_3-A_3E_3}\end{cases} \tag{14-37}$$

将式（14－36）代入式（14－37），即可得到 $x_{31}(t_f)$ 和 $x_{32}(t_f)$ 的完整表达式；再将 $x_{31}(t_f)$ 和 $x_{32}(t_f)$ 代入式（14－31），即可得到防御弹加速度的闭环解。

考虑防御弹以指定的角度命中攻击弹的要求，设 $a_3\to\infty$ 和 $b_3\to\infty$，同时忽略系数 B_3、D_3 和 E_3 中的小量，则可将 B_3、D_3 和 E_3 化简为

$$\begin{cases} B_3 = \dfrac{b_3(1-e^4)}{4c_3 r_{md}\dot{r}_{md}} \\ D_3 = \dfrac{a_3 r_{md}}{16c_3 \dot{r}_{md}^3}(4+e^{-2}-e^2) \\ E_3 = \dfrac{b_3}{8c_3 \dot{r}_{md}^2}(e^2+e^{-2}-2) \end{cases} \tag{14-38}$$

将化简后的系数代入式（14 – 37），可求得 $x_{31}(t_f)$ 和 $x_{32}(t_f)$ 的表达式；再将 $x_{31}(t_f)$ 和 $x_{32}(t_f)$ 代入式（14 – 31），可得最终的防御弹加速度指令 w_q 为

$$w_q = \frac{6.388\,7\dot{r}_{md}^2(q_{md}-q_{md}^*)}{r_{md}} - 6.507\,7\dot{r}_{md}\dot{q}_{md} + u_q' \tag{14-39}$$

式中，右端第一项体现了对拦截角度的约束；第二项类似于比例导引律体现了成功拦截的要求；第三项是攻击弹在垂直于防御弹 – 攻击弹视线方向上的加速度。

若只考虑防御弹命中攻击弹的要求而不考虑防御弹攻击角度的约束，则可令 $a_3=0$ 和 $b_3\to\infty$，同时将系数 A_3、B_3、D_3和 E_3中的小量忽略，则可将 A_3、B_3、D_3和 E_3化简为

$$\begin{cases} A_3 = 0 \\ B_3 = \dfrac{b_3(1-e^4)}{4c_3 r_{md}\dot{r}_{md}} \\ D_3 = -1 \\ E_3 = \dfrac{b_3}{8c_3 \dot{r}_{md}^2}(e^2+e^{-2}-2) \end{cases} \tag{14-40}$$

将式（14 – 40）代入式（14 – 37）中的第二式，可得 $x_{32}(t_f)$ 为

$$x_{32}(t_f) = \frac{4c_3 r_{md}\dot{r}_{md}}{b_3(1-e^4)}\left[e^2 x_{32}(t) + \frac{Qr_{md}}{2\dot{r}_{md}}(1-e^2)\right] \tag{14-41}$$

同时，由于 $a_3=0$，因此可将式（14 – 31）化简为

$$w_q^* = \frac{\lambda_{32}}{c_3 r_{md}} = \frac{b_3 x_{32}(t_f)e^{-2\chi}}{c_3 r_{md}} \tag{14-42}$$

将式（14 – 41）代入式（14 – 42），即可得到最终的不带攻击角度约束的防御弹加速度指令 w_q 为

$$w_q = -4.074\,6\dot{r}_{md}\dot{q}_{md} + 1.761\,6u_q' \tag{14-43}$$

由式（14 – 43）可知，此时不带攻击角度约束的防御弹加速度指令与常用的增强比例导引律在表达形式上类似，仅导引系数不同，但两种制导律的设计思路、信息获取模式等都不一样。

例 14 – 1　假设目标、防御弹和攻击弹的初始位置、速度和弹道倾角同例

13－1 中的表 13－1，3 个飞行器常速飞行，攻击弹和防御弹分别采用 $N_m=4$、$N_d=4$ 的增强比例导引律。目标分别采用 $q_{md}^*=15°$的单向协同制导律（简称“制导律 1”）、$q_{md}^*=20°$的单向协同制导律（简称“制导律 2”）和无拦截角约束的单向协同制导律（简称“制导律 3”），三种制导律的参数设置见表 14－1。

表 14－1　三种制导律的参数设置

制导律类型	参数
制导律 1	$q_{md}^*=15°$，$a_2=10^{10}$，$b_2=10^{10}$，$c_2=1$，$d_2=1$
制导律 2	$q_{md}^*=20°$，$a_2=10^{10}$，$b_2=10^{10}$，$c_2=1$，$d_2=1$
制导律 3	$a_2=0$，$b_2=10^{10}$，$c_2=1$，$d_2=1$

仿真结果如图 14－1～图 14－4 所示，图例中的下标“1”“2”和“3”分别表示制导律 1、制导律 2 和制导律 3。

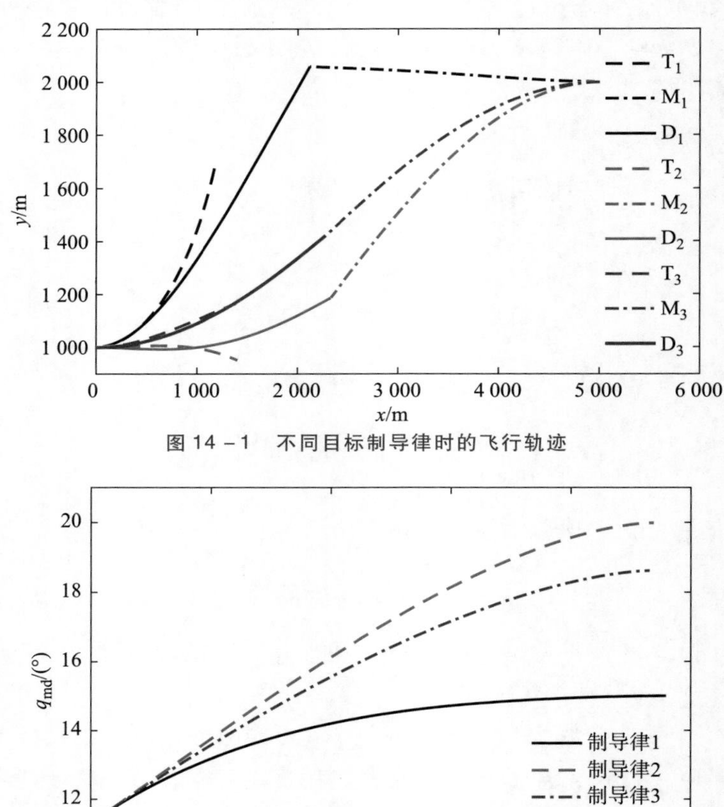

图 14－1　不同目标制导律时的飞行轨迹

图 14－2　不同目标制导律时 q_{md}的变化曲线

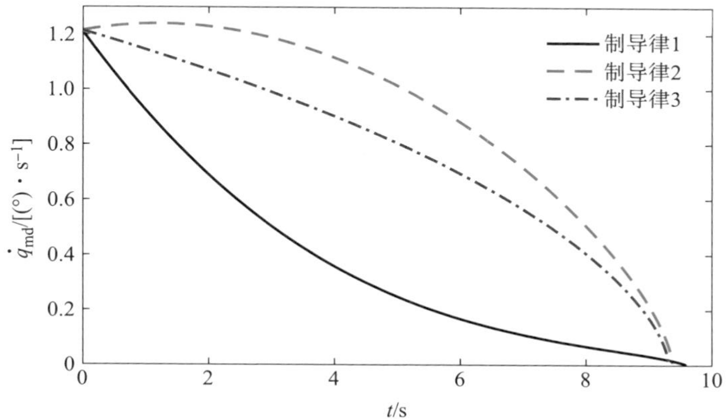

图 14 - 3　不同目标制导律时 $\dot{q}_{md}$ 的变化曲线

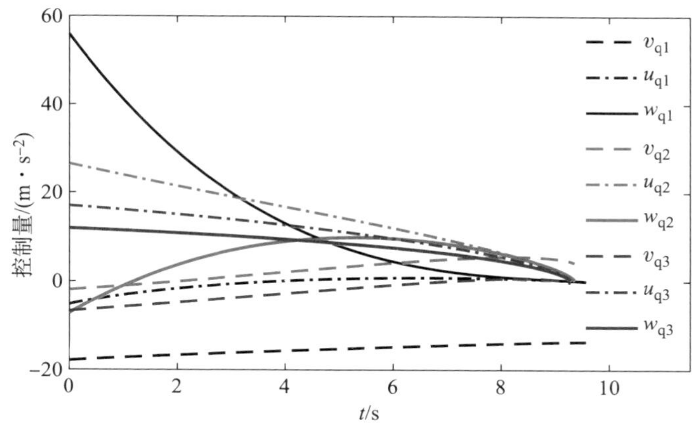

图 14 - 4　不同目标制导律时控制量的变化曲线

由图可知，当目标采用无角度约束的制导律 3 时，防御弹成功拦截攻击弹且拦截角度为 18.64°；当目标采用具有拦截角约束的制导律 1 和制导律 2 时，防御弹 - 攻击弹的视线角速度 $\dot{q}_{md}$ 趋于零，同时视线角 q_{md} 也趋于给定的理想拦截角 15°和 20°。这是因为，目标已知攻击弹和防御弹所采用的制导律，通过自身机动吸引攻击弹至某一合适位置，使得防御弹以期望的拦截角度对攻击弹进行拦截。由图 14 - 4、图 14 - 1 可见，为了实现拦截角度的约束，防御弹的最大加速度较大，弹道较弯曲。

假设目标单向协同制导律中 $c_2 = 10^5, 10^7$，同时考虑之前 $c_2 = 1$ 且拦截角约束 $q_{md}^* = 15°$ 的情况，令其余参数不变，仿真结果见表 14 - 2。

表 14-2　不同 c_2 时制导律 1 的仿真结果

c_2	$q_{\mathrm{md}}(t_{\mathrm{f}})/(°)$	$v_{q\max}/(\mathrm{m}\cdot\mathrm{s}^{-2})$	$\int v_q^2 \mathrm{d}t$
1	15.001 1	-17.88	2 306.84
10^5	17.015 4	-12.41	721.05
10^7	19.180 8	-0.28	0.28

由表 14-2 可知，当 c_2 逐渐增大时，目标的加速度逐渐减小，控制能量也逐渐减小。从另一个角度讲，c_2 大时，目标的机动性弱，此时其无法很好地协助防御弹以指定的角度拦截攻击弹。在 $c_2=1$、$c_2=10^5$ 和 $c_2=10^7$ 的情况下，防御弹的拦截角误差分别为 0.001 1°、2.015 4° 和 4.180 8°，随着 c_2 的增大而增大。

例 14-2　假设目标以加速度 $a_{\mathrm{T}}=g\sin(2\pi t/5)$ 做蛇形机动。防御弹分别采用单向协同制导律（$q_{\mathrm{md}}^*=30°$）和式（13-48）所示的弹道成型制导律（制导阶次为 0），仿真结果如图 14-5～图 14-8 所示，图例中的下标“4”“5”分别代表防御弹单向协同制导律和弹道成型制导律。需要说明的是，在图 14-5 中，当防御弹采用不同制导律时，由于目标和攻击弹的运动规律是相同的，只是飞行时间略有不同，因此 T_4 和 T_5 的轨迹是重合的，M_4 和 M_5 的轨迹也是重合的，只是 D_4 和 D_5 的轨迹不同。同理，在图 14-8 中，目标和攻击弹的控制量变化曲线重合。

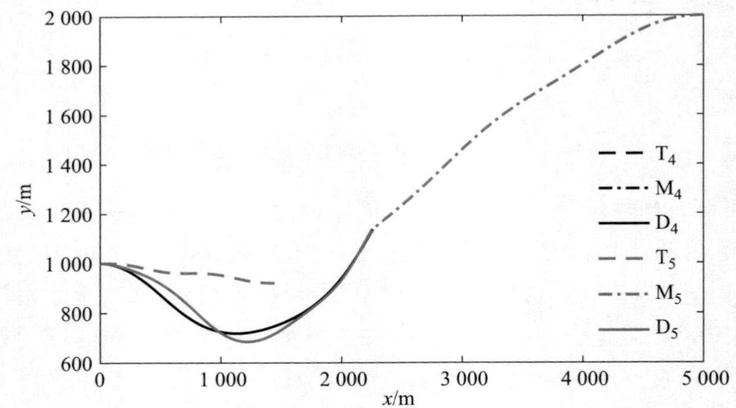

图 14-5　不同防御弹制导律时的飞行轨迹

由图可知，在防御弹独立飞行和考虑目标运动协同飞行两种情况下，其都按照指定的角度实现了对攻击弹的成功拦截，但是和目标协同飞行时的最大加速度要小于独立飞行时的最大加速度，弹道弯曲度更小。

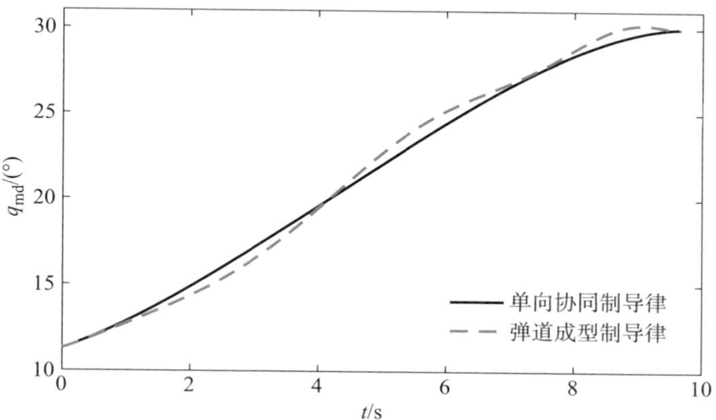

图 14 –6　不同防御弹制导律时 q_{md} 的变化曲线

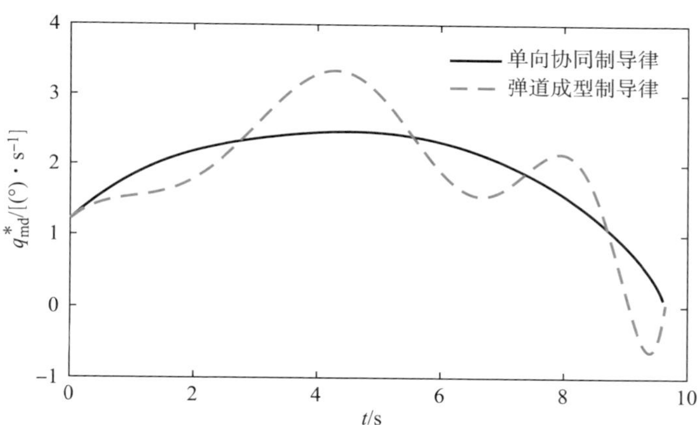

图 14 –7　不同防御弹制导律时 $\dot{q}_{md}$ 的变化曲线

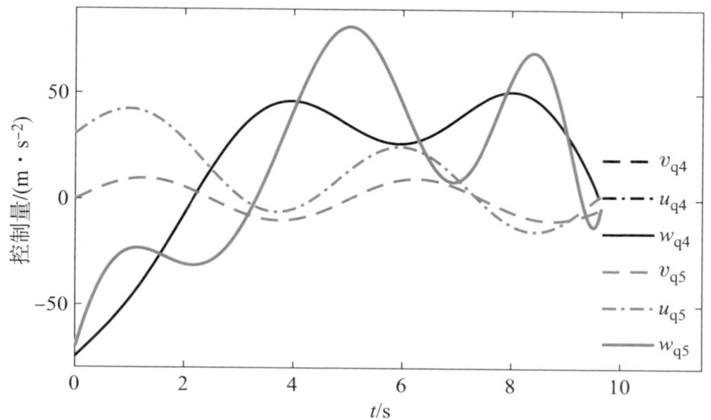

图 14 –8　不同防御弹制导律时控制量的变化曲线

假设防御弹单向协同制导律中的参数 $a_3 = 10^{10}$、$b_3 = 10^{10}$、$q_{md}^* = 30°$，c_3分别设为 1、10^3和 10^5，则仿真结果见表 14－3。

表 14－3　不同 c_3 时防御弹单向协同制导律仿真结果

c_3	$q_{md}(t_f)/(°)$	$w_{qmax}/(m \cdot s^{-2})$	$\int w_q^2 dt$
1	30.001 7	−74.87	14 875.19
10^3	29.879 0	−55.19	13 071.52
10^5	24.637 2	48.57	7 365.34

由表可知，随着 c_3增大，防御弹的最大加速度（绝对值）逐渐减小，控制能量也逐渐减小，攻击角与期望攻击角的偏差逐渐增大。从另一个角度，如果防御弹的机动性很弱，则无法很好地协同目标飞行、以指定的角度拦截攻击弹。

第 15 章

目标－多防御弹协同拦截制导律

一般研究目标发射防御弹并与之协同拦截来袭攻击弹时，仅考虑目标发射一枚防御弹的情况。而随着科学技术的发展，来袭攻击弹的性能得到了极大的提高，这时发射一枚防御弹对攻击弹进行成功拦截变得越来越困难。为提高防御弹对攻击弹的拦截成功率，一种可行的方法是增加防御弹的数量，对攻击弹实施多方向的同时拦截。因此，研究目标－多防御弹协同拦截制导律将具有十分重要的意义。当目标发射多枚防御弹对攻击弹进行协同拦截时，往往是在不同时刻发射，显然发射时间间隔对协同的效果有较大的影响，因此要合理选择发射时间间隔。

本章针对目标先后发射两枚防御弹的情况进行研

究，假设目标先发射防御弹 1，防御弹 1 与目标之间进行双向信息传输，采用第 13 章中的双向协同拦截制导律。防御弹 2 在防御弹 1 发射一段时间后发射，基于使两枚防御弹与攻击弹的距离保持一致的思想以及动态逆的方法来设计防御弹 2 制导律，使得两枚防御弹能够同时命中攻击弹。接着进一步考虑防御弹 2 的攻击角度及能量最优问题，对两枚防御弹的发射时间间隔进行优化设计。当目标发射多枚防御弹时，本章的模型、思路和方法也具有一定的适用性和重要的参考价值。

15.1　目标 – 两防御弹协同拦截问题建模

假设目标先后发射防御弹 1（D_1）和防御弹 2（D_2）对攻击弹进行拦截，两枚防御弹的发射时间间隔为 ΔT。四个飞行器之间的相对运动关系如图 15 – 1 所示。

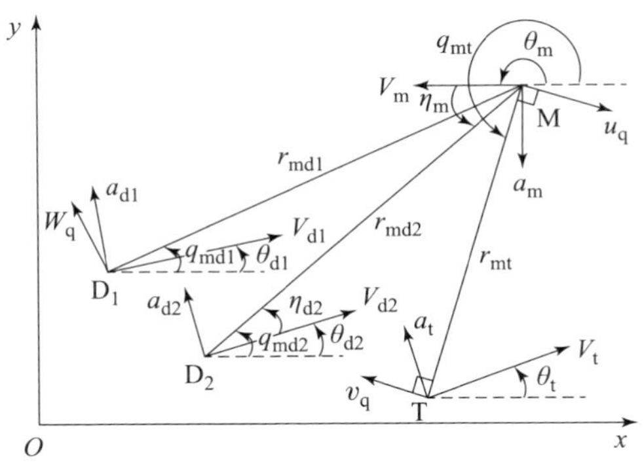

图 15 – 1　目标 – 攻击弹 – 两防御弹的相对运动关系

图中，V_i、θ_i、a_i（$i = \mathrm{t, d1, d2, m}$）分别表示四个飞行器的速度、弹道倾角以及法向加速度；r_{md1} 和 q_{md1} 分别为防御弹 1 和攻击弹之间的相对距离和视线角；r_{md2} 和 q_{md2} 分别为防御弹 2 和攻击弹之间的相对距离和视线角；η_m 和 η_{d2} 分别表示攻击弹和防御弹 2 速度矢量与防御弹 2 – 攻击弹视线方向（$\mathrm{LOS_{d2m}}$）之间的夹角，分别称为攻击弹速度前置角和防御弹 2 速度前置角。

由图 15－1 可知，防御弹 2 与攻击弹之间的相对运动方程组为

$$\begin{cases}\dfrac{\mathrm{d}r_{\mathrm{md2}}}{\mathrm{d}t}=V_{\mathrm{m}}\cos\eta_{\mathrm{m}}-V_{\mathrm{d2}}\cos\eta_{\mathrm{d2}}\\ r_{\mathrm{md2}}\dfrac{\mathrm{d}q_{\mathrm{md2}}}{\mathrm{d}t}=V_{\mathrm{d2}}\sin\eta_{\mathrm{d2}}+V_{\mathrm{m}}\sin\eta_{\mathrm{m}}\\ q_{\mathrm{md2}}=\eta_{\mathrm{d2}}+\theta_{\mathrm{d2}}\end{cases} \tag{15-1}$$

目标、攻击弹与防御弹 1 三者之间的相对运动模型如第 13 章中的式（13－1）、式（13－2）所示，因此式（13－1）、式（13－2）和式（15－1）共同组成了描述目标、攻击弹、防御弹 1 和防御弹 2 四者之间相对运动关系的方程组。

15.2 目标－两防御弹协同拦截制导律

15.2.1 防御弹 1 的制导律

假设攻击弹采用增强比例导引律对目标进行攻击，防御弹与目标之间可进行双向信息交流，此时，防御弹 1 与目标采用第 13 章的双向协同拦截制导律（其中，惩罚系数 a_1 和 b_1 取趋于无穷的值），防御弹 1 与目标的加速度表达式为

$$\begin{cases}w_{\mathrm{q}}=\dfrac{1}{c_1 r_{\mathrm{md1}}L_1}[6.388\,7\cdot\dot{r}_{\mathrm{md1}}^2(q_{\mathrm{md1}}-q_{\mathrm{md1}}^*)-6.507\,7\cdot r_{\mathrm{md1}}\dot{r}_{\mathrm{md1}}\dot{q}_{\mathrm{md}}-P_1 r_{\mathrm{md1}}^2]\\ v_{\mathrm{q}}=-\dfrac{M_1}{d_1 r_{\mathrm{md1}}L_1}\cdot[6.388\,7\cdot\dot{r}_{\mathrm{md1}}^2(q_{\mathrm{md1}}-q_{\mathrm{md1}}^*)-6.507\,7\cdot r_{\mathrm{md1}}\dot{r}_{\mathrm{md1}}\dot{q}_{\mathrm{md}}-P_1 r_{\mathrm{md1}}^2]\end{cases} \tag{15-2}$$

式中，$M_1=\dfrac{N_{\mathrm{m}}\cos(q_{\mathrm{md1}}-\theta_{\mathrm{m}})}{2\cos(q_{\mathrm{mt}}-\theta_{\mathrm{m}})}$；$P_1=\dfrac{N_{\mathrm{m}}\cos(q_{\mathrm{md1}}-\theta_{\mathrm{m}})\dot{r}_{\mathrm{mt}}\dot{q}_{\mathrm{mt}}}{\cos(q_{\mathrm{mt}}-\theta_{\mathrm{m}})r_{\mathrm{md1}}}$；$L_1=\dfrac{1}{c_1}+\dfrac{M_1^2}{d_1}$。

15.2.2 防御弹 2 的协同制导律

在目标、防御弹 1 和防御弹 2 协同对攻击弹拦截的过程中，目标和防御弹 1 采用式（15－2）所示的协同拦截制导律飞行，防御弹 2 则跟踪防御弹 1 的弹目距离，最终实现和防御弹 1 同时拦截攻击弹。

定义防御弹 2 与防御弹 1 的弹目距离误差 e_r 为

$$e_r = r_{md2} - r_{md1} \tag{15-3}$$

将式（15 –3）对时间求导，再考虑式（15 –1）中的第一个方程，可得

$$\dot{e}_r = V_m \cos\eta_m - V_{d2}\cos\eta_{d2} - \dot{r}_{md1} \tag{15-4}$$

根据动态逆系统理论，设计

$$\cos\eta_{d2c} = \frac{K_r e_r + V_m\cos\eta_m - \dot{r}_{md1}}{V_{d2}} \tag{15-5}$$

式中，η_{d2c}——理想的可实现防御弹协同的速度前置角指令；

K_r——正常数。

类似地，令 $S = \dfrac{K_r e_r + V_m\cos\eta_m - \dot{r}_{md1}}{V_{d2}}$，根据反余弦三角函数的定义域及防御弹最大速度前置角的限制，式（15 –5）可写为

$$\eta_{d2c} = \begin{cases} \operatorname{sign}(\eta_0)\eta_{max}, & S < \cos\eta_{max} \\ \operatorname{sign}(\eta_0)\arccos(S), & \cos\eta_{max} \leqslant S \leqslant 1 \\ 0, & S > 1 \end{cases} \tag{15-6}$$

式中，η_0——防御弹 2 初始速度前置角；

η_{max}——考虑最大框架角限制的防御弹 2 速度前置角最大值。

为实现防御弹 2 实际速度前置角 η_{d2} 跟踪上理想的速度前置角 η_{d2c}，对 $q_{md2} = \eta_{d2} + \theta_{d2}$ 两端分别求导并移项，得

$$\dot{\eta}_{d2} = \dot{q}_{md2} - \dot{\theta}_{d2} \tag{15-7}$$

由于 $\dot{\theta}_{d2} = a_{d2}/V_{d2}$，因此，式（15 –7）可写为

$$\dot{\eta}_{d2} = \dot{q}_{md2} - a_{d2}/V_{d2} \tag{15-8}$$

式中，η_{d2}——被控量，其期望值为 η_{d2c}；

a_{d2}——控制量，同样基于动态逆系统理论，设计

$$a_{d2} = V_{d2}[\dot{q}_{md2} - K_\eta(\eta_{d2c} - \eta_{d2})] \tag{15-9}$$

式中，K_η——正常数，则可以使得 η_{d2} 跟踪期望值 η_{d2c}。

式（15 –9）所示的制导律只能使防御弹 2 的弹目距离与防御弹 1 相等，并不能保证防御弹 2 以期望的攻击角度对攻击弹进行拦截。因此，当防御弹 1 与防御弹 2 距离攻击弹很近时，令防御弹 2 转为采用式（13 –48）所示的可实现落角约束的弹道成型制导律。

15.3　两防御弹发射时间间隔优化

由于目标在发射防御弹 1 的 ΔT 时间后发射防御弹 2，因此，随着 ΔT 不

同，防御弹 2 的初始状态也不同，进而两枚防御弹实现攻击时间协同的效果、攻击过程中防御弹 2 付出的控制能量也不一样。考虑到发射安全性，故 ΔT 不能设计得太短；同时，如果 ΔT 设计得太长，则受可用过载的约束，防御弹 2 在剩下的短时间内可能无法实现与防御弹 1 的协同。因此，存在某一最优的发射时间间隔 ΔT，使得在满足可用过载约束的前提下，防御弹 2 付出较少的控制能量就能以较高的精度实现与防御弹 1 的协同。

由于是在目标和防御弹 1 运动已定的基础上，通过设计 ΔT 来使防御弹 2 付出较小的控制能量以指定的期望攻击角度和防御弹 1 对攻击弹进行同时拦截，因此考虑防御弹 2 与防御弹 1 之间的实际拦截时间差 Δt、防御弹 2 实际攻击角度与期望攻击角度之差 $\Delta\theta_{d2}$ 以及防御弹 2 在整个飞行过程中付出的能量大小 $\int_{t_{d_20}}^{t_{fmd_2}} u_{d2}^2 \mathrm{d}t$，建立性能指标函数为

$$J_5 = \min\left(\omega_1 \left|\Delta t\right| + \omega_2 \left|\Delta\theta_{d2}\right| + \omega_3 \int_{t_{d_20}}^{t_{fmd_2}} u_{d2}^2 \mathrm{d}t\right) \tag{15-10}$$

式中，$\omega_1 > 0, \omega_2 > 0, \omega_3 > 0$——加权系数；

t_{d_20}, t_{fmd_2}——防御弹 2 初始发射时刻和防御弹 2 拦截攻击弹时刻。

由于式（15－10）所示的性能指标函数由三部分组成，且其量纲都不一致，因此为了研究方便，对式（15－10）的性能指标函数进行无量纲化处理为

$$J_5 = \min\left(\omega_1 \frac{\left|\Delta t\right|}{t^*} + \omega_2 \frac{\left|\Delta\theta_{d2}\right|}{\theta^*} + \omega_3 \frac{\int_{t_{d_20}}^{t_{fmd_2}} u_{d2}^2 \mathrm{d}t}{\int_{t_{d_20}}^{t_{fmd_2}} u_*^2 \mathrm{d}t}\right) \tag{15-11}$$

式中，t^*——两枚防御弹攻击时间差标称值；

θ^*——防御弹 2 攻击角度差标称值；

$\int_{t_{d_20}}^{t_{fmd_2}} u_*^2 \mathrm{d}t$——防御弹 2 控制能量标称值。

以 ΔT 作为优化变量，以式（15－10）作为性能指标函数，建立优化模型，并采用优化算法对其进行求解，即可得到两枚防御弹之间的最优发射时间间隔 ΔT。

例 15－1 目标、攻击弹、防御弹 1 和防御弹 2 四个飞行器的仿真初始条件及可用过载见表 15－1。

表 15 - 1　四个飞行器的初始仿真条件及可用过载

参数	攻击弹	目标	防御弹 1	防御弹 2
速度/(m·s^{-1})	300	150	300	320
初始弹道倾角/(°)	180	0	0	0
初始位置/(m,m)	(10 000,6 000)	(0,2 000)	(0,2 000)	(0,2 000)
可用过载	15	6	10	15

假设攻击弹采用导引系数为 4 的增强比例导引律对目标飞行器进行攻击。目标与防御弹 1 采用式（15 - 2）所示的双向协同拦截制导律，系数为 $a_1 = 10^{10}$、$b_1 = 10^{10}$、$c_1 = 1$ 和 $d_1 = 1$，期望攻击角为 $q^*_{\mathrm{md1}} = 30°$。当 $r_{\mathrm{md2}} > 1\ 000$ m 时，防御弹 2 采用式（15 - 9）所示的协同拦截制导律，其参数为 $K_{\mathrm{r}} = 0.8$ 和 $K_\eta = 1$，防御弹 2 的最大速度前置角限制为 $\eta_{\max} = 45°$；当 $r_{\mathrm{md2}} \leqslant 1\ 000$ m 时，防御弹 2 采用弹道成型制导律（制导阶次为 0），期望攻击角为 $q^*_{\mathrm{md2}} = 35°$。

在式（15 - 11）中，加权系数为 $\omega_1 = 1$、$\omega_2 = 1$ 和 $\omega_3 = 1$，标称值为 $t^* = 0.1$ s、$\theta^* = 1°$和 $\int_{t_{\mathrm{d_2 0}}}^{t_{\mathrm{fmd_2}}} u_*^2 \mathrm{d}t = 5 \times 10^4$，采用文化算法进行优化解算，经过 10 次迭代，得到最优的防御弹发射时间间隔为 $\Delta T = 1.588\ 2$ s。将最优发射时间间隔 $\Delta T = 1.588\ 2$ s 与 $\Delta T = 1.4$ s 时的仿真结果进行对比，对比结果如图 15 - 2 ~ 图 15 - 4 所示。

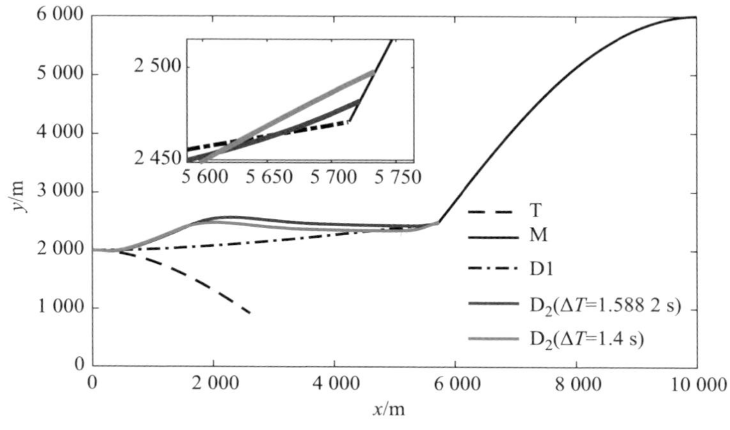

图 15 - 2　不同 ΔT 时的飞行轨迹

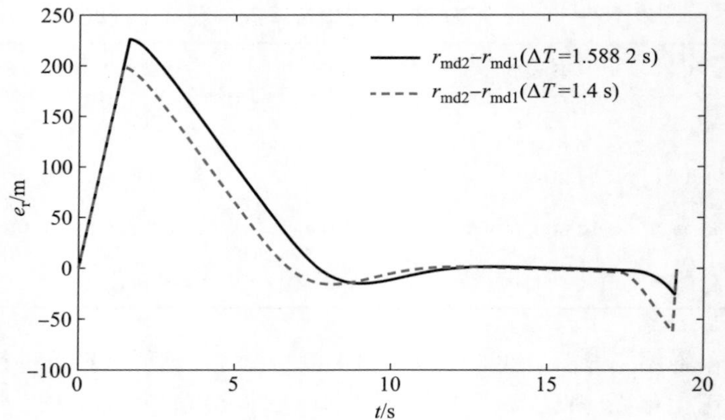

图 15－3　不同 ΔT 时弹目距离差 e_r 的变化曲线

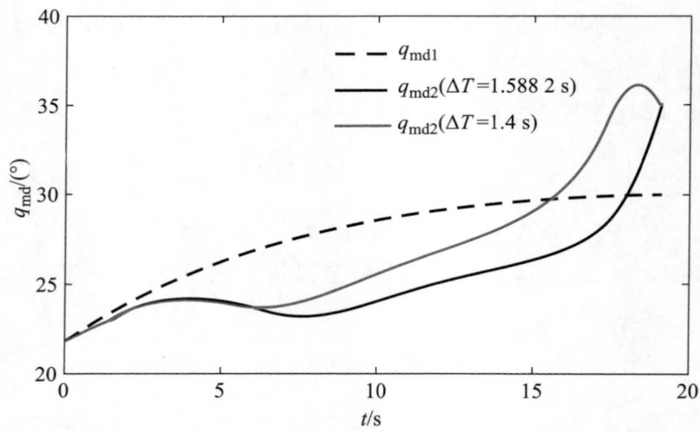

图 15－4　不同 ΔT 时两枚防御弹与攻击弹的视线角变化曲线

由图可知，在两个时间间隔下，防御弹 1 和防御弹 2 都很好地实现了分别以期望攻击角度 $q_{md1}^* = 30°$ 和 $q_{md2}^* = 35°$ 协同对攻击弹进行拦截。由仿真数据知，在最优发射时间间隔 $\Delta T = 1.588\ 2$ s 下，防御弹的攻击时间差为 $\Delta t = 0.04$ s，防御弹 2 攻击角度与期望攻击角度之差为 $\Delta\theta_{d2} = -0.002\ 1°$，防御弹 2 所付出的控制能量为 $\int u_{d2}^2 = 2.9 \times 10^4$，从而得到无量纲化后的性能指标函数 $J_5 = 0.98$。而在发射时间间隔 $\Delta T = 1.4$ s 时，防御弹之间的攻击时间差为 $\Delta t = 0.11$ s，防御弹 2 攻击角度与期望攻击角度之差为 $\Delta\theta_{d2} = -0.006\ 1°$，同时防御弹 2 所付出的控制能量为 $\int u_{d2}^2 = 3.3 \times 10^4$，得到无量纲化后的性能指标函数 $J_5 = 1.76$。显然，在最优发射时间间隔 $\Delta T = 1.588\ 2$ s 下，防御弹 2 在攻击时间差、拦截角度精度以及控制能量上均优于 $\Delta T = 1.4$ s时的情况。

由图 15－3 可知，防御弹 1 发射后马上与目标进行协同，并向攻击弹飞去，但防御弹 2 此时仍未发射，因此在飞行过程的前 ΔT，防御弹 2 与防御弹 1 的弹目距离之差 e_r 逐渐增大。当防御弹 2 发射后，在协同制导律的作用下，不断趋近于防御弹 1 与攻击弹之间的弹目距离，并在 $t = 12$ s 左右，两枚防御弹的弹目距离之差 e_r 趋于零，其后一段时间内两枚防御弹与攻击弹的弹目距离基本保持一致。当 $r_{md2} < 1\ 000$ m 时，防御弹 2 转为弹道成型制导律，这时 $|e_r|$增大，但是由于这段距离较短，因此防御弹 1 与防御弹 2 之间的拦截时间间隔相差不大，基本实现了对攻击弹的同时拦截，尤其是 $\Delta T = 1.588\ 2$ s 时的情况。

参考文献

[1] WANG X F, ZHANG Y W, LIU D Z, et al. Three – dimensional Cooperative Guidance and Control Law for Multiple Reentry Missiles with Time – varying Velocities [J]. Aerospace Science and Technology, 2018 , 80 (6): 127 – 143.

[2] WANG X F, ZHENG Y Y, LIN H. Integrated Guidance and Control Law for Cooperative Attack of Multiple Missiles [J]. Aerospace Science and Technology, 2015, 42: 1 – 11.

[3] 杜宗霖，王晓芳．考虑目标安全性的最优协同拦截制导律研究 [J]. 飞行力学，2020，38 (01)：73 – 79.

[4] 姚冬冬，王晓芳，田震．一种同时满足攻击角度和时间的航迹规划方法 [J]. 弹箭与制导学报，2019，39 (03)：111 – 114.

[5] PROKOPOV O, SHIMA T. Linear Quadratic Optimal Cooperative Strategies for Active Aircraft Protection [J]. Journal of Guidance, Control and Dynamics, 2013, 36 (3): 753 – 764.

[6] 王晓芳，张艺伟，田震．分布式通信模式下的多导弹协同制导与控制律 [J]. 北京理工大学学报，2018，38 (6)：593 – 599.

[7] WANG X F, LIU D Z, TIAN Z. A Composite Formation Strategy for Multiple Missiles [C] //The 3rd International Conference on Control, Automation and Robotics, Nagoya, April 22 – 24, 2017: 684 – 691.

[8] 王晓芳，王紫扬，林海．一种同时具有攻击时间和攻击角度约束的协同

制导律［J］. 弹道学报，2017，29（4）：1－8.
［9］王晓芳，刘冬责，郑艺裕，基于动态面控制的多弹协同制导控制方法［J］. 飞行力学，2016，34（3）：48－52.
［10］王晓芳，郑艺裕，林海. 导弹编队飞行控制方法研究［J］. 北京理工大学学报，2014，34（12）：1272－1277.
［11］WANG X F，ZHENG Y Y，LIN H. Missile Formation Controller Design Based on Disturbance Observer and Finite－time Control［J］. Journal of Beijing Institute of Technology，2014，23（4）：427－434.
［12］王晓芳，郑艺裕，林海. 多导弹协同作战制导律研究［J］. 弹道学报，2014，（01）：61－66.
［13］王晓芳，郑艺裕，林海. 基于扰动观测器的终端角约束滑模导引律［J］. 系统工程与电子技术，2014，（01）：111－116.
［14］王晓芳，林海. 多约束条件下导弹协同作战制导律［J］. 弹道学报，2012，（03）：59－64.
［15］王晓芳，洪鑫，林海. 一种控制多弹协同攻击时间和攻击角度的方法［J］. 弹道学报，2012，（02）：1－5，24.
［16］田震. 多无人机协同任务规划与编队控制技术研究［D］. 北京：北京理工大学，2019.
［17］王晓芳，柴劲，等. 基于分段贝塞尔曲线的多导弹协同航迹规划［J］. 系统工程与电子技术，2018，40（10）：2318－2324.
［18］刘冬责. 多导弹协同制导与控制技术研究［D］. 北京：北京理工大学，2016.
［19］尹依伊，王晓芳，田震，等. 基于预设性能控制的多导弹编队方法［J/OL］. 系统工程与电子技术：1－14［2020－10－12］. http：//kns.cnki.net/kcms/detail/11.2422.TN.20200719.1624.004.html.
［20］李益斌. 多四旋翼无人机协同飞行研究［D］. 北京：北京理工大学，2017.
［21］田震，王晓芳，等. 存在通信噪声的多飞行器系统一致性算法研究［C］//2017 年中国飞行力学学术年会论文集. 北京：中国宇航学会空气动力与飞行力学专业委员会，2017：95－101.
［22］郑艺裕. 导弹协同作战制导与控制方法研究［D］. 北京：北京理工大学，2014.
［23］王晓芳，郑艺裕. 基于虚拟导引点的多弹协同作战控制方法［J］. 弹道学报，2013，25（3）：6－12.

[24] 王紫扬. 多约束协同制导及编队飞行方法研究 [D]. 北京：北京理工大学，2018.

[25] 李东旭，王晓芳，林海. 多高超声速导弹协同末制导律及可行初始位置域研究 [J]. 弹道学报，2019，31 (4)：1-7.

[26] 姚冬冬. 多弹编队作战协同规划与制导技术 [D]. 北京：北京理工大学，2020.

[27] 贺敏. 多约束协同拦截制导律研究 [D]. 北京：北京理工大学，2019.

[28] 林涛，刘永才，关成启，等. 飞航导弹协同作战使用方法探讨 [J]. 战术导弹技术，2005，(2)：08-12.

[29] 梁晓庚，田宏亮. 临近空间高超声速飞行器发展现状及其防御问题分析 [J]. 航空兵器，2016 (4)：3-10.

[30] 王维平，刘娟. 无人飞行器航迹规划方法综述 [J]. 飞行力学，2010，28 (2)：6-10.

[31] ALEJO D, COBANO J A, HEREDIA G, et al. Particle Swarm Optimization for Collision-free 4D Trajectory Planning in Unmanned Aerial Vehicles [C]// International Conference on Unmanned Aircraft Systems, Atlanta, GA, May 28-31, 2013: 298-307.

[32] ZHAO Q, ZHEN Z, GAO C, et al. Path Planning of UAVs Formation Based on Improved Ant Colony Optimization Algorithm [C]//Proceedings of 2014 IEEE Chinese Guidance, Navigation and Control Conference, Yantai, August 8-10, 2014: 1549-1552.

[33] YANG Z, FANG Z, LI P. Bio-inspired Collision-free 4D Trajectory Generation for UAVs Using Tau Strategy [J]. Journal of Bionic Engineering, 2016, 13 (1): 84-97.

[34] 赵世钰，周锐. 基于协调变量的多导弹协同制导 [J]. 航空学报，2008，29 (6)：1605-1611.

[35] SHIMA T, RASMUSSEN S J, SPARKS A G, et al. Multiple Task Assignments for Cooperating Uninhabited Aerial Vehicles Using Genetic Algorithms [J]. Computers & Operations Research, 2006, 33 (11): 3252-3269.

[36] UPADHYAY S, RATNOO A. Smooth Path Planning for Unmanned Aerial Vehicles with Airspace Restrictions [J]. Journal of Guidance, Control and Dynamics, 2017, 40 (7): 1-17.

[37] JIA Z, YU J, AI X, et al. Cooperative Multiple Task Assignment Problem with Stochastic Velocities and Time Windows for Heterogeneous Unmanned Aerial

Vehicles Using a Genetic Algorithm [J]. Aerospace Science and Technology, 2018, 76: 112-125.

[38] MEHDI S B, CHOE R, CICHELLA V, et al. Collision Avoidance through Path Replanning using Bézier Curves [C]//AIAA Guidance, Navigation and Control Conference, Kissimmee, Florida, January 5-9, 2015: AIAA 2015-0598.

[39] CHOE R, PUIGNAVARRO J, CICHELLA V, et al. Cooperative Trajectory Generation Using Pythagorean Hodograph Bézier Curves [J]. Journal of Guidance, Control and Dynamics, 2016, 39 (8): 1-20.

[40] DUNCAN M. Applied Geometry for Computer Graphics and CAD [M]. London: Springer, 2005: XV, 350.

[41] ETAL M B. Computational Geometry : Algorithms and Applications / 3rd ed [M]. 北京: 世界图书出版公司北京公司, 2013.

[42] HONGYAN H, WILLIAM W H, ANIL V R. Convergence of a Gauss Pseudospectral Method for Optimal Control [C]//AIAA Guidance, Navigation, and Control Conference, Minneapolis, Minnesota, August 13-16, 2012: AIAA 2012-4452.

[43] GEOFFREY T H, ANIL V R. Optimal Reconfiguration of Spacecraft Formations Using the Gauss Pseudospectral Method [J]. Journal of Guidance, Control and Dynamics, 2008, 31 (3): 689-698.

[44] 胡云安, 张雷, 耿宝亮. 预设性能控制研究进展 [J]. 海军航空工程学院学报, 2016, 31 (1): 1-6.

[45] ZHANG C, MA G K, SUN Y C, et al. Prescribed Performance Adaptive Attitude Tracking Control for Flexible Spacecraft with Active Vibration Suppression [J]. Nonlinear Dynamics, 2019, 96 (3): 1909-1926.

[46] REN W , CAO Y . Distributed Coordination of Multi-agent Networks [M]. London: Springer, 2011.

[47] 任伟. 多航行体协同控制中的分布式一致性 [M]. 北京: 电子工业出版社, 2014.

[48] REN W, BEARD R W. Information Consensus in Multivehicle Cooperative Control [J]. Control Systems IEEE, 2007, 27 (2): 71-82.

[49] 邓学强. 基于改进人工势场法的移动机器人路径规划 [J]. 山东理工大学学报, 2014, 28 (1): 38-41.

[50] JEON I S, LEE J I, TAHK M J. Impact-Time-Control Guidance Law for Anti-

Ship Missiles [J]. IEEE Transactions on Control Systems Technology, 2006, 14 (2): 260 - 266.

[51] 李辕, 赵继广, 白国玉, 等. 基于预测碰撞点的剩余飞行时间估计方法 [J]. 北京航空航天大学学报, 2016, 42 (08): 1667 - 1674.

[52] KHALIL H K, GRIZZLE J W. Nonlinear System [M]. Upper Saddle River: Prentice Hall, 2002.

[53] ZHANG Y, YU D, ZHANG Y, et al. An Impact-time-control Guidance Law for Multi-missiles [C]//2009 IEEE International Conference on Intelligent Computing and Intelligent Systems, Shanghai, November 20 - 22, 2009: 430 - 434.

[54] ZHOU J, WEN C. Adaptive Backstepping Control of Uncertain Systems: Nonsmooth Nonlinearities, Interactions or Time-variations [M]. Berlin Heidelberg: Springer - Verlag, 2008.

[55] PADHI R, KOTHARI M. Model Predictive Static Programming: A Computationally Efficient Technique for Suboptimal Control Design [J]. International Journal of Innovative Computing Information & Control Ijicic, 2009, 5 (2): 399 - 411.

[56] OZA H B, PADHI R. Impact-angle-constrained Suboptimal Model Predictive static Programming Guidance of Air-to-ground Missiles [J]. Journal of Guidance, Control and Dynamics, 2012, 35 (1): 153 - 164.

[57] BRYSON J. Applied Optimal Control [M]. Boca Raton: CRC Press, 1975.

[58] WANG J, ZHANG R. Terminal Guidance for a Hypersonic Vehicle with Impact Time Control [J]. Journal of Guidance, Control and Dynamics, 2018, 41 (8): 1789 - 1797.

[59] 马国欣, 张友安. 导弹速度时变的攻击时间与攻击角度控制导引律 [J]. 飞行力学, 2013, 31 (03): 255 - 259.

[60] ZHANG P, FANG Y, ZHANG F, et al. An Adaptive Weighted Differential Game Guidance Law [J]. Chinese Journal of Aeronautics, 2012, 25 (5): 739 - 746.

[61] SHAFERMAN V, SHIMA T. Cooperative Multiple-Model Adaptive Guidance for an Aircraft Defending Missile [J]. Journal of Guidance, Control and Dynamics, 2010, 33 (6): 1801 - 1813.

[62] YANUSHEVSKY R. Modern Missile Guidance [M]. New York: CRC Press, 2008.

[63] 刘大卫，夏群利，崔莹莹，等. 具有终端位置和角度约束的广义弹道成型制导律 [J]. 北京理工大学学报，2011，31（12）：1408－1413.

[64] KUMAR S R, SHIMA T. Cooperative Nonlinear Guidance Strategies for Aircraft Defence [J]. Journal of Guidance, Control and Dynamics, 2017, 40 (1): 124－138.